알기쉬운 영양학

NUTRITION

*머리말

사회변화에 따른 식생활의 변화와 함께 건강문제의 양상도 지속적으로 변화되고 있습니다. 건강에 대한 관심의 증가로 매스컴과 인터넷 등을 통해 식생활과 건강에 대한 정보가 무분별하게 넘쳐 나고 있고, 고열량 식품의 섭취증가와 신체활동량 감소에서 오는 열량불균형이 심각하며, 65세 이상의 노인이 전체인구의 14% 이상인 고령사회로 들어서면서 만성퇴행성 질환의 발병이 증가하고 있습니다. 이 시점에 개인과 국민 건강을 증진하기 위한 올바른 식생활 지침을 제시하고 만성질환을 예방하는 차원에서 영양학의 중요성이 그 어느 때보다 강조되고 있습니다.

「알기 쉬운 영양학」은 인체가 건강하게 생명을 유지하기 위하여 필요한 영양소들의 체내 생리적 기능, 소화 · 흡수 · 운반 · 대사, 결핍증과 과잉증 등 영양소 섭취관련문제, 섭취기준, 급원식품, 그리고 영양소 간의 상호작용에 대한 이해를 통하여 바람직한 식생활 영위를 위한 관련지식과 기술을 다루었습니다. 또한 개정된 〈2020 한국인 영양소 섭취기준〉을 적용하였고 여러 가지 표와 그림을 제시하여 강의에 적합한 교재를 발간하였습니다.

「알기 쉬운 영양학」은 식품영양학 전공자뿐만 아니라 조리학 · 의학 · 체육학 관련 학문분야 전공자와 일반인들에게 올바르고 바람직한 정보를 제공하여 영양학을 과학적으로 이해하고 실천할 수 있었으면 합니다.

집필진 모두가 좋은 책을 만들기 위해 노력했으나 부족한 점이 많을 것으로 생각됩니다. 앞으로 미흡한 부분을 수정하고 새로운 자료를 첨부하여 「알기 쉬운 영양학」을 계속 보완해 나갈 것을 약속합니다.

이 책의 출판을 위해 여러모로 애써주신 도서 출판 효일 김홍용 사장님께 감사드리며 항상 밝은 모습으로 열의를 다해 주신 교정 · 편집부 직원 여러분께 깊이 감사드립니다.

2021년 8월
저자 일동

차례
Contents

Chapter 2
탄수화물 영양

Chapter 5
지질 대사

Chapter 6
단백질 영양

Chapter 9 지용성 비타민

Chapter 10
수용성 비타민

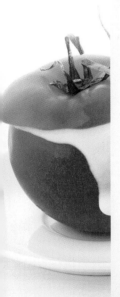

Chapter 11
다량무기질

Chapter 12
미량무기질

Chapter 13
수분

영양 개요

Chapter 01

영양 개요

생명체가 살아 있다는 것은 매우 복잡한 구조가 정교하고 질서 있게 긴밀한 관계를 유지하는 것으로, 체외로부터 적당량의 필요한 물질을 끊임없이 섭취하여야만 생명현상을 유지할 수 있다. 이렇게 생명현상을 유지하기 위해 음식물을 섭취한 후 일어나는 모든 현상을 영양(nutrition)이라 한다.

인간은 건강을 유지하고 수명을 연장시키기 위해서 몸에 좋은 식품의 종류와 양에 대해 꾸준히 연구하게 되었다. 그러나 경제성장과 함께 식품의 소비량이 증가함에 따라 영양소의 섭취도 증가하고 있으나 영양에 대한 이해 부족으로 균형 잡힌 식사보다는 오히려 기호에 치우친 식습관을 갖게 되었다. 과거처럼 영양소 결핍으로 유발되는 문제보다는 영양소의 과잉섭취, 정신적 스트레스나 신체활동을 적게 하면서 불량한 식사에 의해 발생하는 문제가 많이 발생하고 있다.

그러므로 양호한 건강상태를 유지하기 위해서는 자신의 식습관과 영양상태를 잘 이해하고 실천하여 질병이나 건강 관련 증상의 위험을 줄여야 한다.

오늘날 영양에 대한 관심과 영양학 연구가 활발해지면서 영양이 건강 유지에 미치는 역할, 영양불균형과 건강문제의 관계를 깊이 이해하게 되었으며 앞으로 더 많은 연구가 필요하다고 생각된다.

1. 영양과 영양학의 정의

WHO(World Health Organization)는 '생명이 있는 유기체가 생명의 유지, 성장, 발육, 장기·조직의 정상적 기능의 영위, 에너지의 생성을 위해 음식물(diet)을 이용하는 과정'을 영양이라고 정의하였다. 영양학이란 인체에 영양소가 공급되어 그 영양소에 의해 인체의 건강이 유지·변화되는 과정을 연구하는 학문이라고 할 수 있다. 즉 인체와 영양소의 관계, 혹은 인체 내의 영양소의 작용을 연구하는 학문이라고 할 수 있다.

영양학에서는 영양소의 특징, 필요량, 함유식품, 부족 시 나타나는 결핍 증세, 과잉증, 소화, 흡수, 운반, 대사, 저장, 배설 등에 대해서도 연구한다. 또한 영양학은 생리학, 세포생리학, 생화학, 유전학, 조직학은 물론 사회과학의 여러 분야(인류학, 사회학, 심리학, 경제학)에도 관심을 가지고 공부해야 하는 응용과학(applied science)이며, 기초영양학(basic nutrition), 임상영양학(clinical nutrition), 보건영양학 또는 지역사회영양학(public health or community nutrition), 응용영양학(applied nutrition) 등으로 분류할 수 있다. 결론적으로 영양학의 목적은 생화학, 의학, 생리학에서 얻어진 과학적 지식을 실제의 식생활에 결부시켜 실행하는데 있다.

잠깐!

영양
생명이 있는 유기체가 생명의 유지, 발육, 장기 조직의 영위, 에너지 생성을 위해 음식물을 이용하는 과정

영양학
영양소에 의해 인체의 건강이 유지·변화되는 과정을 연구하는 학문

2. 영양소의 역할과 종류

사람의 몸은 움직이는 분자의 집합체(세포, 조직, 기관 등)로서 그 부분은 시간이 흐르면서 항상 새롭게 바뀌고 정상적인 몸의 조직을 유지하기 위하여 세포는 끊임없이 형성되고 대체되어야 한다. 그 활동의 원천으로 작용하는 영양소는 식품에서 얻어진다.

영양소(nutrients)란 생명을 유지하기 위해 식품에서 섭취·공급되는 것으로 체내에 열량을 생성하고 신체를 구성·성장시키고 체조직을 유지·보수하며 인체의 기능을 조절하는 성분들이다[그림 1-1].

필수영양소란 신체가 그 영양소를 합성하지 못하거나 필요한 만큼 충분히 합성하지 않은 영양소를 의미하고, 비필수영양소는 신체가 필요로 할 때 합성할 수 있으므로 식품으로 반드시 섭취할 필요가 없는 영양소를 말

잠깐!

영양소
식품에 포함된 물질로 열량 생성, 신체 구성·성장 및 생체반응을 조절하여 건강을 유지하는 역할을 한다.

한다. 우리가 섭취하는 대부분의 음식물은 전자현미경으로 보아야 될 정도로 원자나 분자처럼 매우 작은 수십, 수백 개의 다양한 물질들로 구성되어 있다. 예를 들어, 시금치는 대부분 95%의 물과 고형질로 되어 있으며, 고형질의 대부분은 당질, 지방, 단백질 등의 유기혼합물이다. 이 물질을 제거하면 아주 미세한 물질인 무기질, 비타민 그리고 다른 유기물질들로 구성되어 있음을 알 수 있다.

즉 시금치에 들어 있는 영양소는 크게 6종류(당질, 지방, 단백질, 무기질, 비타민, 물)이다. 그 외 색소 등은 사실상 영양소가 아니며, 우리의 몸도 시금치처럼 대부분의 영양소로 구성되어 있다. 체내에서 많은 양의 영양소를 생산하여 충족시키기에는 부족하므로 몸이 필요로 하는 영양소를 섭취해야만 한다. 이 물질들은 우리가 식품으로 섭취했을 때 힘을 내주고 성장을 촉진시키며, 체조직을 형성하면서 신체기능을 조절해 주는 물질들이다.

사람의 식사에 포함되어야 할 영양소는 5종으로 크게 분류하나, 일반적으로는 [표 1-1]에서 보는 바와 같이 당질, 지질, 단백질과 같이 신체에서 많이 이용되는 다량 영양소와 비교적 적게 이용되는 비타민, 무기질과 같은 미량 영양소 및 인체를 구성하는 중요성분인 물을 포함하여 6대 영양소로 분류한다.

매일 섭취하고 있는 음식물은 다음의 3가지 역할을 하고 있는데 이는 음식물에서 공급되는 영양소의 기능에 따른 것이다.

그림 1-1 영양소의 대사와 체내에서의 역할

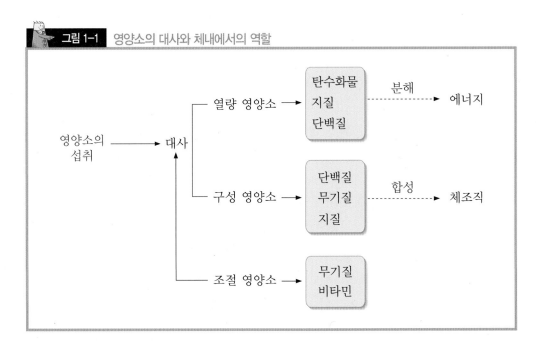

(1) 열량 영양소(에너지원)

① 탄수화물: 섭취한 당질은 체내에서 글리코겐, 혈당을 생성하고 대사 분해과정에 의해 모든 세포의 가장 중요한 에너지원이 된다.

② 지질: 섭취한 지질은 체내에서 저장되고 분해되어 주요한 에너지 공급원으로 사용된다.

③ 단백질: 체내 단백질이 분해되어 아미노산이 되고, 흡수된 아미노산의 일부가 분해되어 에너지원으로 쓰인다.

(2) 구성 영양소(체구성 성분)

① 단백질: 근육조직 성분의 합성과 보수 및 효소, 혈액을 합성하는 재료로 쓰인다.

② 무기질: 뼈의 구성 성분의 재료로 쓰인다.

③ 지질: 세포막 성분인 인지질을 구성한다.

(3) 조절 영양소(대사조절물질)

① 무기질: 체내 이온을 구성하고 대사를 조절한다.

② 비타민: 체내에서 에너지 대사 과정에 조효소로서 작용한다.

표 1-1 필수영양소의 종류

탄수화물		포도당
지질		리놀레산, 리놀렌산, 아라키돈산
단백질		히스티딘, 이소류신, 류신, 메티오닌, 라이신, 페닐알라닌, 트레오닌, 트립토판, 발린
비타민	지용성 비타민	비타민 A, D, E, K
	수용성 비타민	티아민, 리보플라빈, 니아신, 판토텐산, 비오틴, 비타민 B_6, 비타민 B_{12}, 엽산, 비타민 C
무기질	다량 무기질	칼슘, 염소, 마그네슘, 인, 칼륨, 나트륨, 황
	미량 무기질	철, 아연, 크롬, 구리, 불소, 망간, 몰리브덴, 셀레늄, 코발트, 요오드
	미확정 영양소	비소, 붕소, 카드뮴, 리튬, 니켈, 실리콘, 주석
물		물

3. 식사구성안

우리나라 사람들이 좋은 영양상태를 유지하기 위해서는 균형 잡힌 식사가 필요하다. 따라서 식생활 습관을 고려하고 영양학을 전공하지 않은 일반인들이 영양적으로 만족할만한 식사를 제공할 수 있는 식단을 계획하거나 먹은 음식의 영양가를 평가하는 데 도움을 주기 위하여 다음과 같은 식사구성안이 제시되었다.

(1) 식품군

균형 잡힌 식생활을 위하여 매일 먹어야 하는 식품들을 위주로 식품이 함유한 영양소를 분류한 것으로 우리나라는 6가지 식품군을 정하여 매일 골고루 섭취하도록 권장하고 있다[표 1-2].

표 1-2 식품군의 분류

식품군	영양소	해당 식품
곡류	탄수화물, 식이섬유	곡류, 면류, 떡류, 빵류, 시리얼류, 감자류, 기타(묵, 밤, 밀가루), 과자류
고기·생선·달걀·콩류	단백질, 지질, 비타민, 무기질	육류, 어패류, 난류, 콩류
채소류	식이섬유, 비타민, 무기질	채소류, 해조류, 버섯류
과일류	식이섬유, 비타민, 무기질	과일류, 주스류
우유·유제품류	단백질, 비타민, 칼슘	우유, 유제품
유지·당류	지질, 당류	유지류, 당류, 견과류

※ 자료: 보건복지부·한국영양학회, 2020 한국인 영양소 섭취기준, 2020

(2) 식사구성안을 위한 1인 1회 분량과 권장식사 패턴

한국인들이 가장 많이 섭취하는 식품을 중심으로 식사구성을 쉽게 하도록 [표 1-3]에서 보는 바와 같이 식품군별 대표식품의 1인 1회 분량과 [표 1-4]에서 보는 바와 같이 성별, 연령별, 식품군별 평균섭취량을 참고하여 권장식사 패턴을 제시하였다. 각 식품군에 속하는 식품의 1회 분량은 국민건강영양조사 보고 등을 참고로 하여 사람들의 1일 섭취량을 참조하여 산출된 것으로 1인 1회 분량은 우리나라 사람들의 일반적으로 섭취하는 양에 가깝다. 식사 조절이 필요하지 않은 건강한 사람들의 식생활을 위주로 하였으며 질병이 있어 영양소를 조절해야 하는 식이요법을 위한 식사 교환 단위와는 다르다. 권장식사 패턴은 어린이와 성인의 음식 섭취 양상이 다르고 우유·유제품에 대한 기호도 차이가 큼을 고려해서 어린이와 청소년 경우는 우유·유제품 2회 사용하는 것을 기준으로(A타입), 성인은 1회 사용하는 것(B타입)을 기준으로 하였다.

표 1-3 식품군별 대표식품의 1인 1회 분량   * 표시는 0.3회

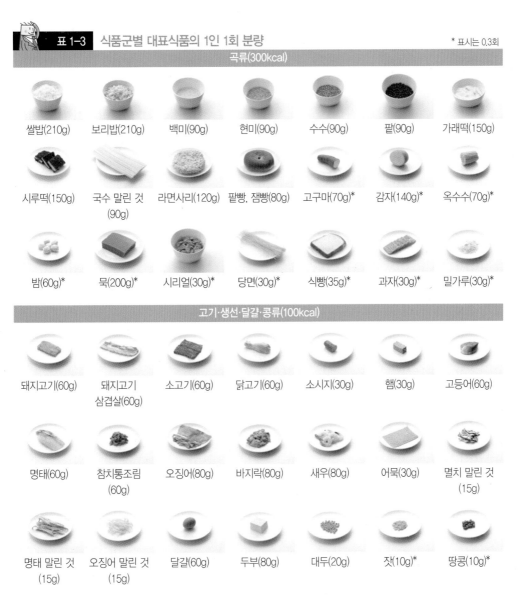

곡류(300kcal)

| 쌀밥(210g) | 보리밥(210g) | 백미(90g) | 현미(90g) | 수수(90g) | 팥(90g) | 가래떡(150g) |

| 시루떡(150g) | 국수 말린 것(90g) | 라면사리(120g) | 팥빵, 잼빵(80g) | 고구마(70g)* | 감자(140g)* | 옥수수(70g)* |

| 밤(60g)* | 묵(200g)* | 시리얼(30g)* | 당면(30g)* | 식빵(35g)* | 과자(30g)* | 밀가루(30g)* |

고기·생선·달걀·콩류(100kcal)

| 돼지고기(60g) | 돼지고기 삼겹살(60g) | 소고기(60g) | 닭고기(60g) | 소시지(30g) | 햄(30g) | 고등어(60g) |

| 명태(60g) | 참치통조림(60g) | 오징어(80g) | 바지락(80g) | 새우(80g) | 어묵(30g) | 멸치 말린 것(15g) |

| 명태 말린 것(15g) | 오징어 말린 것(15g) | 달걀(60g) | 두부(80g) | 대두(20g) | 잣(10g)* | 땅콩(10g)* |

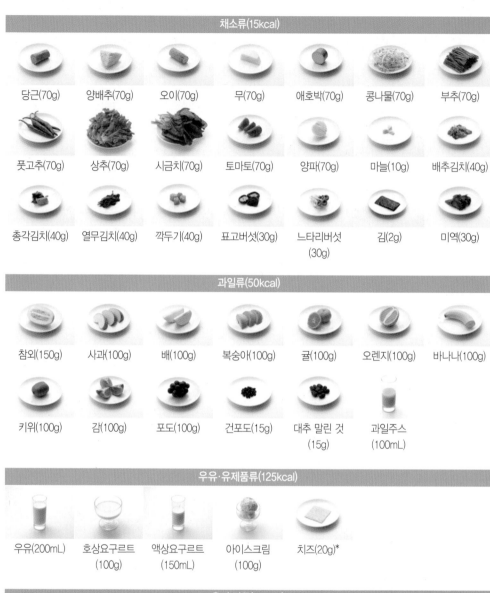

채소류(15kcal)

당근(70g)	양배추(70g)	오이(70g)	무(70g)	애호박(70g)	콩나물(70g)	부추(70g)
풋고추(70g)	상추(70g)	시금치(70g)	토마토(70g)	양파(70g)	마늘(10g)	배추김치(40g)
총각김치(40g)	열무김치(40g)	깍두기(40g)	표고버섯(30g)	느타리버섯(30g)	김(2g)	미역(30g)

과일류(50kcal)

참외(150g)	사과(100g)	배(100g)	복숭아(100g)	귤(100g)	오렌지(100g)	바나나(100g)
키위(100g)	감(100g)	포도(100g)	건포도(15g)	대추 말린 것(15g)	과일주스(100mL)	

우유·유제품류(125kcal)

우유(200mL)	호상요구르트(100g)	액상요구르트(150mL)	아이스크림(100g)	치즈(20g)*

유지·당류(45kcal)

깨(5g)	콩기름(5g)	마요네즈(5g)	버터(5g)	설탕(10g)	물엿(10g)	꿀(10g)

※ 자료: 보건복지부·한국영양학회, 2015 한국인 영양소 섭취기준, 2015

표 1-4 권장식사 패턴(성인의 경우 식품군별 1일 권장섭취량 횟수)

적용대상 식품군	A타입					B타입			
	1,400A	1,700A	1,900A	2,000A	2,600A	1,600B	1,800B	2,000B	2,400B
	3~5세	6~11세 여	6~11세 남	12~18세 여	12~18세 남	65세 이상 여	19~64세 여	65세 이상 남	19~64세 남
곡류	2	2.5	3	3	3.5	3	3	3.5	4
고기·생선 달걀·콩류	2	3	3.5	3.5	5.5	2.5	4	4	5
채소류	6	6	7	7	8	6	8	8	8
과일류	1	1	1	2	4	1	2	2	3
우유· 유제품류	2	2	2	2	2	1	1	1	1

1) 곡류: 식이섬유 섭취를 늘리기 위해서 잡곡류 사용을 권장함
2) 고기·생선·달걀·콩류: 고기의 경우 살코기 기준이며, 지방 함량이 높은 식품을 이용할 경우에는 유지류를 추가 사용하는 것으로 간주해야 함
3) 채소류: 소금 5g 이하의 영양목표를 달성하기 위해 가능한 싱겁게 조리하도록 함
4) 나트륨: 국, 찌개류의 경우 건더기 위주로 섭취하도록 함
5) 과일류: 식이섬유 섭취를 늘리기 위해 주스보다는 생과일 섭취를 권장함
6) 우유·유제품류: 단순당질이 적게 함유된 제품을 권장함
7) 양념류: 각 권장 섭취 패턴에 이미 양념 사용량이 포함되어 있음. 여기서 양념이란 간장, 고추장, 된장, 소금 등의 조미료류를 말하여 50~80kcal 사용 된 것으로 계산함

(3) 식사모형

운동을 권장하기 위해 자전거 이미지를 사용하였고 자전거 바퀴 모양을 이용하여 6개의 식품군에 권장식사 패턴의 섭취 횟수와 분량에 비례하도록 면적을 배분하였다. 또 하나의 바퀴에 물잔 이미지를 삽입하여 수분의 중요성을 상징하였다. 식사모형의 이름은 식품구성 자전거(food balance wheels)로 하며, 식품군의 상징색은 미국 피라미드의 식품군 색과 동일하게 하였다. 권장식사 패턴의 섭취 횟수를 사용하여 가장 일반적인 2,000kcal 기준의 식단을 [표 1-5]와 같은 방법으로 원의 면적 비율을 계산하였고 식품구성 자전거의 모형으로 도식화하였다[그림 1-2].

표 1-5 식단을 이용한 면적비율

식품군	2,000kcal			
	권장 횟수	1회 분량	횟수×분량	면적 비율(%)
곡류	3	210	630	33
고기 · 생선 달걀 · 콩류	3.5	60	210	11
채소류	7	70	490	25
과일류	2	100	200	10
우유 · 유제품류	2	200	400	21
총합	–	–	1930	100

그림 1-2 식품구성 자전거 모형

※ 자료: 보건복지부 · 한국영양학회, 2020 한국인 영양소 섭취기준, 2020

4. 식생활지침

2021년 보건복지부는 농림축산식품부, 식품의약품안전처와 함께 국민의 건강과 균형 잡힌 식생활을 위한 가이드라인 '한국인을 위한 식생활지침'을 발표하였다. 균형 있는 식품과 영양 섭취, 올바른 식습관 및 한국형 식생활, 식생활 안전 등을 종합적으로 고려해 9개 사항에 대한 지침이 마련됐다[그림 1-3].

잠깐!

한국인을 위한 식생활지침
국민영양관리법 제14조 및 동법 시행규칙 제6조에 의해 정부가 제시하는 국민의 건강하고 균형 잡힌 식생활 가이드라인

그림 1-3 한국인을 위한 식생활지침

❶ 매일 신선한 채소, 과일과 함께 곡류, 고기·생선·달걀·콩류, 우유·유제품을 균형 있게 먹자.

❷ 덜 짜게, 덜 달게, 덜 기름지게 먹자.

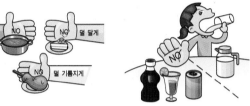

❸ 물을 충분히 마시자.

❹ 과식을 피하고, 활동량을 늘려서 건강체중을 유지하자.

❺ 아침식사를 꼭 하자.

❻ 음식은 위생적으로, 필요한 만큼만 마련하자.

❼ 음식을 먹을 땐 각자 덜어 먹기를 실천하자.

❽ 술은 절제하자.

❾ 우리 지역 식재료와 환경을 생각하는 식생활을 즐기자.

5. 한국인 영양소 섭취기준

한국인 영양소 섭취기준(Dietary Reference Intakes for Koreans, KDRIs)은 건강한 개인 및 집단을 대상으로 하여 국민의 건강을 유지·증진하고 식사와 관련된 만성질환의 위험을 감소시켜 궁극적으로 국민의 건강수명을 증진하기 위한 목적으로 설정된 에너지 및 영양소 섭취량 기준이다. 따라서 한국인 영양소 섭취기준 제·개정 방향은 에너지 및 영양소 섭취부족으로 인해 생기는 결핍증 예방에 그치지 않고, 과잉 섭취로 인한 건강문제 예방과 만성질환에 대한 위험의 감소까지 포함하도록 정하고 있다. 이러한 점에서 2020 한국인 영양소 섭취기준에는 안전하고 충분한 영양을 확보하는 기준치(평균필요량, 권장섭취량, 충분섭취량, 상한섭취량)와 식사와 관련된 만성질환 위험감소를 고려한 기준치(에너지적정비율, 만성질환위험감소섭취량)를 제시하였다[그림 1-4].

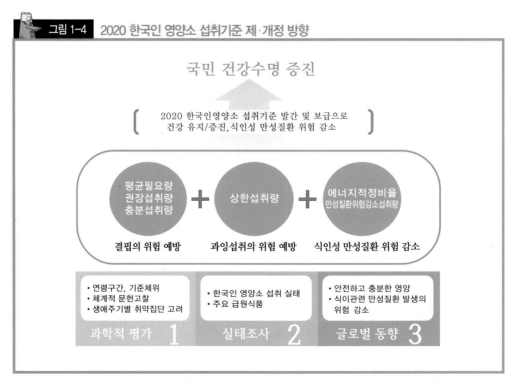

그림 1-4 2020 한국인 영양소 섭취기준 제·개정 방향

※ 자료: 보건복지부·한국영양학회, 2020 한국인 영양소 섭취기준, 2020

한국인 영양소 섭취기준은 섭취부족의 예방을 목적으로 하는 3가지 지표 즉, 평균필요량, 권장섭취량, 충분섭취량과 과잉섭취로 인한 건강문제 예

방을 위한 상한섭취량, 그리고 만성질환위험감소섭취량을 포함하고 있다 [그림 1-4]. 2020 한국인 영양소 섭취기준에는 심혈관질환과 고혈압 등 만성질환과 영양소의 관계를 검토하여 과학적 근거가 확보된 영양소에 대해서는 만성질환위험감소섭취량을 제정하였다.

(1) 평균필요량(estimated average requirement, EAR)

평균필요량은 건강한 사람들의 일일 영양소 필요량의 중앙값으로부터 산출한 수치이다. 영양소 필요량은 섭취량에 민감하게 반응하는 기능적 지표가 있고 영양상태를 판정할 수 있는 평가기준이 있을 때 추정할 수 있다. 에너지 필요량은 에너지소비량을 통해 추정하고 있어 에너지는 평균 필요량이라는 용어 대신에 필요추정량(Estimated Energy Requirements, EER)이라는 용어를 사용한다.

그림 1-5 영양소 섭취기준의 개념도

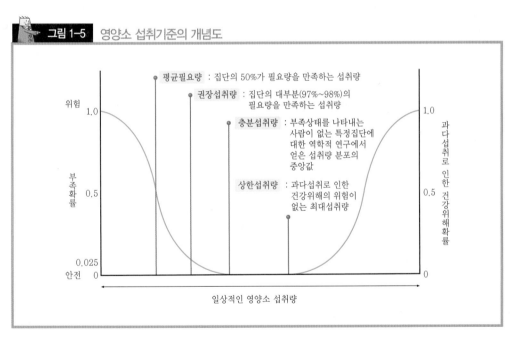

※ 자료: 보건복지부·한국영양학회, 2020 한국인 영양소 섭취기준, 2020

(2) 권장섭취량(recommended intake, RI)

권장섭취량은 인구집단의 약 97~98%에 해당하는 사람들의 영양소 필요량을 충족시키는 섭취수준으로, 평균필요량에 표준편차 또는 변이계수의 2배를 더하여 산출하였다.

(3) 충분섭취량(adequate intake, AI)

충분섭취량은 영양소의 필요량을 추정하기 위한 과학적 근거가 부족할 경우, 대상 인구집단의 건강을 유지하는 데 충분한 양을 설정한 수치이다. 충분섭취량은 실험연구 또는 관찰연구에서 확인된 건강한 사람들의 영양소 섭취량 중앙값을 기준으로 정했다. 따라서 충분섭취량은 대상 집단의 영양소 필요량을 어느 정도 충족시키는지 확실하지 않기 때문에, 대상 집단의 97~98%에 해당하는 사람들의 필요량을 충족시키는 양인 권장섭취량과는 차이가 있다.

(4) 상한섭취량(tolerable upper intake level, UL)

상한섭취량이란 인체에 유해한 영향이 나타나지 않는 최대 영양소 섭취 수준이므로, 과량을 섭취할 때 유해영향이 나타날 수 있다는 과학적 근거가 있을 때 설정할 수 있다.

(5) 에너지적정비율(acceptable macronutrient distribution ranges, AMDR)

에너지적정비율은 탄수화물, 지질, 단백질을 통해 섭취하는 에너지의 양이 전체 에너지섭취량에서 차지하는 비율의 적정범위로 제시하였다. 각 다량 영양소의 에너지적정범위는 무기질과 비타민 등의 다른 영양소를 충분히 공급하면서 만성질환 및 영양 불균형에 대한 위험을 감소시킬 수 있는 에너지 섭취비율을 근거로 설정했다. 따라서 각 다량 영양소의 에너지 섭취 비율이 제시된 범위를 벗어나는 것은 건강문제가 발생할 위험이 높아진다는 것을 의미한다.

(6) 만성질환위험감소섭취량(chronic disease risk reduction intake, CDRR)

만성질환 위험감소를 위한 섭취량이란 건강한 인구집단에서 만성질환의 위험을 감소시킬 수 있는 영양소의 최저 수준의 섭취량이다. 이는 그 기준치 이하를 목표로 섭취량을 감소시키라는 의미가 아니라 그 기준치보다 높게 섭취할 경우 전반적으로 섭취량을 줄이면 만성질환에 대한 위험을 감소시킬 수 있다는 근거를 중심으로 도출된 섭취기준을 의미한다.

[그림 1-5]는 평균필요량, 권장섭취량, 충분섭취량, 상한섭취량에 대한 개념도이며 [그림 1-6]은 이상적인 영양소 섭취량의 범위를 나타낸 것이다.

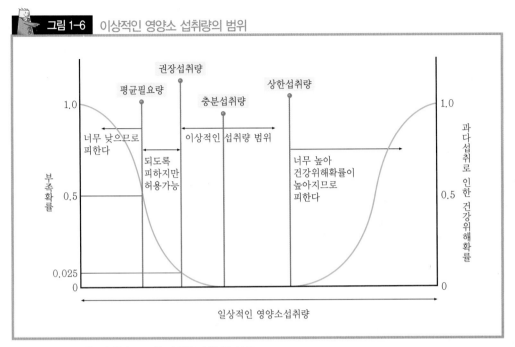

그림 1-6 이상적인 영양소 섭취량의 범위

※ 자료: 보건복지부·한국영양학회, 2020 한국인 영양소 섭취기준, 2020

6. 열량 및 영양소의 측정단위

열량은 kcal(kilocalorie)로 표시하며, 물은 L(liter)와 mL(milliliter)로 표시한다. 영양소의 양은 측정단위를 일정한 표준단위로 표시한다. 탄수화물, 단백질, 지방은 g(gram)으로, 무기질은 g(gram)과 mg(milligram) 혹은 μg(microgram)으로, 비타민은 주로 mg(milligram)이나 μg(microgram)으로 표시하며 혹은 국제단위(International Unit)로서 IU로 표시하거나 당량(Equivalent weight)으로 표시한다. 국제단위는 일정한 비타민을 측정하는 데 있어서 국제적으로 합의를 본 것이며 각 단위는 비타민의 종류에 따라 다르다.

7. 영양밀도

각 식품의 공급 에너지에 대한 영양소 함량을 의미하며, 식품의 가치를 비교 평가할 때 유용하다. 동량의 식품이라면 영양소(nutrients)가 많을수록, 에너지 함량이 적을수록 영양밀도는 더 높아진다.

단백질, 비타민, 무기질 같은 필수영양소 비율에 관한 중요한 개념으로 높은 영양밀도를 가진 식품이란 동량의 에너지를 공급하는 식품이라도 비타민, 무기질 등의 많은 영양소를 가지고 있다.

더알아보기

콜라 한 잔과 포도 한 송이의 영양밀도 비교
콜라 한 잔과 포도 한 송이는 약 150칼로리를 제공한다. 그러나 포도는 에너지와 더불어 미량의 단백질, 약간의 비타민, 미네랄, 피토케미컬 및 식이섬유를 제공한다. 반면에 콜라는 어떠한 영양소도 없이 설탕으로부터 'empty' 칼로리만 제공한다. 그러므로 포도가 콜라보다 높은 영양밀도를 가진다.

8. 영양성분표시

영양성분표시란 가공식품이 함유한 영양적 성분이나 특성을 일정한 기준과 방법에 따라 식품포장에 표기하도록 하여 올바른 영양정보를 제공하고 동시에 식품제조업자들의 허위, 과대표시나 광고로부터 소비자를 보호하여 올바른 식품 선택을 돕기 위한 제도로 소비자의 알권리 충족과 맞춤영양시대에 필수적이다. 영양표시는 식품에 어떤 영양소가 얼마나 들어 있는지를 식품포장에 표시하는 것을 말한다. 영양표시 내용을 잘 살펴보면 제품이 가진 영양소의 정보를 알 수 있다. 영양표시에는 식품의 1회 제공량당 들어 있는 영양소의 함량과 1일 영양성분 기준치에 대한 비율이 제시되어 있다[그림 1-7].

9가지 의무표시영양소는 열량, 탄수화물, 당류, 단백질, 지방, 포화지방, 트랜스지방, 콜레스테롤, 나트륨이며, 기타 다른 영양소가 표시된 경우도 있다. 1일 영양성분 기준치[표 1-6]에 대한 비율은 하루에 섭취해야 할 영양소의 기준치를 100%라고 할 때 해당 식품의 섭취를 통해 얻는 영양성분의 비율이다.

그림 1-7 영양성분표시

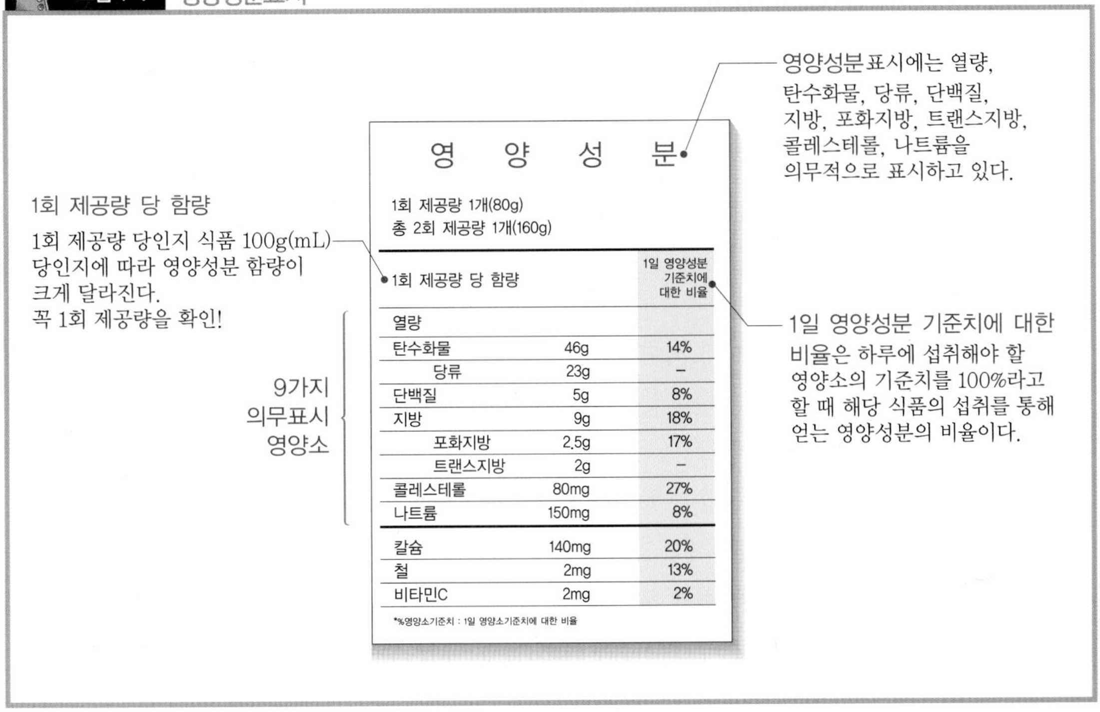

영양성분표시에는 열량, 탄수화물, 당류, 단백질, 지방, 포화지방, 트랜스지방, 콜레스테롤, 나트륨을 의무적으로 표시하고 있다.

1회 제공량 당 함량

1회 제공량 당인지 식품 100g(mL) 당인지에 따라 영양성분 함량이 크게 달라진다.
꼭 1회 제공량을 확인!

9가지 의무표시 영양소

1일 영양성분 기준치에 대한 비율은 하루에 섭취해야 할 영양소의 기준치를 100%라고 할 때 해당 식품의 섭취를 통해 얻는 영양성분의 비율이다.

영 양 성 분

1회 제공량 1개(80g)
총 2회 제공량 1개(160g)

1회 제공량 당 함량		1일 영양성분 기준치에 대한 비율
열량		
탄수화물	46g	14%
당류	23g	-
단백질	5g	8%
지방	9g	18%
포화지방	2.5g	17%
트랜스지방	2g	-
콜레스테롤	80mg	27%
나트륨	150mg	8%
칼슘	140mg	20%
철	2mg	13%
비타민C	2mg	2%

*%영양소기준치 : 1일 영양소기준치에 대한 비율

표 1-6 1일 영양성분 기준치

영양성분	기준치	영양성분	기준치	영양성분	기준치
탄수화물(g)	324	크롬(μg)	30	몰리브덴(μg)	25
당류(g)	100	칼슘(mg)	700	비타민 B_{12}(μg)	2.4
식이섬유(g)	25	철(mg)	12	비오틴(μg)	30
단백질(g)	55	비타민 D(μg)	10	판토텐산(mg)	5
지방(g)	54	비타민 E(mg α-TE)	11	인(mg)	700
포화지방(g)	15	비타민 K(μg)	70	요오드(μg)	150
콜레스테롤(mg)	300	비타민 B_1(mg)	1.2	마그네슘(mg)	315
나트륨(mg)	2,000	비타민 B_2(mg)	1.4	아연(mg)	8.5
칼륨(mg)	3,500	니아신(mg NE)	15	셀레늄(μg)	55
비타민 A(μg RAE)	700	비타민 B_6(mg)	1.5	구리(mg)	0.8
비타민 C(mg)	100	엽산(μg)	400	망간(mg)	3.0

9. 미래의 영양학

영양의 역사는 인류의 역사와 더불어 오래되었지만 영양학의 역사는 희랍문화에서 그 기원을 찾고 있으며 학문적으로 체계를 세운 시기는 영국의 산업혁명(18세기 후반) 이후부터 자세한 기록이 남아 있어 이를 근거로 하였다고 본다. 19세기에는 각 영양소의 열량가를 제시하여 근대 영양학의 기초를 이룩하였다.

20세기에 접어들면서 영양학은 눈부신 발전을 이루었는데 새로운 각종 기기(전자현미경, 고속원심분리기, 미량분석기기)와 분석방법이 발달함에 따라 관련 학문의 연구에 급속한 발전과 도움을 주었다.

현재에 와서 영양학은 개개인의 연구결과에만 그치지 않고 인간의 건강, 수명연장, 개체의 성장발육 도모에 필수적인 생명과학으로서 세계 공통문제로 발전하게 되었다.

특히 오늘날의 영양학은 식품 중에 생리 활성이 있는 기능성 물질을 찾아내고 과학적으로 규명하며, 질병의 예방에 식품을 이용하는 데 관심이 모아지고 있다. 미래의 영양학에서는 개개인의 유전자에 적합한 영양을 섭취하여 식사를 통해 질환을 예방하고 건강하게 장수할 수 있게 하는 개인별 맞춤 영양이 증대할 것으로 예상된다. 개인별 맞춤 식이요법의 중심에는 영양유전체학이 자리잡고 있다. 우리가 섭취한 영양소는 유전자와 상호 작용하여 유전자의 작용을 조절하고 그 결과 다양한 만성 질환의 발병 위험을 감소시켜 준다. 개별 맞춤 식이요법은 이 중 맞춤 영양학(personalized nutrition) 연구에 근거하고 있다. 특정 질환의 발병률과 상관관계가 높은 유전자 다형성을 규명하며 개인의 유전자형과 질환 유병률의 상관 관계를 밝히고 특정 질환 유병률과 상관성이 높은 유전자형을 가진 사람에게 그 질환 예방에 필요한 영양소 혹은 식품을 제안하여 개별화된 영양섭취를 제안하는 것이 최근 대두되고 있는 맞춤 영양학이다. 따라서 맞춤 영양학의 연구는 비만을 비롯하여 고혈압, 제2형 당뇨병, 심혈관계 질환, 골다공증, 암 등 만성 질환의 발병 위험을 줄일 수 있는 식이 요인을 찾아내는 데 초점이 맞추어지고 있다.

더 알아보기

맞춤 영양학

특정 질환 유병률과 상관성이 높은 유전자형을 가진 사람에게 그 질환 예방에 필요한 영양소 혹은 식품을 제안하여 개별화된 영양 섭취를 제안하는 학문

배운 것을 확인할까요?

01 다음 용어의 개념을 설명하세요.

① 영양학
② 영양
③ 영양소

02 체내 대사의 개념을 요약하세요.

03 영양소의 체내 역할을 설명하세요.

04 식생활과 건강의 개념을 설명하세요.

① 식품군을 설명하세요.
② 식품구성 자전거는 무엇일까요?
③ 1인 1회 분량 및 섭취 횟수에 대해 설명하세요.
④ 식생활지침을 설명하세요.

05 영양소 섭취기준에 대해 설명하세요.

① 평균필요량
② 권장섭취량
③ 충분섭취량
④ 상한섭취량
⑤ 에너지적정비율
⑥ 만성질환위험감소섭취량

06 영양밀도에 대해 설명하세요.

07 맞춤 영양학은 무엇일까요?

Chapter 2

탄수화물 영양

Chapter 02

탄수화물 영양

당질 또는 탄수화물은 탄소(C), 수소(H), 산소(O)가 1:2:1의 비율로 구성된 수화물(hydrate)로서 $(CH_2O)_n$의 일반식을 가지며, 주로 광합성에 의하여 식물의 엽록소에서 태양에너지를 이용하여 공기 중의 이산화탄소와 토양 중의 물로부터 만들어지는 당질과 섬유소의 총칭을 말한다[그림 2-1]. 탄수화물은 우리가 섭취하는 총 열량의 55~65% 정도를 차지하는 주된 열량소로, 체내에서 중요한 에너지원으로 사용될 뿐만 아니라 대사과정에서 생성되는 중간 대사산물로부터 지방, 단백질 및 핵산과 같은 여러 생체성분들이 합성되며 식품가공분야에서는 감미료나 여러 첨가제로 이용되기도 한다.

그림 2-1 광합성에 의한 탄수화물의 합성

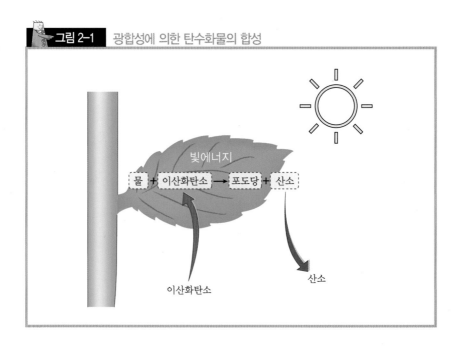

1. 탄수화물의 분류

탄수화물의 구성단위는 단당류(monosaccharide)이며, 크기나 중합도에 따라 단당류 2개가 연결된 이당류(disaccharide), 단당류가 3개 이상 10개 이내로 구성된 올리고당류(oligosaccharide), 10개 이상의 단당류로 구성된 다당류(polysaccharide)로 분류한다.

다당류는 동일한 종류의 단당류 축합체를 단순다당류(simple poly saccharide), 2종 이상 다른 종류의 단당류 축합체를 복합다당류(compound polysaccharide)라 한다.

탄수화물의 분류는 [표 2-1]과 같다.

표 2-1 탄수화물의 분류

1. 단당류(monosaccharide)

　5탄당(pentose): ribose, ribulose, deoxyribose, xylose

　6탄당(hexose): glucose, fructose, galactose, mannose

2. 이당류(disaccharide)

　lactose, maltose, sucrose

3. 소당류(oligosaccharide)

　3당류(trisaccharide): raffinose

　4당류(tetrasaccharide): stachyose

4. 다당류(polysaccharide)

　단순다당류(simple polysaccharide): starch, glycogen, cellulose

　복합다당류(compound polysaccharide): pectin, gum

(1) 단당류(monosaccharide)

탄수화물의 기본단위로서 가수분해에 의해서 더 이상 분해되지 않는 당을 단당류(monosaccharide)라 한다. 화학적으로 단당류는 1개 이상의 알코올기(−OH)와 한 개의 알데하이드기(aldehyde group, −CHO) 또는 케톤기(ketone group, =CO)를 갖는 화합물 또는 축합물이라 한다. 단당류는 탄소수가 3개에서 7개까지가 많고, 탄소수에 따라 3탄당(triose), 4탄당(tetrose), 5탄당(pentose), 6탄당(hexose), 7탄당(heptose), 8탄당(octose) 등으로 분류된다.

영양상 중요한 것은 동식물계에 주로 함유되어 있는 5탄당과 6탄당으로 일반적으로 물에 잘 녹고 더 이상 가수분해되지 않으므로 소화될 필요 없이 흡수된다.

1) 5탄당(pentose, $C_5H_{10}O_5$)

리보오스(ribose)와 데옥시리보오스(deoxyribose)는 핵산(RNA, DNA)의 구성성분으로 중요하며, 비타민 B_2와 ATP, NAD의 구성성분이기도 하다. 자일로오스(xylose)는 다당류인 자일란(xylan)의 단당류 성분으로 짚, 보리 중에 많이 함유되어 있다.

그림 2-2 리보오스와 데옥시리보오스의 구조

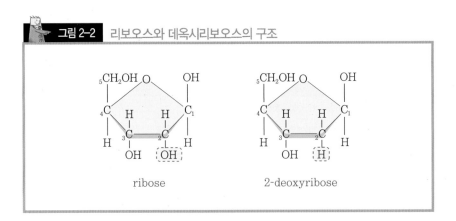

2) 6탄당(hexose, $C_6H_{12}O_6$)

식품에 제일 흔하게 존재하고, 영양상 중요한 단당류로서 동식물계에 널리 분포되어 있으며 동물조직의 에너지원이다. 중요한 6탄당은 포도당(glucose), 갈락토오스(galactose), 과당(fructose)이다. 6개의 탄소에 결합된 H와 OH의 배열위치에 따라서 당의 종류가 달라지게 된다.

① 포도당(glucose)

포도당은 과일이나 벌꿀 및 시럽, 엿 등에 함유되어 있는 영양적으로 중요한 단당류이다. 전분이나 글리코겐, 이당류 등의 가수분해에 의해서도 얻어지는 체내 당대사의 중심물질로, 생체계의 가장 기본적인 에너지 급원이다. 체내에 있는 포도당은 D형이며 인체의 혈액 중에 평균 0.1% 존재하여 혈당(blood sugar)이라고도 하며, 특히 포도에 많이 함유되어(20~30%) 있어 포도당(grape sugar)이라고 한다. 포도당의 단맛은 자당을 100으로

잠깐!

당결정이나 용액에 편광광선을 통과시킬 때 편광면이 오른쪽으로 회전하면 우선당, 왼쪽으로 회전하면 좌선당

할 때, 74 정도이고, 과당은 173, 맥아당은 33, 갈락토오스는 32, 유당은 16이다.

그림 2-3 포도당의 구조

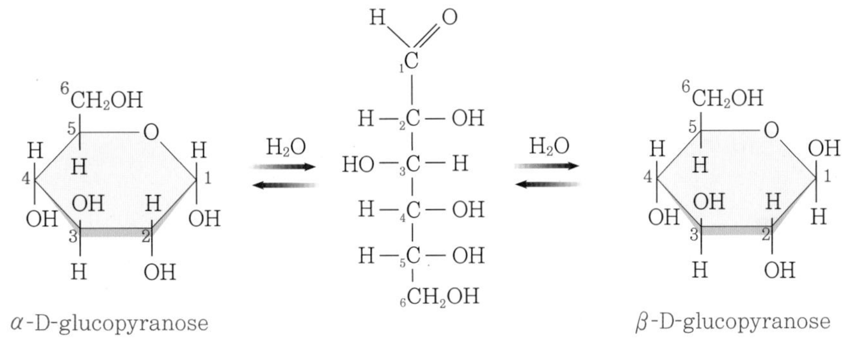

② **과당(fructose)**

과당은 특히 과일에 많이 들어 있어 일명 fruit sugar라고 하며 과일, 꽃, 벌꿀 등에 유리상태로 많이 존재한다. 단당류 중에 가장 단맛이 강하고 케토오스(ketose)의 대표적인 당이기도 하다. 결합상태로는 포도당과 과당이 결합한 자당(sucrose)과 다당류인 이눌린(inulin) 등을 예로 들 수 있다. 체내에서는 소장에서 포도당과 같이 흡수되어 간에서 포도당으로 전환된다.

그림 2-4 과당의 구조

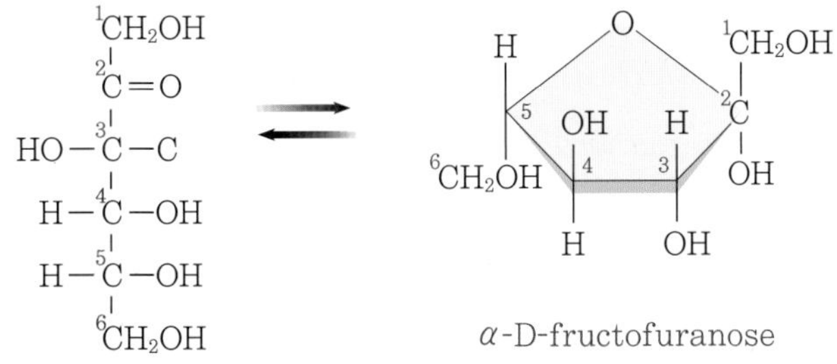

③ 갈락토오스(galactose)

자연계에서는 거의 유리상태로 존재하지 않으나 포도당과 결합된 유당(lactose)의 형태로 주로 유즙에 함유되어 있다. 해조류나 식물에는 다당류인 갈락탄(galactan)으로 구성되어 있으며, 한천(agar)을 가수분해하면 생긴다. 소장에서 흡수되면 간에서 포도당으로 전환되거나 글리코겐으로 전환되어 저장되기도 한다. 동물조직 중에는 당지질인 세레브로사이드(cerebroside), 강글리오사이드(ganglioside) 등으로 뇌, 신경조직 중에 많이 함유되어 있으며 특히 뇌성장에 중요하다.

그림 2-5 갈락토오스의 구조

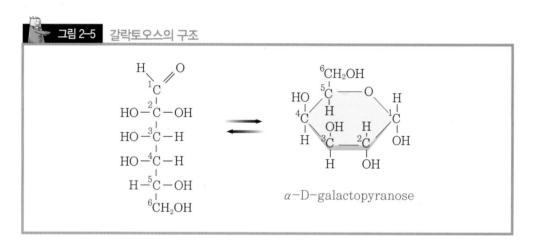

α-D-galactopyranose

(2) 이당류(disaccharide)

이당류는 단당류 2개가 탈수·축합해서 물(H_2O) 1분자를 잃고 글리코시드(glycoside)가 결합한 당(분자식 $C_{12}H_{22}O_{11}$)으로 중요한 이당류로는 자당(glucose+fructose), 유당(glucose+galactose), 맥아당(glucose+glucose) 등이 있다[그림 2-6].

잠깐!

글리코시드결합
1개의 당분자와 또다른 1개 당분자의 탄소 사이의 연결에서 물분자가 하나 빠져나가면서 산소원자에 의해 연결되는 화학적 결합

1) 자당(설탕, sucrose, saccharose)

포도당과 과당이 α-1,2 글리코시드 결합으로 구성되어 있는 자당은 설탕이라고도 하는데, 사탕수수나 사탕무에 다량 함유되어 있다. 식물의 과즙, 잎, 줄기, 뿌리 등에도 널리 분포되어 있으며, 식물의 조리, 가공 등에 사용하고 있다.

당류가 결합할 때 글리코시드(glycoside)성 OH가 남을 경우 환원성을

가지게 되므로 이러한 당을 환원당이라고 하는데, 자당은 이러한 글리코
시드(glycoside)성 OH가 남아 있지 않으므로 비환원당이다.

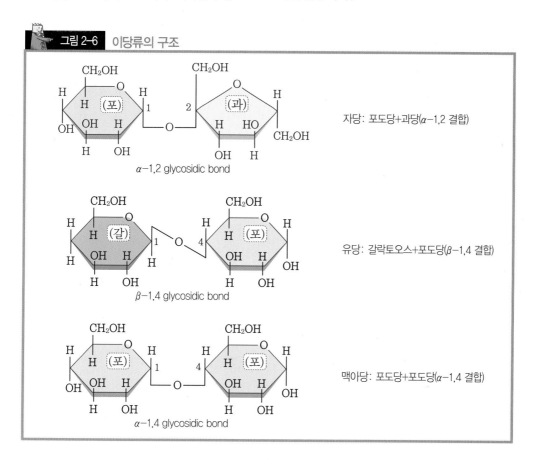

그림 2-6 이당류의 구조

자당: 포도당+과당(α-1,2 결합)

α-1,2 glycosidic bond

유당: 갈락토오스+포도당(β-1,4 결합)

β-1,4 glycosidic bond

맥아당: 포도당+포도당(α-1,4 결합)

α-1,4 glycosidic bond

2) 유당(lactose)

식물계에는 발견되지 않았고 포유동물의 유즙 중에만 존재하므로 일명
젖당(milk sugar)이라고도 한다. 포도당과 갈락토오스가 β-1,4 글리코시
드 결합으로 구성되어 있는 이당류로 우유에 3~4%, 모유에 5~8% 정도
함유되어 있다. 유당(lactose) 분해 산물인 갈락토오스(galactose)는 어린
이 뇌신경을 형성하는 데 도움을 주므로 성장기 어린이에게 아주 중요한
영양소이다. 유당(lactose)은 음식물 중에 적당량 존재하면 위내에서 발효
되기 어렵고 소장에서 락타아제(lactase)에 의해 분해된다. 장에서 잡균의
번식을 억제하고 유산균과 같은 유용한 장내 세균의 발육을 왕성하게 하
여 정장작용에 도움을 주지만 과량 섭취하거나 유당분해효소가 부족하면
소화되기가 어렵다. 또한 칼슘의 장내흡수를 촉진시키는 효과가 있다.

3) 맥아당(maltose)

천연식품에는 거의 존재하지 않으나 맥아에 함유되어 있다. 또한 전분을 가수분해하는 효소인 아밀라아제(amylase)에 의해 생성되는 환원당으로, 산이나 효소에 의해 가수분해되어 2분자의 포도당이 α-1,4 글리코시드 결합한 맥아당으로 생성되며, 소화관 내에서 쉽게 말타아제(maltase)에 의해 포도당(glucose)으로 분해되기 쉬우므로 체내에서 소화 흡수가 잘된다.

더 알아보기

전화당(invert sugar)
묽은 산 또는 장액 중의 전화효소(invertase, sucrase)의 작용에 의해 쉽게 가수분해되어 포도당과 과당으로 된다. 이 변화를 전화(invertion)라고 하고, 이러한 혼합물을 전화당(invert sugar)이라 하며, 전화당에는 과당이 포함되므로 감미는 자당보다 1.3배 정도 강하다.

(3) 올리고당(oligosaccarides)

잠깐!

프리바이오틱스(prebiotics)
장내 유용미생물의 생육이나 활성을 촉진하여 건강에 좋은 효과를 나타내는 비소화성 식품성분(예: 기능성 올리고당 및 당알콜 등)

프로바이오틱스(probiotics)
체내에 들어가서 건강에 좋은 효과를 주는 살아있는 균으로 현재까지 알려진 대부분의 프로바이오틱스는 유산균들임

올리고당은 3~10개의 단당류로 구성되며, 당단백질이나 당지질의 구성성분으로 난소화성이고, 비피더스균의 증식효과, 충치예방, 비만방지, 당뇨병 개선, 변비, 설사개선 등의 역할을 하는 당이다. 대표적인 올리고당으로 3당류인 라피노오스(raffinose, galactose-glucose-fructose)와 4당류인 스타키오스(stachyose, galactose-galactose-glucose-fructose)가 있으며 소장 내 소화효소에 의해 가수분해되지 않으므로 에너지를 생성하지는 않고 대장에서 박테리아에 의해 분해되어 가스를 생성한다.

기능성 올리고당류에는 프락토올리고당, 이소말토올리고당, 자일로올리고당과 갈락토올리고당 등이 있다.

더 알아보기

기능성 올리고당
사람의 소화효소로는 대부분 분해되지 않고 대장 내 세균인 비피더스균에 의해 발효되므로 비피더스균의 증식을 촉진하고, 충치 예방, 변비 방지, 혈청콜레스테롤 저하, 혈당치 개선, 항암효과 등의 생리기능이 있어서 기능성 올리고당이라고 하며 유아 식품과 요구르트 등에 기능성식품 소재로 이용되고 있다.

(4) 다당류(polysaccharide)

단당류 또는 그 유도체가 10개 이상부터 수천 개가 결합한 중합체를 다당류라 한다. 동식물에서 탄수화물의 저장고 역할을 하거나 구조를 지탱해 주는 역할을 한다. 대표적인 다당류로는 전분(starch), 글리코겐(glycogen), 식이섬유(dietary fiber)가 있다.

같은 종류의 단당류로 이루어진 것은 단순다당류라 하고 전분, 글리코겐(glycogen), 셀룰로오스(cellulose) 등이 이에 속하며, 2가지 이상의 다른 단당류로 이루어진 것은 복합다당류로 펙틴(pectin), 검(gum), 키틴(chitin) 등이 이에 속한다. 다당류의 일반식은 $(C_6H_{10}O_5)_n$으로 나타내며, 인체에는 다당류가 단독 혹은 단백질이나 지질 등과 결합되어 있다.

1) 전분(starch)

전분은 식물의 대표적인 저장 탄수화물로 생체의 주된 에너지 급원이며 포도당(glucose)이 수백 개에서 수천 개 이상 결합된 중합체로서 포도당의 연결방식에 따라 아밀로오스(amylose)와 아밀로펙틴(amylopectin)으로 나누어진다. 아밀로오스는 포도당이 $\alpha-1,4$ 글리코시드 결합으로 연결된 직선상의 긴 사슬 형태이며, 아밀로펙틴은 아밀로오스의 $\alpha-1,4$ 결합사슬 중간에 $\alpha-1,6$ 결합으로 가지를 친 모양을 이룬다[그림 2-7]. 전분입자는 물과 함께 가열하면 호화가 일어나 소화효소의 작용을 더 쉽게 받는다. 전분의 종류에 따라 아밀로오스와 아밀로펙틴의 함량이 다른데, 일반적으로 80% 내외의 아밀로펙틴과 20% 내외의 아밀로오스로 구성되어 있으며, 찹쌀, 찰옥수수의 전분은 100%의 아밀로펙틴으로 구성되어 있다. 전분은 인체 내에서 효소 아밀라아제(amylase)의 작용으로 가수분해되어 호정(dextrin)으로 변하고 맥아당(maltose)까지 분해되며 말타아제(maltase)에 의해 포도당으로 분해되어 흡수된다(starch → dextrin → maltose → glucose).

2) 덱스트린(dextrin)

전분을 가수분해하면 전분의 사슬이 짧아지는데, 맥아당(maltose)으로 되기 전의 중간 생성물들을 덱스트린이라 하며 곡류에는 소량이 존재하지만, 발아 중에 그 함량이 증가한다. 덱스트린은 물에 쉽게 용해되며 소화효소가 잘 작용하여 소화가 쉬우며 맛을 증가시키기도 한다.

그림 2-7　다당류의 구조와 결합형태

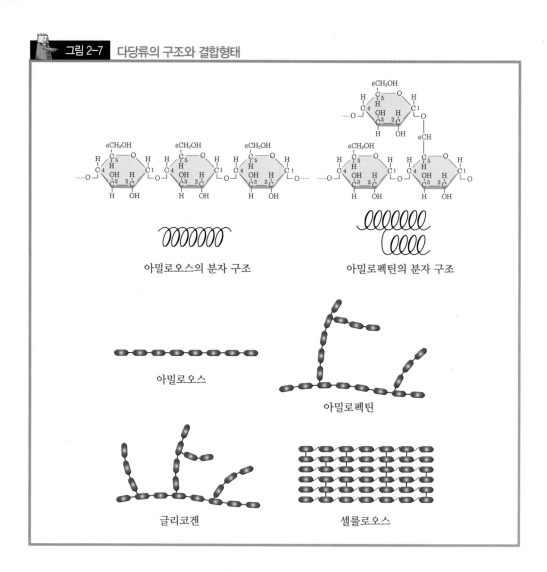

아밀로오스의 분자 구조 　　아밀로펙틴의 분자 구조

아밀로오스

아밀로펙틴

글리코겐 　　　셀룰로오스

3) 글리코겐(glycogen)

　동물의 저장 다당류로서 동물의 간장 및 세포 속에 과립으로 존재하기 때문에 동물성 전분(animal starch)이라고도 한다.

　글리코겐(glycogen)은 전분의 아밀로펙틴과 유사한 구조를 가지나 아밀로펙틴에 비해 가지가 많고 사슬의 길이가 짧다[그림 2-7]. 전분과 달리 냉수에 녹으며 성인의 경우 약 350g 저장되며, 간에 약 100g, 근육에 약 250g 저장된다. 글리코겐은 산이나 효소의 작용에 의해 덱스트린, 맥아당을 거쳐 포도당이 된다. 포도당이 흡수되어 혈액에 들어가면 간과 근육에서 글리코겐으로 합성하여 저장하며 혈당량이 저하되면 글리코겐이 간에서만 포도당으로 분해되어 이용된다.

4) 셀룰로오스(cellulose)

셀룰로오스는 포도당이 $\beta-1,4$ 결합으로 이루어진 직선형 구조로 식물 세포벽의 구성성분이다.

2. 탄수화물의 소화와 흡수

(1) 탄수화물의 소화

사람이 섭취한 영양소는 곧바로 이용될 수 없으며 체내에서 흡수되기 쉬운 상태로 소화기관에 의해 분해되어야 하는데 이를 소화(digestion)라 하고, 소화된 작은 분자가 소화기관 내벽 점막을 통해 체내로 들어가는 것을 흡수(absorption)라 한다.

소화과정은 크게 두 가지의 경로로 이루어진다. 하나는 기계적인 소화작용으로 음식물 덩어리가 소화액의 작용을 쉽게 받을 수 있도록 치아에 의해 잘게 부수어지는 과정을 말하며, 다른 한 가지는 생물학적 소화작용으로 효소에 의해 음식물이 흡수되기 쉬운 상태로 가수분해되는 과정을 일컫는다.

소화작용에 의해 작은 분자의 화합물로 분해된 영양소는 소화관의 점막세포를 통하여 흡수된다. 소화기관에는 입에서 항문에 이르는 긴 통로인 소화관(digestive organ: 구강, 식도, 위, 소장, 대장, 직장)과 소화 및 흡수과정에 필요한 물질을 생산하여 소화관에 공급하는 소화선(타액선, 간, 췌장, 담낭)이 있다[그림 2-8].

1) 입과 위에서의 소화

주요한 식이성 다당류로는 글리코겐(glycogen)과 전분이 있으며, 이들 다당류는 입에서 기계적 소화와 함께 타액 속에 함유된 프티알린(ptyalin, salivary α-amylase)에 의해 소화된다.

음식물이 식도의 하단에 위치한 분문괄약근(조임근)을 통과하면 위장으로 들어오게 되는데 이 괄약근은 위가 수축할 때 위 내용물이 식도로 역류하는 것을 방지해 주는 역할을 한다[그림 2-8]. 위에서는 위벽 근섬유의 수축작용에 의해 기계적인 소화가 계속되나 위액에는 탄수화물 분해효소가 함유되지 않아 탄수화물의 소화는 일어나지 않는다. 또한 위산은 프티알린을 불활성화하며, 위의 주된 소화 작용은 음식물을 유미즙(chyme) 상태로 만들어서 십이지장으로 보내 준다.

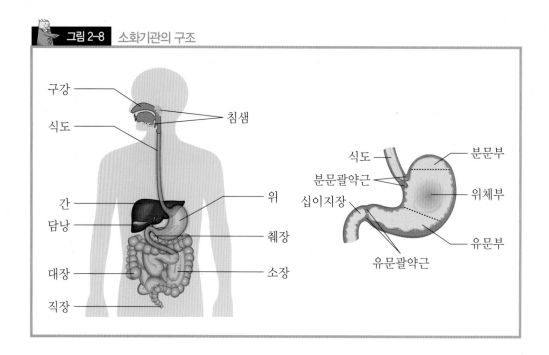

그림 2-8 소화기관의 구조

2) 소장에서의 소화

소장은 소화와 흡수의 중심기관으로 위와 연결된 부분의 유문괄약근에서 시작하여 십이지장(duodenum), 공장(jejunum), 회장(ileum)의 세 부분으로 구성되며, 췌액을 분비하는 췌관과 담즙을 분비하는 담관이 십이지장으로 연결되어 있다. 유문괄약근은 위에서 유미즙이 천천히 소량씩 십이지장으로 이동하도록 조절해 주어 알칼리성인 췌장액에 의해 충분히 중화할 수 있도록 하여 위의 염산으로 십이지장이 손상을 입지 않도록 하여 준다. 소장에서는 최종적인 소화가 일어나는데 췌장액에 함유된 췌장아밀라아제(pancreatic amylase)에 의해 전분은 맥아당까지 소화되며, 장액 속의 이당류 분해효소인 수크라아제(sucrase), 말타아제(maltase), 락타아제(lactase)에 의해 자당은 포도당과 과당으로, 맥아당은 2분자의 포도당으로, 유당은 포도당과 갈락토오스로 각각 분해된다[그림 2-9].

3) 대장에서의 소화

소장에서 소화, 흡수되지 못한 식이섬유가 대장으로 이동되면, 장내 박테리아에 의해 가용성 섬유소가 분해되어 유기산과 가스가 생성된다. 유기산의 일부는 대장벽 세포에서 흡수되며 불용성 섬유소와 기타 소화흡수가 이루어지지 못한 물질들은 직장으로 이동되어 대변으로 배설된다.

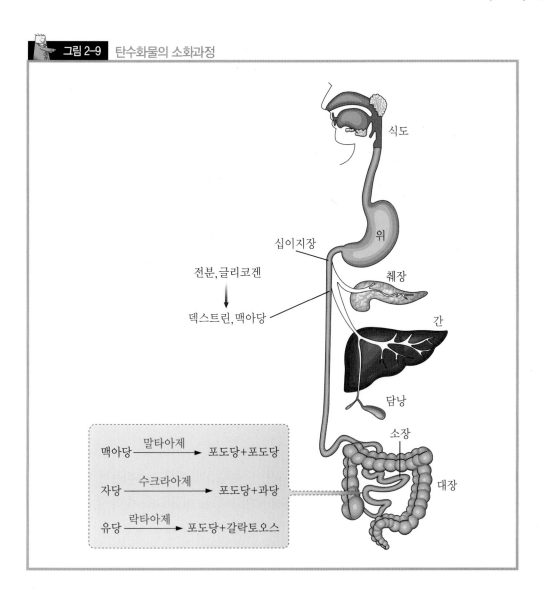

그림 2-9 탄수화물의 소화과정

식도

십이지장

위

전분, 글리코겐

↓

덱스트린, 맥아당

췌장

간

담낭

소장

대장

맥아당 → (말타아제) → 포도당+포도당

자당 → (수크라아제) → 포도당+과당

유당 → (락타아제) → 포도당+갈락토오스

(2) 탄수화물의 흡수 및 운반

1) 탄수화물의 흡수

탄수화물이 단당류로 소화되면 주로 십이지장 및 공장 상부에서 미세융모의 모세혈관을 통해서 흡수되어 문맥(portal vein)을 통해서 간으로 운반된다(문맥순환)[그림 2-10].

잠깐!

림프관 순환
지방을 비롯한 지용성 영양소들은 융모 내 유미관을 통해 흡수되어 림프관을 통해 흉관으로 들어가 대정맥을 통해 혈류에 합류한다.

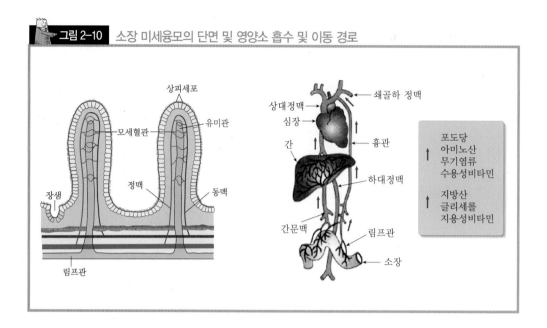

그림 2-10 소장 미세융모의 단면 및 영양소 흡수 및 이동 경로

간에서 과당과 갈락토오스는 포도당으로 전환되며, 포도당은 글리코겐 (glycogen)으로 전환되어 간에 저장되어 있다가 필요에 따라서 다시 포도 당으로 분해된다.

2) 탄수화물의 흡수기전

단당류는 능동수송, 촉진확산, 단순확산에 의해 흡수되는데, 갈락토오스 와 포도당은 농도 차에 역행해 당이 나트륨 이온(Na^+)과 함께 운반체에 결 합하고 에너지(ATP)를 사용하면서 흡수속도가 빠른 능동수송에 의하여 흡 수된다(Na-K 펌프). 과당은 에너지(ATP)를 사용하지 않으며 농도가 높을 수록 흡수가 빨라지는 확산의 방식에 운반체(carrier protein)가 있어 단순 확산보다 빠른 속도로 흡수되는 촉진확산에 의해 흡수되며, 당알코올이나 5탄당은 농도 차이만에 의한 단순확산에 의해 흡수된다[그림 2-11].

단당류의 흡수속도는 포도당의 흡수율을 100으로 볼 때 갈락토오스는 110, 과당은 43, 만노오스(mannose)는 19, 자일로오스(xylose)는 15, 아 라비노오스(arabinose)는 9정도로 당의 종류에 따라 다르다.

그림 2-11 단당류의 흡수기전

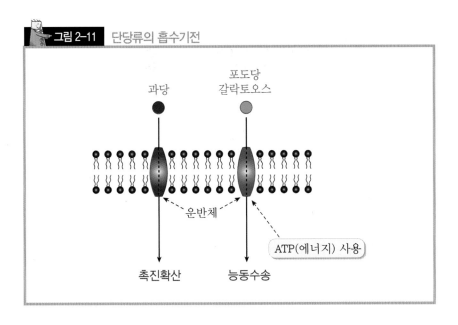

더 알아보기

순환계를 통한 운반

- **문맥순환**: 수용성 영양소(당, 아미노산 등)와 중간사슬지방산은 융모의 상피세포를 통과하여 융모 내의 모세혈관으로 들어가 문맥을 통해 간으로 이동한다.
- **림프관 순환**: 지용성 영양소들과 긴사슬지방산은 융모 내 유미관을 통해 흡수되어 림프관을 통해 흉관으로 들어가 대정맥을 통해 혈류에 합류한다.

능동수송에서의 나트륨-칼륨(Na-K) 펌프

포도당과 갈락토오스는 나트륨과 함께 운반체에 결합하여 소장 내강에서 소장 점막세포 내로 운반된 후 운반체로부터 떨어져 나와 모세혈관으로 흡수되는 기전을 능동수송이라고 한다. 나트륨(Na)은 세포외액, 칼륨(K)은 세포내액에 고농도로 존재하는 무기질로 나트륨은 농도평형을 유지하기 위해 확산에 의하여 세포 외에서 세포 내로, 칼륨은 세포 내에서 세포 외로 이동하지만 다시 본래의 농도로 농도차에 역행하여 이동시키는 기전이 작용하는데 이를 나트륨-칼륨 펌프라고 한다.

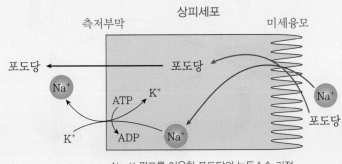

Na-K 펌프를 이용한 포도당의 능동수송 기전

3. 혈당 조절

잠깐!

식품의 혈당지수
(glycemic index, GI)

$$\frac{특정식품\ 섭취\ 시\ 혈당\ 상승면적}{기준식품(포도당\ 50g)\ 섭취\ 시\ 혈당\ 상승면적} \times 100$$

일정한 양의 탄수화물은 중추 신경계의 적당한 기능유지에 필요하다. 뇌는 포도당(glucose)을 저장하지 못하므로 혈액에서 포도당을 끊임없이 공급받아야 한다. 혈액에는 약 100mg/dL의 포도당이 함유되어 있다. 즉 혈액 100ml당 포도당이 70~110mg 정도 함유되어 있는데 만일 혈당치가 40~50mg/dL 이하로 떨어지면 뇌는 정상적인 기능을 상실하고 심한 손상을 일으키는 저혈당쇼크(hypoglycemic shock)에 빠지게 되므로 간의 글리코겐이 포도당으로 분해되어 혈당을 유지시킨다. 반대로 혈당이 120~140mg/dL 이상이 되면 고혈당증(hyperglycemia)이 된다. 혈당은 식후 30분~1시간에 최고치에 달하며 2~3시간 후에는 정상으로 돌아간다. 이때 췌장에서 분비되는 인슐린(insulin)이 혈당조절에 관여한다. 인슐린은 간이나 근육세포, 지방세포로 포도당을 흡수시키고 글리코겐 합성을 증가하게 해 혈당을 낮추어주는 작용을 하며, 아드레날린(adrenalin, epinephrin)이나 글루카곤(glucagon)은 혈당을 증가시킨다[그림 2-12]. 일반적으로 탄수화물 식품은 혈당지수(glycemic index, GI)와 관련되어 평가하여야 한다. 혈당지수(glycemic index, GI)란, 특정 음식이 섭취되어 소화되는 과정에서 얼마나 빠른 속도로 포도당으로 전환되어 혈당농도를 높이는지를 표시하는 수치로 높을수록 혈당이 빨리 올라간다.

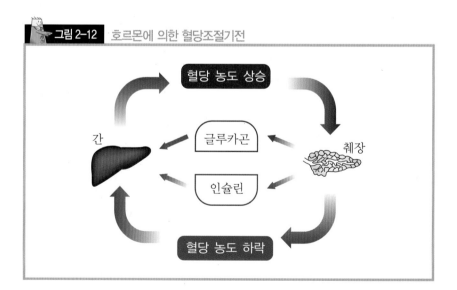

그림 2-12 호르몬에 의한 혈당조절기전

4. 탄수화물의 생리적 기능

(1) 에너지의 급원

탄수화물의 주요 기능은 에너지원이다. 탄수화물의 평균 생리적 열량가는 1g당 4kcal로서 신체조직은 생존하기 위해 일정한 양의 탄수화물 섭취를 끊임없이 필요로 한다. 특히 뇌, 적혈구, 망막, 수정체, 신장의 수질 등은 주로 포도당을 에너지원으로 사용하며 성인의 뇌에서 하루에 산화되는 포도당 양은 평균적으로 100g/일 정도이다. 흡수된 당은 혈당을 일정수준으로 유지한다. 여분의 당은 간과 근육에 글리코겐 형태로 저장되며, 나머지는 지방으로 전환되어 지방조직에 저장된다. 체내에 저장되는 글리코겐 양은 체중의 약 0.5% 정도로, 체중 70kg인 남자의 경우 간에 100g, 근육에 250g 정도이다.

간의 glycogen	100g
근육의 glycogen	250g
혈액의 glucose	10g
total	360g
	(1,440kcal)

360g의 포도당은 약 13시간의 중등노동에 이용될 수 있는 에너지양에 불과하다. 따라서 탄수화물은 신체의 에너지 요구량을 충족시키기 위해 일정한 간격을 두고 규칙적으로 섭취해야 한다.

(2) 단백질의 절약작용

탄수화물은 단백질대사 작용에 대한 조절작용을 가진다. 에너지원으로 이용되는 탄수화물의 양이 충분하지 못하면 체조직 합성 등에 이용되어야 할 단백질이 에너지원으로 이용되므로 단백질 본래의 기능을 저해하게 된다. 따라서 탄수화물의 충분한 섭취로 단백질의 본래 기능에 우선적으로 이용될 수 있게 하는 단백질 절약작용(protein sparing action)을 한다.

(3) 케톤증(ketosis) 예방

체내에 존재하는 탄수화물의 양은 체내에서 분해될 지질의 양을 결정하게 된다. 즉 케톤체(ketone body)는 지질대사의 중간 생성물로서 탄수화물의 섭취가 극히 부족하거나 탄수화물의 체내 이용이 어려운 상태(기아 또는 당뇨병)에서는 옥살로아세트산의 생성이 낮아져 아세틸 CoA는 TCA 회로로 들어가지 못하고 아세토아세트산, 아세톤, β-하이드록시부티르산과 같은 케톤체가 혈액에 축적되어 케톤증(ketosis)을 유발한다. 혈액 중 케톤체의 농도가 증가되는 것을 케톤증이라 하며 아세톤 냄새와 다뇨, 다갈 증세가 생기고 심하면 뇌손상을 일으킬 수 있다. 따라서 케톤증을 방지하기 위해서는 하루에 50~100g의 탄수화물 섭취가 필요하며 밥 한 공기에 65g 정도의 탄수화물이 들어 있어 비교적 쉽게 섭취할 수 있다. 따라서 탄수화물은 케톤체가 과잉으로 생성되고 축적되는 것을 방지하는 효과(anti-ketogenic effect)가 있다.

(4) 감미료 기능

자당, 맥아당, 포도당, 과당, 전화당 등은 감미료로도 쓰이며, 5탄당인 리보오스(ribose), 데옥시리보오스(deoxyribose)는 핵산의 구성성분이다. 당류와 인공감미료의 감미도는 [표 2-2]와 같다.

표 2-2 당류의 감미도

당류	감미도	당류	감미도
유당	16	자당	100
갈락토오스	32	전화당	130
맥아당	33	과당	170
자일로오스	40	둘신	25,000
포도당	74	사카린	55,000

5. 탄수화물 섭취 관련 문제

(1) 당뇨병(diabtes mellitus)

당뇨병은 인슐린을 분비하는 췌장질환으로 인슐린 분비량이 절대적으로 부족하거나 유전적 요인을 가지고 있는 사람이 비만, 과식, 스트레스, 운동부족 등 환경 요인의 영향으로 인슐린이 효율적으로 사용되지 못할 때 생기는 질병이다.

표 2-3 식품의 당지수와 당부하지수

식품	당지수(GI)* (포도당=100)	1회 분량(g)	탄수화물 함량 (g/1회 분량)	1회 분량당 당부하지수(GL)
대두콩	18	150	6	1
우유	27	250	12	3
사과	38	120	15	6
배	38	120	11	4
포도	46	120	18	8
쥐눈이콩	42	150	30	13
호밀빵	50	30	12	6
현미밥	55	150	33	18
파인애플	59	120	13	7
고구마	61	150	28	17
아이스크림	61	50	13	8
수박	72	120	6	4
늙은 호박	75	80	4	3
흰밥	86	150	43	37
떡	91	30	25	23
찹쌀밥	92	150	48	44

* 당지수 55 미만(낮은 식품), 55 이상~70 미만(중간 식품), 70 이상(높은 식품)
※ 자료: 대한당뇨병학회, 2010

이 호르몬이 부족하면 혈액의 포도당이 세포 내로 들어가지 못하여 세포는 포도당이 부족하게 되고 세포는 지방을 분해하여 에너지원으로 이용하게 된다. 체중은 줄게 되고 케톤증이 유발될 수 있으며 심하면 혼수상태나 사망에 이를 수도 있다. 혈당이 높아지는 것을 고혈당증이라 하며 혈액 중 포도당 농도가 170mg/dL 이상이 되면 신장에서 과량의 포도당을 모두 재흡수하지 못해 소변 중에 당이 배출되게 된다. 당뇨환자는 혈당조절을 위해 탄수화물 자체의 섭취를 제한하는 것보다 탄수화물의 섭취를 적정범위의 에너지 구성비(55~65%)로 조절하고 복합탄수화물을 섭취하여야 한다. 또 혈당을 급격하게 변화시키는 단순당류의 섭취 제한 및 지방을 너무 많이 섭취하지 않도록 주의하고 단백질은 충분히 섭취하도록 하며, 규칙적인 식사와 적절한 운동으로 혈당의 극심한 변화를 방지해야 한다. 식품의 당지수는 식품 내 탄수화물의 혈당 상승효과를 나타내는 상대적인 척도로 당지수가 높은 식품은 혈당을 높이고 혈중 중성지방의 농도를 증가시킨다. 일부 식품의 당지수와 당부하지수는 [표 2-3]과 같다.

당지수(glycemic index, GI)는 50g의 탄수화물을 포함하고 있는 특정 식품을 섭취한 후 2시간 동안 혈당 반응 곡선의 면적을 측정하여 50g의 포도당을 섭취하였을 때의 혈당 증가를 기준으로 상대적으로 계산한 값을 말한다. 또한 식품의 일상적인 1회 분량을 섭취하였을 때의 혈당반응을 계산한 당부하(glycemic load, GL) 개념도 사용되고 있다.

(2) 충치(dental caries)

백설탕 외에도 꿀, 시럽, 단음료, 단음식 등에는 설탕과 단당류를 함유하고 있다. 입안에 서식하는 박테리아(Streptococcus mutants)는 치아에 남아 있는 음식찌꺼기 중 설탕류와 반응하여 덱스트란(dextran)을 만들어 치아표면에 칫솔질로 잘 닦이지 않는 플라그를 형성한다. 박테리아는 플라그 안에서 산을 생성하여 pH를 4까지 떨어뜨려 pH 5.5 이하에서 침식되는 치아의 에나멜층이 용해되기 시작하여 충치가 발생된다[그림 2-13].

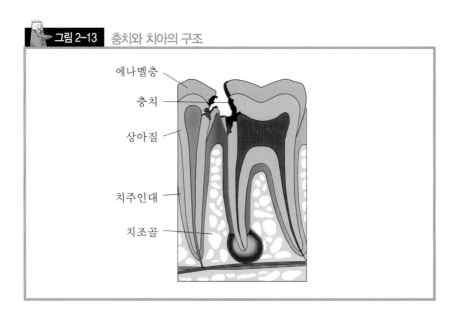

그림 2-13 충치와 치아의 구조

따라서 설탕류의 섭취량이 많을수록 충치 발생률은 높아지는데, 캐러멜이나 엿과 같이 치아표면에 잘 붙는 경우는 단음료의 액체가 치아의 틈으로 스며들기 쉬운 경우 충치 유발성이 더욱 높아지게 된다. 충치를 예방하려면 하루 적어도 2회, 가능하면 식후에 칫솔질을 하는 것이 좋다.

(3) 유당불내증(lactose intolerance)

정상인은 유당을 분해하는 유당분해 효소인 락타아제(lactase)가 있어서 유당을 포도당과 갈락토오스로 분해하여 흡수한다. 그러나 소장점막 내의 락타아제가 결핍되거나 불충분한 경우 소장에서 유당이 분해되지 못하고 대장으로 이동하게 되고 대장 내의 장내세균에 의해 유당이 대사되어 가스(CO_2와 H_2 gas)가 차고 대장 내로 수분을 끌어들여 설사와 복통을 일으키는데 이러한 증상을 유당불내증이라고 한다.

우유를 오랫동안 먹지 않아 락타아제의 체내합성이 이루어지지 않는 경우나 유전적으로 락타아제가 결핍된 사람에게서 종종 볼 수 있으며, 전 세계 인구 중 성인의 약 과반수 이상은 유당불내증을 가지고 있고 인종에 따라서 아프리카, 아시아, 중동인에게서 많이 발생한다. 유당불내증이 있는 사람의 경우 유당의 섭취를 삼가거나, 하루에 우유 1컵(유당 12g)을 식사와 같이 나누어 마시거나 요구르트나 치즈와 같은 우유발효제품을 섭취하도록 한다.

(4) 갈락토오스 혈증(galactosemia)

간에는 갈락토오스를 포도당으로 전환하는 효소(갈락토오스-1-인산-우리딜전이효소, galactose-1-phosphate uridyltransferase)가 있어 갈락토오스를 포도당으로 전환시켜 혈액으로 내보낸다. 그러나 선천적으로 이 효소가 결핍되어 있는 경우 갈락토오스가 포도당으로 전환되지 않아 혈액 중에 갈락토오스 농도가 높아지는 갈락토오스 혈증이 나타나 영아 초기에 구토, 설사, 황달, 백내장, 정신발달 지체 등의 증상을 보일 수 있다. 갈락토오스 혈증이 있는 영아의 경우 두뇌발달이 이루어지는 생후 2년 동안 유당의 섭취를 제한하면 정신발달 지체를 예방할 수 있다.

(5) 게실증(diverticulosis)

식이섬유의 섭취가 적으면 변이 작고 단단해져 변비가 생기고 배변 시 대장에 압력을 가하게 됨에 따라 압력은 대장벽을 부풀려 작은 주머니인 게실을 만들어 게실증에 걸리게 된다. 게실에 식이섬유 찌꺼기가 들어가면 산과 가스를 생성하여 염증을 유발시키는 게실염(diverticulosis)이 된다[그림 2-14]. 게실증을 예방하기 위해서는 항생제와 함께 식이섬유 섭취를 줄이고 염증이 가라앉으면 식이섬유 섭취를 늘린다. 과일과 채소의 식이섬유는 직장암, 치질 예방에 효과가 있다.

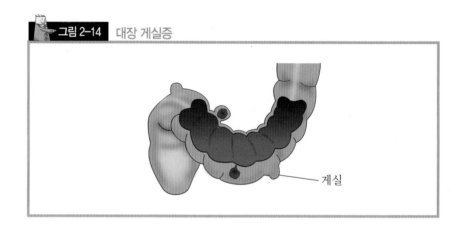

그림 2-14 대장 게실증

게실

(6) 비만(obesity)

탄수화물을 지나치게 많이 섭취할 경우에는 체내의 에너지가 과잉되며 포도당은 아세틸 CoA로 된 후 TCA 회로로 들어가지 않고 지방산 합성경로로 들어가 중성지방의 농도를 높여 지방조직에 저장된다. 체지방량이 증가하면서 비만해지면 당뇨, 고지혈증 등 여러 가지 건강상의 문제를 발생시킬 수 있다.

6. 탄수화물 섭취기준

(1) 탄수화물 섭취기준

성인의 경우 탄수화물 섭취가 1일 50g인 경우에 케토시스를 방지할 수 있고 근육조직의 손실을 방지하려면 1일 100g 정도의 탄수화물을 섭취해야 한다.

미국은 두뇌가 케톤체에 의해 포도당 사용을 대치하지 않은 상태에서 포도당으로부터 충분한 에너지를 공급할 수 있는 탄수화물의 섭취량인 100g/일을 평균필요량으로 설정하였는데 우리나라도 이를 적용하여 성인의 탄수화물 평균필요량을 100g/일로 설정하였고 성인기 탄수화물의 권장섭취량은 변이계수를 15%로 하여 평균필요량에 변이계수 두 배를 더한 130g/일로 설정하였다.

우리나라의 탄수화물 1일 섭취량은 2013~2017년 국민건강영양조사 자료에 의하면 1세 이상 전체 평균 307.8g으로, 2008~2012년 결과인 314.5g보다 약간 감소하였다.

(2) 탄수화물 에너지 적정비율

만성질환 위험감소를 위해 총 에너지섭취량 중 탄수화물로부터의 에너지 섭취비율인 에너지적정비율(Acceptable Macronutrient Distribution Ranges, AMDR)을 설정하였고 1세 이후 모든 연령에서 55~65%이다[표 2-4].

표 2-4 탄수화물 에너지 적정비율

성별	연령(세)	탄수화물 에너지 적정비율(%)
유아	1~2	55~65
	3~5	55~65
남자	6~8	55~65
	9~11	55~65
	12~14	55~65
	15~18	55~65
	19~29	55~65
	30~49	55~65
	50~64	55~65
	65~74	55~65
	75 이상	55~65
여자	6~8	55~65
	9~11	55~65
	12~14	55~65
	15~18	55~65
	19~29	55~65
	30~49	55~65
	50~64	55~65
	65~74	55~65
	75 이상	55~65
임신기		55~65
수유기		55~65

※ 자료: 보건복지부·한국영양학회, 2020 한국인 영양소 섭취기준, 2020

최근 5년간(2013~2017년)의 국민건강영양조사 자료를 이용하여 분석한 탄수화물로부터의 에너지 섭취비율은 19~29세는 남자 57.7%, 여자 59.0%이었고, 30~49세는 남자 58.7%, 여자 63.4%이었고, 50~64세는 남자 64.4%, 여자 69.5%이었다. 남녀 모두 50세 이후에 탄수화물로부터의 에너지 섭취비율이 증가하는 것으로 나타났다.

(3) 당류 섭취기준

총당류(total sugar)란 식품에 내재하거나 가공, 조리 시에 첨가된 당류를 모두 합한 값으로 자연적으로 식품에 함유된 당을 천연당(natural sugar)과 맛, 색, 질감, 저장성을 높이기 위해 식품의 제조과정이나 조리 시에 첨가되는 꿀, 시럽, 덱스트로즈, 설탕, 물엿, 당밀 등을 첨가당(added sugar)으로 구분하였다.

총당류를 통한 에너지 섭취비율이 증가할수록 비만, 당뇨병, 심혈관질환, 대사증후군의 발생률과 유병률이 증가하여 당류 섭취와 건강과의 관계에 관심이 높아지고 있어 총당류의 섭취기준을 총 에너지섭취량의 10~20%로 하였다. 또한 총당류의 급원식품 중 가공식품의 비율이 높아지고 있어 총당류 중 첨가당을 총 에너지섭취량의 10% 이내로 섭취하도록 권고하였다.

2018년 국민건강통계 자료에 의하면 제7기 국민건강영양조사기간 3년간 총 당류의 섭취는 점진적으로 감소하고 있는 것으로 보고되었다.

7. 탄수화물 급원식품

(1) 탄수화물 급원식품

대부분의 탄수화물은 전분 형태로 섭취하는데 곡류 및 곡류제품, 감자와 같은 서류 등에 함유되어 있다. 우리나라 국민의 다소비식품에서 탄수화물 섭취에 기여하는 대표적 급원식품으로는 백미, 라면, 국수, 빵, 떡, 사과, 현미, 과자, 밀가루, 고구마 순으로 조사되었다[표 2-5]. 탄수화물 주요 급원식품의 1회 분량당 함량은 [그림 2-15]와 같다.

표 2-5 탄수화물 주요 급원식품(100g당 함량)*

순위	급원식품	함량(g/100g)	순위	급원식품	함량(g/100g)
1	백미	75	9	밀가루	77
2	라면(건면, 스프 포함)	69	10	고구마	34
3	국수	60	11	보리	75
4	빵	50	12	찹쌀	82
5	떡	49	13	배추김치	6
6	사과	14	14	설탕	100
7	현미	74	15	우유	6
8	과자	66	16	메밀 국수	61

* 2017년 국민건강영양조사의 식품별 섭취량과 식품별 탄수화물 함량(국가표준식품성분표 DB 9.1) 자료를 활용하여 탄수화물 주요 급원식품을 산출

그림 2-15 탄수화물 주요 급원식품(1회 분량당 함량)*

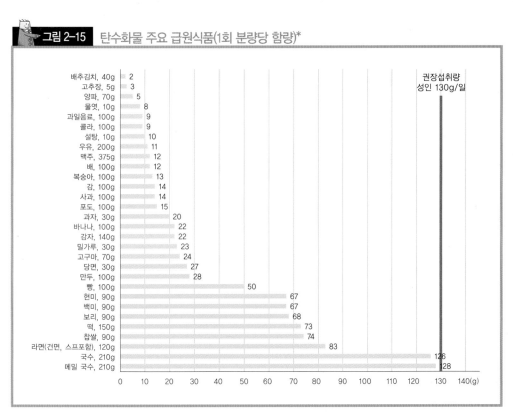

* 2017년 국민건강영양조사의 식품별 섭취량과 식품별 탄수화물 함량(국가표준식품성분표 DB 9.1) 자료를 활용하여 탄수화물 주요 급원식품 상위 30위 산출 후 1회 분량(2015 한국인 영양소 섭취기준)을 적용하여 1회 분량당 함량 산출, 19~29세 성인 권장섭취량 기준(2020 한국인 영양소 섭취기준)과 비교

(2) 당류 급원식품

2018 국민건강통계 자료에 따르면 우리나라 인구집단(1세 이상)의 당류 1일 섭취량은 60.2g이고, 19세 이상 성인의 섭취량은 59.2g으로 나타났다. 남자의 경우 64.5g, 여자의 경우 55.6g이며, 성인 남성은 64.3g, 성인 여성은 53.8g이다. 최근 3년 동안의 당류 1일 섭취량은 2016년 67.9g, 2017년 64.8g, 2018년 60.2g으로 감소하는 추이를 보였다. 당류의 식품군별 섭취량은 과일류(13.4g)와 음료류(11.8g)가 가장 높았고, 우유류(7.6g), 채소류(6.9g), 곡류(6.4g) 순이었다. 한국인의 당류 주요 급원식품은 사과, 설탕, 우유, 콜라 순으로 나타났다[표 2-6]. 당류 주요 급원식품의 1회 분량당 함량은 [그림 2-16]에 제시하였다.

그림 2-16 당류 주요 급원식품(1회 분량당 함량)*

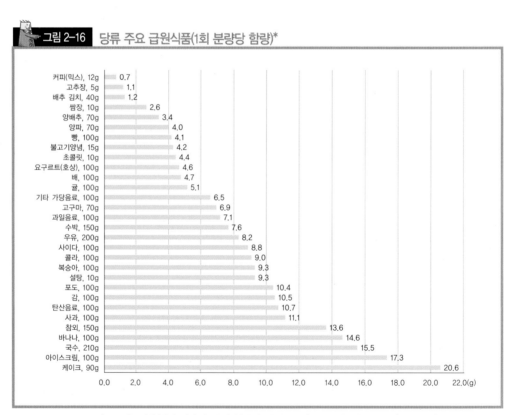

* 2017년 국민건강영양조사의 식품별 섭취량과 식품별 당류 함량(국가표준식품성분표 DB 9.1) 자료를 활용하여 당류 주요 급원식품 상위 30위 산출 후 1회 분량(2015 한국인 영양소 섭취기준)을 적용하여 1회 분량당 함량 산출

표 2-6 당류 주요 급원식품(100g당 함량)*

순위	급원식품	함량(g/100g)	순위	급원식품	함량(g/100g)
1	사과	11.1	9	감	10.5
2	설탕	93.5	10	고추장	22.8
3	우유	4.1	11	고구마	9.8
4	콜라	9.0	12	복숭아	9.3
5	배추김치	3.1	13	국수	7.4
6	과일음료	7.1	14	사이다	8.8
7	바나나	14.6	15	기타 탄산음료	10.7
8	양파	5.7	16	아이스크림	17.3

*2017년 국민건강영양조사의 식품별 섭취량과 식품별 당류 함량(국가표준식품성분표 DB 9.1) 자료를 활용하여 당류 주요 급원식품을 산출

8. 식이섬유(dietary fiber)

식이섬유(식이성 섬유질)는 인체의 소화기관에서는 소화되지 않는 탄수화물의 형태로서 셀룰로오스(cellulose), 헤미셀룰로오스(hemicellulose), 펙틴(pectin), 검(gum), 뮤실리지(mucilage) 등의 탄수화물과 비탄수화물 유도체인 리그닌(lignin) 등을 통틀어 일컫는 말로서 식물성 식품에 함유되어 있다.

식이섬유는 셀룰로오스, 헤미셀룰로오스, 리그닌과 같은 불용성 식이섬유와 펙틴, 검, 뮤실리지 등과 같은 수용성 식이섬유로 분류한다[표 2-7]. 적당량의 식이섬유(dietary fiber)는 변비 예방, 포도당의 흡수를 지연하여 당뇨환자에게 도움을 주며, 음식물이 위에 체류하는 시간을 연장하고 다이어트에도 도움을 준다. 또한 게실증(diverticulosis)이나 대장암을 예방하고 혈청콜레스테롤의 양을 저하하면서 담즙산의 배설을 증가시켜 담석 형성 예방에 효과적이다(1일 20~25g을 권장). 너무 많은 식이섬유를 섭취하면(1일 35g 이상) 무기질의 흡수를 감소시킬 수 있다.

(1) 식이섬유의 분류

1) 불용성 식이섬유

불용성 식이섬유는 미생물의 분해를 받지 않은 채 배설되므로 소화관을 자극하여 연동운동을 촉진하며 대변의 부피를 증가시켜 장 통과시간을 단축하므로 변비를 예방하고 대변의 배설을 돕는다. 대표적인 물질은 셀룰로오스(cellulose)로 사람에게는 셀룰로오스의 분해효소인 $\beta-1,4$ 결합을 분해하는 셀룰라아제(cellulase)가 없어서 열량원으로 이용되지 않으나, 초식동물은 분해효소가 분비되어 소화시킬 수 있어 열량원으로 이용된다.

헤미셀룰로오스는 식물세포벽의 성분이며 5탄당과 6탄당 및 우론산(uronic acid)으로 구성되어 있는 복합다당류로서 셀룰로오스보다는 당내 세균작용에 의해서 분해되기 쉽다.

2) 수용성 식이섬유

수용성 식이섬유는 인체 내에서는 소화되지 않으나 물을 흡수하여 팽창하면서 겔을 형성하여 만복감을 주며, 장을 자극해 변비 예방 효과가 있고 포도당의 흡수를 지연시켜 당뇨병 예방 효과 및 혈중 콜레스테롤 저하 기능이 있다. 대표적인 물질로 펙틴(pectin)은 과일류와 채소류의 조직 속에 있는 비소화성 다당류로 레몬이나 오렌지 껍질에 많이 들어 있고, 겔화하는 성질을 이용하여 과일젤리의 재료로 이용된다. 검(gum)은 종실류, 해조류 등에 있는 복합다당류로 수분결합제나 안정제로 식품에 이용된다.

표 2-7 식이섬유의 종류와 생리기능

분류	종류	주요 급원식품	생리기능
불용성 식이섬유	셀룰로오스 헤미셀룰로오스	식물(줄기), 곡류 겨층, 현미, 통밀, 호밀	• 배변량 증가 • 배변 촉진: 분변 통과시간 단축 • 포도당 흡수 지연
	리그닌	식물의 줄기	
수용성 식이섬유	펙틴, 검	사과, 감귤류, 바나나	• 위, 장 통과 지연 • 포도당 흡수 지연 • 콜레스테롤 흡수 억제
	헤미셀룰로오스 일부	보리, 귀리	
	뮤실리지 (mucilage, 점액질)	해조류, 두류	

(2) 식이섬유 섭취기준

식이섬유는 한국인의 평균 식이섬유 추정섭취량인 12g/1,000kcal를 설정 기준의 근거로 하여 1세 이상 모든 연령층에 충분섭취량을 설정하였으며 1~2세의 유아는 15g/일, 3~5세의 유아는 20g/일, 성인남자는 30g/일, 성인여자는 20g/일로 설정하였고 임신·수유부는 추가에너지 필요량에 따라 5g씩 추가하였다.

더 알아보기

식이섬유 과다 복용

식이섬유를 하루에 60g 이상으로 과다 섭취하면 위장에 섬유 덩어리가 생겨 소장의 흐름을 막을 수 있으며 물을 충분히 섭취하지 않으면 변이 오히려 단단해지고 장내 가스가 발생하여 장의 유동을 방해할 수도 있다. 많은 양의 식이섬유는 칼슘, 아연, 철 등과 같은 거의 모든 무기질과 결합하여 무기질의 흡수를 저하시킬 수 있어서 장기간의 과잉 섭취는 피해야 한다.

(3) 식이섬유 급원식품

식이섬유는 대부분의 과일류, 채소류, 곡류에 존재하며, 우리나라 사람들이 상용하는 해조류나 콩류, 버섯류는 식이섬유의 좋은 급원이다. 실제 우리 국민의 식이섬유 섭취의 주요 급원식품은 배추김치, 사과, 감, 고춧가루, 백미 순이었다. 이는 식이섬유 함량이 높은 식품보다는 1일 섭취량이 높은 식품이 주요 급원식품인 것을 볼 수 있다[표 2-8].

[그림 2-17]은 우리 국민의 식이섬유 주요 급원식품에 대한 1인 1회 분량 당 식이섬유 함량이 가장 높은 식품은 샌드위치, 햄버거, 피자이다. 한편 가공식품인 어묵, 햄, 소시지, 돼지고기 가공식품에서는 식이섬유가 거의 검출되지 않았으며, 음료류인 과일채소음료에서는 매우 소량만이 함유되어 있었으나, 탄산음료 등 대부분의 음료는 식이섬유가 없는 것으로 분석되었다.

표 2-8	식이섬유 주요 급원식품(100g당 함량)*				
순위	급원식품	함량(g/100g)	순위	급원식품	함량(g/100g)
1	배추김치	4.6	9	두부	2.9
2	사과	2.7	10	복숭아	4.3
3	감	6.4	11	샌드위치/햄버거/피자	7.2
4	고춧가루	37.7	12	양파	1.7
5	백미	0.5	13	귤	3.3
6	빵	3.7	14	된장	10.3
7	보리	11.0	15	토마토	2.6
8	대두	20.8	16	깍두기	4.3

* 2017년 국민건강영양조사의 식품별 섭취량과 식품별 식이섬유 함량(국가표준식품성분표 DB 9.1) 자료를 활용하여 식이섬유 주요 급원식품을 산출

그림 2-17 식이섬유 주요 급원식품(1회 분량당 함량)*

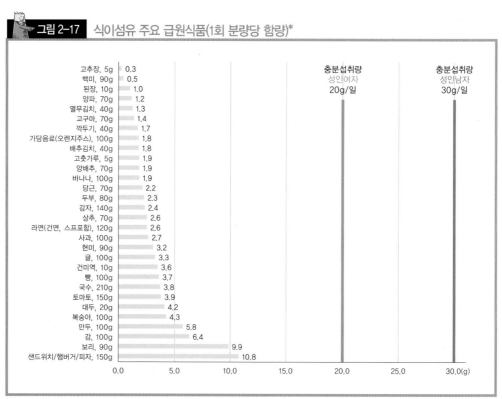

* 2017년 국민건강영양조사의 식품별 섭취량과 식품별 식이섬유 함량(국가표준식품성분표 DB 9.1) 자료를 활용하여 식이섬유 주요 급원식품 상위 30위 산출 후 1회 분량(2015 한국인 영양소 섭취기준)을 적용하여 1회 분량당 함량 산출, 19~29세 성인 충분섭취량 기준(2020 한국인 영양소 섭취기준)과 비교

배운 것을 확인할까요?

01 단당류 중 5탄당과 6탄당의 종류를 서술하세요.

02 이당류인 자당, 맥아당, 유당의 구성당과 결합방식, 단당류로의 분해효소를 각각 설명하세요.

03 프로바이오틱스(probiotics)와 프리바이오틱스(prebiotics)를 설명하세요.

04 전분, 글리코겐, 식이섬유를 비교하여 설명하세요.

05 당질의 소화과정에 대해 설명하세요.

06 당질의 흡수경로 중 능동수송, 촉진확산 되는 단당류의 종류를 나열하세요.

07 체내 흡수속도가 빠른 단당류의 순서를 나열하세요.

08 혈당의 조절기전과 당지수(glycemic index)와 당부하지수를 설명하세요.

09 당뇨병환자나 탄수화물의 섭취가 적을 경우, 발생되는 문제점은 무엇일까요?

10 식이섬유의 기능과 급원식품을 요약하세요.

Chapter **3**

탄수화물 대사

Chapter 03

탄수화물 대사

세포 내로 들어온 탄수화물은 분해되거나, 다른 물질을 합성하는 화학반응을 거치는데 이들 분해와 합성 반응을 대사(metabolism)라고 한다. 탄수화물의 주 기능은 에너지 생성이며, 특히 뇌의 주요 에너지원으로 포도당(glucose)을 이용한다. 흡수된 포도당은 간과 근육에서 글리코겐(glycogen)으로 저장되어 있다가, 간 글리코겐은 분해되어 주로 혈당치 유지와 세포의 에너지원으로 이용되고, 근육 글리코겐은 근육 수축 시 필요한 에너지원으로 활용된다. 포도당 이외의 단당류, 즉 과당(fructose), 갈락토오스(galactose) 등은 간에서 일단 포도당으로 전환되어 포도당과 같은 경로를 통해서 대사된다. 당질의 대사경로는 해당과정(glycolysis), TCA 회로, 글리코겐 합성(glycogenesis), 글리코겐 분해(glycogenolysis), 포도당신생(gluconeogenesis) 등을 통해서 이루어진다[그림 3-1].

혈액을 통해 운반된 포도당이 세포 내로 들어와서 분해되어 에너지(ATP)를 생성하는 포도당의 분해과정은 크게 두 단계로 나누어 볼 수 있다. 첫 번째 단계는 산소가 없는 혐기성(anaerobic) 과정으로 세포의 세포질(cytoplasm)에서 일어나며 포도당 1분자가 피루브산 2분자로 분해되는 과정인 해당과정(glycolysis)이다. 두 번째 단계는 산소가 있어야 되는 호기성(aerobic) 과정으로 세포의 미토콘드리아(mitochondria)에서 일어나는 구연산회로(citric acid cycle)라고도 하고 TCA 회로(tricarboxylic acid cycle)라고도 하는 대사과정과 전자전달계를 거쳐 고에너지 결합체인 ATP를 형성하는 과정이다[그림 3-2].

그림 3-1 포도당의 이용 경로

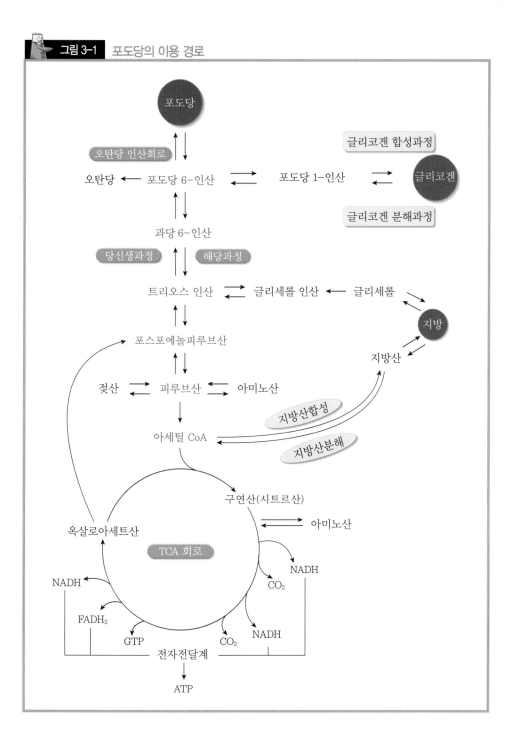

그림 3-2 포도당의 에너지 생성 대사

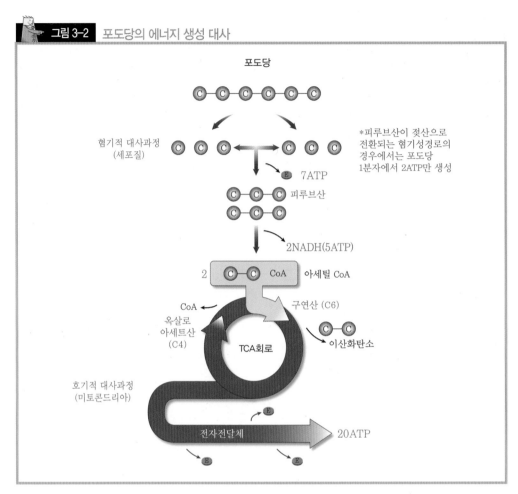

더알아보기

ATP

ATP(adenosine triphosphate)는 아데노신(아데닌+리보오스)에 인산이 3개 결합된 고에너지 인산화합물(에너지 저장물질)로서 생체에너지 대사의 중요물질이다. 체내에서 근육수축, 물질합성, 능동수송 등 에너지를 필요로 하는 화학반응에 ATP의 인산 하나가 떨어져 나가면서(ADP+P), 방출된 에너지(7.3kcal)가 이용된다.

1. 해당과정(glycolysis)

인체의 각 조직에서 에너지를 필요로 할 때에는 간과 근육의 글리코겐이나 혈액 중의 포도당(glucose)을 분해하여 에너지를 얻게 된다. 해당과정은 탄소수가 6개인 화합물인 포도당으로부터 탄소수가 3개인 피루브산(pyruvic acid) 2분자가 생성되는 과정을 말하며[그림 3-2], 효소에 의한 10단계의 과정이 포함된다[그림 3-3].

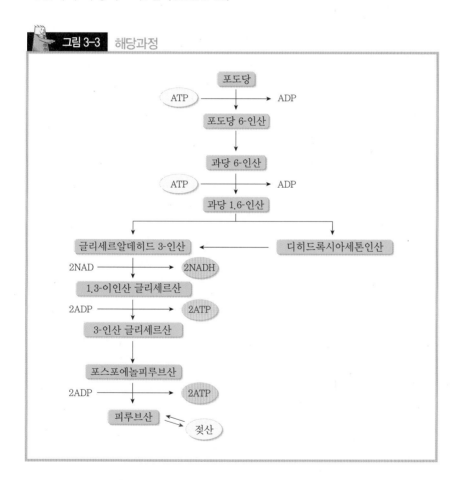

그림 3-3 해당과정

해당과정은 포도당 분해의 가장 핵심이 되는 과정으로 동식물 및 미생물에도 일어나는 대사과정이다. 이 과정은 세포의 세포질에서 일어나며 산소를 필요로 하지 않는 혐기적 대사(anaerobic metabolism)과정으로 ATP 2분자와 NADH 2분자가 생성된다.

해당과정에 의해 생성된 피루브산(pyruvic acid)은 호기적 조건에서는 아세틸 CoA(acetyl CoA)를 생성하여 TCA 회로(cycle)에서 CO_2와 H_2O로 완전히 산화 분해되어 다수의 ATP를 생성하나, 산소의 공급이 충분하지 못한 혐기적 조건에서는 피루브산과 NADH가 반응하여 젖산(lactic acid)을 형성한다.

이때에는 2분자의 ATP 밖에 생성하지 못한다. 그러므로 과격한 운동 시 근육 내에 산소공급이 부족함에 따라 피루브산이 호기적 대사과정(aerobic metabolism)으로 진행되지 못하고 젖산이 축적되면서 피로와 통증을 느끼게 된다.

2. TCA 회로(cycle)

TCA 회로(tricarboxylic acid cycle)는 구연산(citric acid) 회로 또는 크렙스 회로(Kreb's cycle)라고 하며 포도당의 해당과정에 의한 마지막 생성물인 탄소수 3개인 피루브산(pyruvic acid)은 미토콘드리아 내에서 산화적 탈탄산 반응(oxidative decarboxylation)에 의해 탄소수 2개의 acetyl CoA로 전환된다. 이 과정에서 티아민(thiamin)을 함유한 조효소 TPP(thiamin pyrophosphate)의 작용을 받기 때문에 탄수화물 섭취가 많을수록 티아민의 요구량이 증가하게 된다[표 3-1]. 탄소수가 2개인 아세틸 CoA는 탄소수 4개의 옥살로아세트산(oxaloacetate)과 축합하여 탄소수가 6개인 구연산(citric acid)이 되며, 총 8단계를 거쳐 다시 탄소수 4개인 옥살로아세트산(oxaloacetate)이 재생되는 과정을 TCA 회로라고 한다. 이 과정에서 2분자의 CO_2 방출과 3분자의 NADH, 1분자의 $FADH_2$와 GTP가 생성되며 마지막에 탄소 4개의 옥살로아세트산(oxaloacetate)이 재생되는 일련의 과정이다.

또한 피루브산에서 아세틸 CoA로 변환되는 과정에서 1분자의 CO_2 방출과 1분자의 NADH가 생성된다. 따라서 피루브산은 TCA 회로의 시작물질이므로 1회의 TCA 회로에서는 총 4분자의 NADH, 1분자의 $FADH_2$와 GTP가 생성되어 해당과정에 의해 포도당에서 피루브산은 2분자가 생성되므로 TCA 회로는 총 2회 진행된다[그림 3-4].

표 3-1　조효소로서 탄수화물 대사에 관계하는 비타민 B 복합체

비타민	조효소의 이름	약자
비타민 B₁(티아민)	티아민 피로인산염(thiamin pyrophosphate)	TPP
비타민 B₂(리보플라빈)	플라빈 모노뉴클레오티드(flavin mononucleotide)	FMN
	플라빈 아데닌 디뉴클레오티드 (flavin adenine dinucleotide)	FAD
니아신	니코틴아미드 아데닌 디뉴클레오티드 (nicotinamide adenine dinucleotide)	NAD
	니코틴아미드 아데닌 디뉴클레오티드 인산 (nicotinamide adenine dinucleotide phospate)	NADP
판토텐산	코엔자임 A(coenzyme A)	CoA
리포산(lipoic acid)	리포산: 피루브산의 탈카복실화반응	-
비타민 B₆(pyridoxine)	피리독살 인산(pyridoxal phospate): 글리코겐 분해	PLP

그림 3-4　TCA 회로

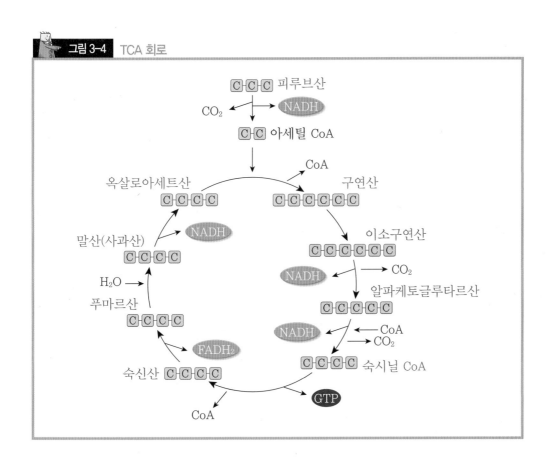

　　TCA 회로의 중요성은 첫째, 당질, 지질 및 단백질의 산화분해를 위한 공통된 경로로서 작용하는 것이며, 둘째, 당질, 지방 및 단백질의 산화과정 중 방출되는 자유 에너지가 이용되는 과정으로 아세틸(acetyl) CoA가 산화되는 동안 환원당량(reducing equivalents)이 탈수소효소 작용에 의해 수소나 전자의 형태로 생성되는 것이다. 이러한 환원당량은 호흡계(respiratory chain)로 들어가서 산화적 인산화과정에서 많은 양의 에너지를 방출한다. 마지막으로 지방과 아미노산 생합성과정, 당신생과정에 필요한 물질의 공급원으로 서로 작용한다.

더 알아보기

산(acid)의 영어 이름 명명법
모든 유기산과 지방산의 영어 이름의 명명은 −ic의 어미를 빼고 읽는다. 예를 들어 pyruvic acid를 읽을 때는 −ic를 제외하고 피루브산이라고 읽는다. 또한 pyruvic acid는 −ic acid 대신에 ate를 붙인 pyruvate로도 동일하게 표현할 수 있다.

3. 전자전달계

　탄수화물의 대사에서 해당과정과 TCA 회로에서 형성된 NADH나 FADH$_2$ 뿐만 아니라 지방, 단백질, 알코올도 대사를 통해 생성된 3분자의 NADH, 1분자의 FADH$_2$는 ATP로 전환하는데, 이 과정을 전자전달계라고 하며, 세포의 미토콘드리아에서 일어나며 산소가 꼭 필요한 과정이다. NADH나 FADH$_2$의 전자가 전자전달계를 거쳐 산소로 이동하는 과정에서 산화적 인산화에 의해 ADP와 인산에서 ATP가 생성된다. ATP가 생성되는 전자전달 부위는 NADH와 CoQ의 사이, 시토크롬 b와 시토크롬 c 사이, 시토크롬 a와 O$_2$의 사이이다.

　즉, NADH 1분자로부터 ATP 2.5분자가 생성된다. 한편 FADH$_2$에서 CoQ를 거쳐 전자전달계에 들어가기 때문에 ATP는 1.5분자가 생성된다. 같은 수소를 산소와 결합시켜 물분자로 변환시킬 때 NADH에서 들어가면 ATP 2.5분자, FADH$_2$에서 들어가면 ATP 1.5분자 밖에 만들어지지 않는다[그림 3-5].

　따라서 포도당이 해당과정과 2회의 TCA 회로와 전자전달계를 거치면 총 32개의 ATP를 생산하게 된다.

그림 3-5　산화적 인산화가 공역하는 전자전달계

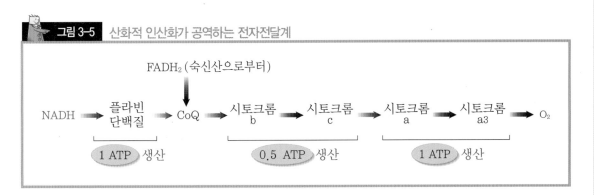

4. 포도당신생(gluconeogenesis)

탄수화물이 아닌 물질, 즉 글리세롤(glycerol), 피루브산(pyruvic acid), 젖산(lactic acid), 아미노산 등에서 포도당이 생성되는 것을 포도당신생 (gluconeogenesis)이라 하며 포유동물의 경우 주로 간과 신장에서 일어난다. 포도당신생은 기아나 공복 시와 같이 충분한 양의 당질 섭취가 어려울 때 일정한 혈당을 유지시키고 적혈구와 뇌에 포도당을 공급하여 에너지를 생산하게 하는 아주 중요한 의미를 갖는 대사과정이다[그림 3-6].

그림 3-6 포도당신생 경로

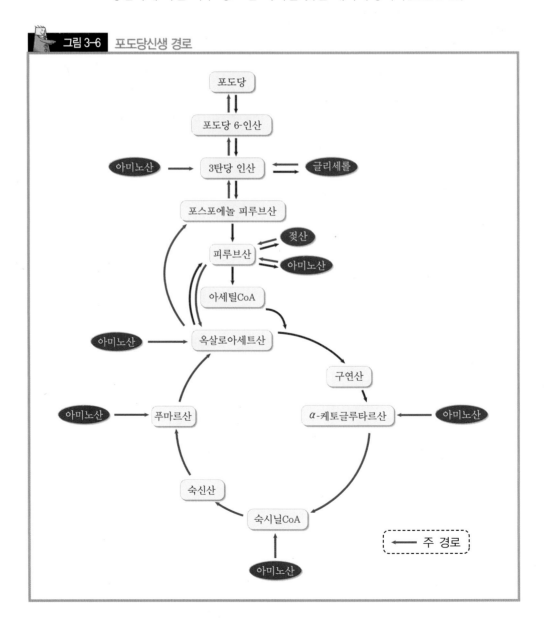

더 알아보기

코리 회로(cori cycle)

근육 글리코겐 분해 시 산소의 공급이 불충분하면 해당과정에서 생성된 피루브산((pyruvic acid)은 젖산(lactic acid)이 되며 이 젖산은 혈액에 의해 간으로 운반되어 다시 포도당 합성에 이용된다. 새로 형성된 포도당은 혈액 속으로 들어가 적혈구와 근육에 의해 에너지로 다시 사용된다.

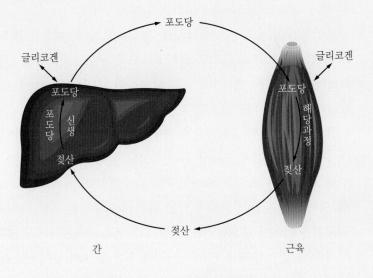

5. 글리코겐(glycogen) 대사

글리코겐 합성(glycogenesis)과 글리코겐 분해(glycogenoysis)는 전혀 별개의 대사과정이다. 글리코겐 합성은 체내의 어느 조직에서도 일어나지만 주로 분해는 간과 근육에서 일어난다. 간에는 약 6%(약 100g), 근육에는 약 1~2%(약 250g)의 글리코겐이 함유되어 있다.

글리코겐 합성과정은 에너지를 생성하고 남은 여분의 포도당이 글리코겐 합성효소의 도움으로 글리코겐으로 된다. 포도당은 UTP(uridine triphosphate)를 에너지원으로 사용하여 UDPG(uridine diphosphate glucose)에 결합되어 포도당 1분자가 더 많아진 글리코겐을 생성한다.

한편 글리코겐의 분해과정은 혈당이 저하되면 글리코겐 가인산분해효소에 의해 글리코겐이 포도당 1-인산으로 분해된다. 간에 있는 글리코겐은 간에 존재하는 포도당-6-인산가수분해효소(glucose-6-phosphatase)에 의해 포도당을 생성하여 혈당 유지에 이용되는 반면, 근육에 있는 글리코겐은 근육에 포도당-6-인산가수분해효소가 존재하지 않아 포도당을 생성할 수 없어서 혈액 속으로 나가는 일은 없으며 단지 근육활동 시 근육 내에서 해당과정을 거쳐 에너지원으로 소비된다.

그림 3-7 글리코겐 합성과 분해

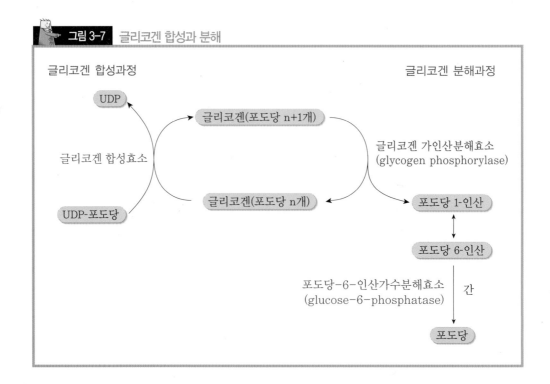

배운 것을 확인할까요?

01 혐기적과 호기적 대사과정을 설명하세요.

02 조효소로서 탄수화물 대사에 관여하는 비타민은 무엇일까요?

03 글리코겐의 합성과 분해과정을 서술하세요.

04 근육과 다르게 간이 글리코겐으로 포도당을 만들어 혈당을 공급할 수 있는 이유는 무엇일까요?

05 포도당을 만들 수 있는 물질을 나열하세요.

06 코리회로를 정의하세요.

Chapter **4**

지질 영양

Chapter 04

지질 영양

지질은 체내 모든 생리적 기관에서 필요로 하는 필수영양소이다. 지질은 에너지를 생성하고 세포막을 구성하고 지용성 비타민의 용해에 필요한 용매로 작용하며 우리 몸에 필요한 스테로이드 호르몬을 생성한다. 그러나 지질의 과잉섭취는 체지방조직을 증가시켜 비만을 초래하고, 혈중 콜레스테롤(cholesterol) 농도를 증가시켜 동맥경화증 및 심혈관질환 등이 발병한다. 이로 인해 지질이 들어 있는 음식은 건강에 좋지 않다는 인식이 있으나 적절한 지질 섭취는 건강을 위해서 필요하다.

1. 지질의 분류

잠깐!

지질
물에는 녹지 않고 유기용매에 녹는 유기화합물

지질(lipid)은 탄소, 수소, 산소로 구성된 유기 화합물로서 에테르(ether), 아세톤(acetone), 알코올(alcohol), 벤젠(benzene), 클로로포름(chloroform) 등의 유기용매에 녹는 물질이다. 지질은 소수성(hydrophobic)이고 물에 잘 섞이지 않으며, 상온에서 액체인 지질을 기름(oil)이라 하고, 고체인 지질을 지방(fat)이라고 한다. 지질은 지방산, 중성지방, 인지질, 콜레스테롤 등으로 구분할 수 있다.

(1) 지방산

모든 지방산은 세 부분으로 이루어져 있다. 지방산의 한 쪽 끝은 카복실기(carboxylic acid group, −COOH)가 있고 다른 쪽 끝은 메틸기(methyl group, −CH$_3$)가 있으며 가운데 부분은 탄소원자 사슬(탄소골격)에 수소들이 결합되어 있는 탄화수소로 되어 있다[그림 4-1]. 지방산의 카복실기는 친수성이지만 가운데의 탄화수소와 메틸기 부분은 소수성으로, 사슬 길이가 길어질수록 더 소수성이 된다.

탄소 번호는 카복실기의 탄소에서 1번으로 시작하여 메틸기의 탄소가 마지막 번호가 된다. 또한 카복실기 옆의 탄소는 알파 탄소(α탄소, 2번 탄소)이고, 그 옆의 탄소는 베타 탄소(β탄소, 3번 탄소)이며 메틸기의 마지막 탄소가 오메가 탄소(ω탄소, 18번 탄소)이다. 오메가 탄소는 마지막 탄소이므로 n 탄소로도 표시한다. 지방산은 탄소사슬의 길이, 사슬 안에 있는 탄소원자의 불포화도, 이중결합의 구조 및 위치 등에 따라 분류할 수 있다.

그림 4-1 지방산의 구조

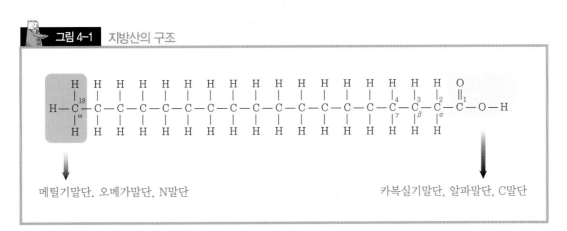

메틸기말단, 오메가말단, N말단

카복실기말단, 알파말단, C말단

1) 탄소 사슬 길이

자연적으로 존재하는 지방산은 짝수 개의 탄소수를 가지고 있으며 일반적으로 지방산의 탄소수는 4~22개이다. 탄소수가 4~6개인 지방산을 짧은사슬지방산(short chain fatty acids), 8~12개인 지방산을 중간사슬지방산(medium chain fatty acids), 14개 이상인 지방산을 긴사슬지방산(long chain fatty acids)이라고 한다[표 4-1]. 짧은사슬지방산은 상온에서 액체(기름)이며 긴사슬지방산은 고체(지방)이다. 대부분의 지질은 긴사슬지방산을 함유하며 대부분 생체 내 지방산도 긴사슬지방산이다.

표 4-1 탄소 사슬 길이에 따른 지방산의 종류

종류	탄소수
짧은사슬지방산(short chain fatty acid)	탄소수 4~6개
중간사슬지방산(medium chain fatty acid)	탄소수 8~12개
긴사슬지방산(long chain fatty acid)	탄소수 14개 이상

2) 이중결합의 수

지방산은 탄소원자 사이의 결합 형태에 따라 포화지방산과 불포화지방산으로 분류한다.

① 포화지방산

지방산 사슬 내의 탄소와 탄소 사이의 결합이 모두 단일결합(single bond, $-\overset{|}{C}-\overset{|}{C}-$)으로 이루어진 지방산을 포화지방산(saturated fatty acid, SFA)이라고 한다[그림 4-2]. 포화지방산에는 팔미트산(16:0), 스테아르산(18:0) 등이 있다. 포화지방산이 많은 지질은 융점이 높아 실온에서 고체이다. 소고기나 돼지고기의 흰 지방 부분 등 동물성 식품에 포화지방산이 많이 함유되어 있다.

② 불포화지방산

지방산 사슬 내의 탄소와 탄소 사이의 결합이 하나 이상의 이중결합(double bond, $-\overset{|}{C}=\overset{|}{C}-$) 을 가지고 있는 지방산을 불포화지방산(unsaturated fatty acid, UFA)이라고 한다. 이중결합을 한 개 가진 지방산을 단일 불포화지방산(monounsaturated fatty acid, MUFA)이라고 하고 이중 결합을 두 개 이상 가진 지방산을 다가 불포화지방산(polyunsaturated fatty acid, PUFA)이라고 한다[그림 4-2]. 이중결합이 많을수록 융점이 낮아 실온에서 액체상태이다.

잠깐!

포화지방산
지방산 사슬이 단일결합으로만 이루어진 지방산

$-\overset{|}{C}-\overset{|}{C}-$

불포화지방산
지방산 사슬내에 이중결합이 1개 이상 존재하는 지방산

$-\overset{|}{C}=\overset{|}{C}-$

그림 4-2 포화지방산과 불포화지방산의 구조

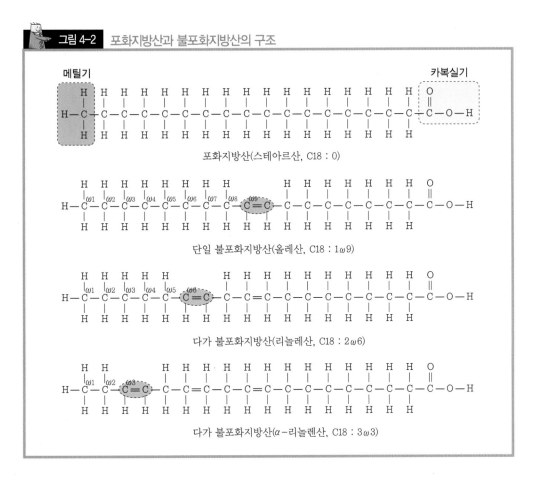

포화지방산(스테아르산, C18 : 0)

단일 불포화지방산(올레산, C18 : 1ω9)

다가 불포화지방산(리놀레산, C18 : 2ω6)

다가 불포화지방산(α-리놀렌산, C18 : 3ω3)

3) 이중결합의 구조

불포화지방산은 이중결합 주위의 수소원자 배열 방식에 따라 시스(cis) 형과 트랜스(trans)형으로 분류한다. 이중결합의 구조는 지방산의 물리적 성질에 영향을 미친다.

① 시스지방산

이중결합을 이루는 탄소 2개에 결합된 수소원자 2개가 같은 방향에 있어서 지방산의 탄소 사슬이 이중결합을 중심으로 굽어져 있는 모양을 이룬다. 적어도 하나 이상 시스형의 이중 결합을 가지고 있는 지방산을 시스지방산이라고 한다. 대부분의 자연식품에 포함된 불포화지방산들은 시스형의 이중결합을 가지고 있어 불포화지방산이 많은 지질은 실온에서 액체이며 대부분 식물성 기름이 이에 속한다[그림 4-3].

잠깐!

시스(cis)형

$$- \overset{|}{C} = \overset{|}{C} -$$

트랜스(trans)형

$$- \overset{|}{C} = \overset{|}{\underset{|}{C}} -$$

② 트랜스지방산

이중결합을 이루는 탄소 2개에 결합된 수소원자 2개가 서로 다른 반대
방향으로 배열되어 있으면 트랜스형의 이중결합이라고 하고, 적어도 하나
이상의 트랜스형의 이중결합을 가지고 있는 지방산을 트랜스지방산이라고
한다. 시스형과는 달리 트랜스지방산의 탄소 사슬은 굽지 않고 똑바른 모
양을 이루므로 포화지방산과 비슷한 물리적 성질을 가진다[그림 4-3]. 트랜
스지방산은 심혈관계질환에 좋지 않은 영향을 미친다.

그림 4-3　시스지방산과 트랜스지방산의 구조

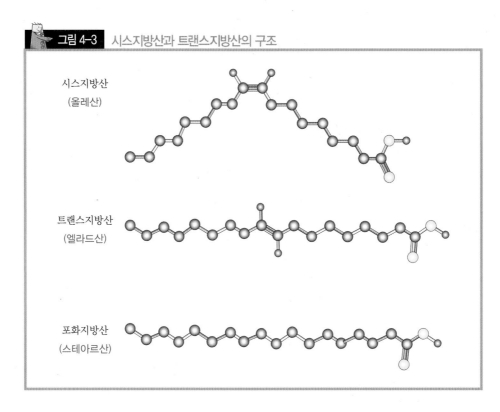

시스지방산
(올레산)

트랜스지방산
(엘라드산)

포화지방산
(스테아르산)

트랜스지방산을 증가시키는 수소화 과정

트랜스지방산은 다가 불포화지방산을 함유한 액체의 식물성 기름에 부분적으로 수소를 첨가하여 고체인 쇼트닝과 마가린 같은 경화유를 만드는 수소화 과정(hydrogenation) 중에 생성된다.

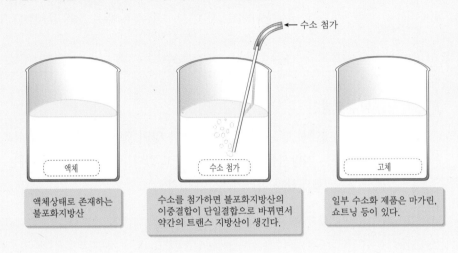

4) 이중결합의 위치

자연적으로 존재하는 불포화지방산의 첫 번째 이중결합이 메틸 말단에서 몇 번째에 위치하느냐에 따라 지방산을 분류하는 오메가(ω)분류법이 있다. 메틸말단에서부터 이중결합이 3, 6, 9번째 탄소에 위치하므로 오메가-3(ω-3, n-3), 오메가-6(ω-6, n-6), 오메가-9(ω-9, n-9) 지방산으로 분류한다[표 4-2]. α-리놀렌산(linolenic acid), DHA(docosahexaenoic acid), EPA(eicosa pentaenoic acid)는 ω-3 지방산이고, 리놀레산(linoleic acid)과 아라키돈산(arachidonic acid)은 ω-6 지방산이다. 올레산(oleic acid)은 ω-9 지방산이다. ω 분류는 체내 지방산 대사 연구에 있어 매우 중요하며 건강문제와도 연결되어 있다.

표 4-2 오메가(ω) 분류법

ω 분류	지방산 종류	함유식품
ω-3 지방산	α-리놀렌산(LnA, 18:3)	들기름, 카놀라유, 아마씨유
	에이코사펜타에노산(EPA, 20:5)	등푸른생선
	도코사헥사에노산(DHA, 22:6)	등푸른생선
ω-6 지방산	리놀레산(18:2)	옥수수유, 대두유, 면실유 등 식물성 기름
	아라키돈산(20:4)	동물성 식품
ω-9 지방산	올레산(18:1)	올리브유

5) 필수지방산

동물의 체내에서 합성 되지 않거나 적은 양이 합성되어 반드시 음식으로 섭취해야 하는 지방산을 필수지방산이라고 한다. 필수지방산 종류에는 리놀레산, α-리놀렌산과 아라키돈산이 있다.

(2) 중성지방

중성지방의 가장 일반적인 지질로 식품이나 체지방의 95%를 차지하고 있다. 중성지방은 글리세롤 1분자에 지방산 3분자가 에스터 결합(ester bond)을 한 것으로 에스터 결합은 글리세롤의 수산기(-OH)와 지방산의 카복실기(-COOH) 사이에 물 한 분자가 나와 형성된다[그림 4-4].

그림 4-4 에스터 결합에 의한 중성지방의 합성

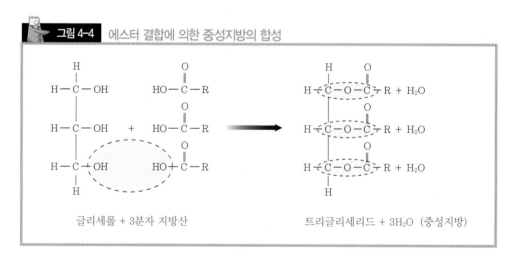

글리세롤 + 3분자 지방산   트리글리세리드 + $3H_2O$ (중성지방)

글리세롤 1분자에 지방산 1분자가 결합되어 있을 때 모노글리세리드(mono-glycerides, MG)라고 하고, 지방산 2분자가 결합되어 있는 것은 디글리세리드(diglycerides, DG)이며, 지방산 3분자가 결합되어 있는 것은 트리글

리세리드(triglycerides, TG)라고 한다. 중성지방(트리글리세리드)는 자연
계에 존재하는 대부분의 지질형태이고 디글리세리드나 모노글리세리드는
중성지방이 소화되는 과정에서 생성된다.

중성지방에 결합되어 있는 지방산의 탄소의 길이, 불포화도, 불포화의
위치에 따라 그 중성지방의 융점 및 체내 대사에 미치는 영향이 다르다[그
림 4-5].

잠깐!

모노글리세리드
모노아실글리세롤(mono-
acyl glycerol)이라고도 하며
트리글리세리드가 췌장 리파
아제에 의해 1번째와 3번째
지방산이 분해되고 남은 물질

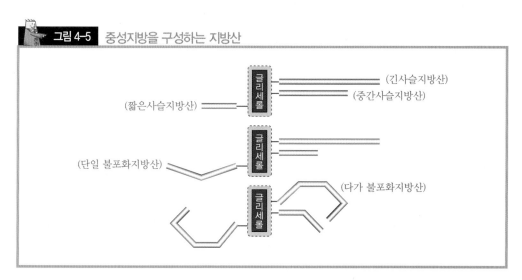

그림 4-5   중성지방을 구성하는 지방산

그림 4-6   각종 중성지방의 지방산 조성

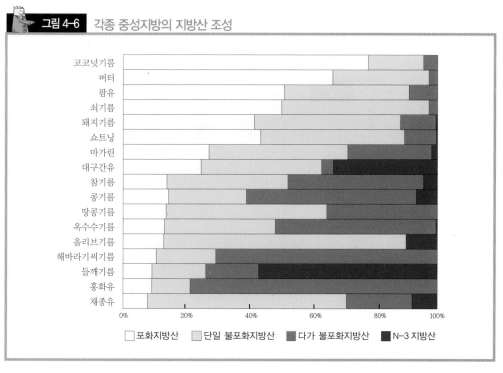

동물에서 발견되는 중성지방의 지방산은 다량이 포화지방산으로 이루어져 있고 실온에서 고체이다. 반면, 팜유와 코코넛유를 제외한 식물성식품에서 발견되는 지방산은 대부분 단일 불포화지방산과 다가 불포화지방산을 포함하고 있으며 실온에서 액체이다[그림 4-6].

(3) 인지질

인지질은 중성지방과 같이 한 분자의 글리세롤에 지방산들이 결합되어 있으나 3개의 지방산을 가지고 있는 중성지질과는 다르게 인지질은 두 개의 지방산을 가지고 있다. 세 번째 지방산 대신 인(phosphorus)을 포함한 인산기(PO_4^{3-})와 염기가 결합되어 있는 형태이다[그림 4-7]. 염기의 종류에는 콜린, 에탄올아민, 세린, 이노시톨 등이 있으며 염기의 종류에 따라 포스파티딜 콜린(레시틴, phosphatidyl choline), 포스파티딜 에탄올아민(phosphatidyl ethanolamine), 포스파티딜 세린(phosphatidyl serine), 포스파티딜 이노시톨(phosphatidyl inositol) 등이 있다. 세포막에서 발견되는 인지질 중 가장 중요한 것은 레시틴이다.

그림 4-7 인지질의 구조

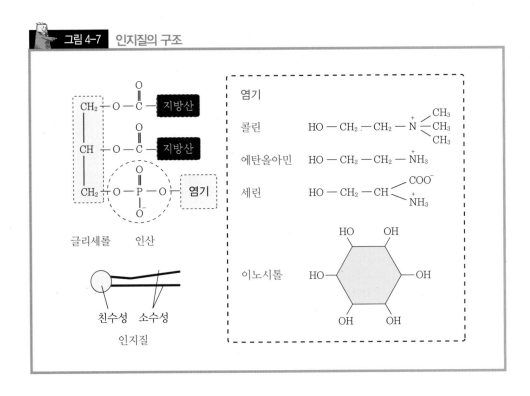

(4) 콜레스테롤

탄소가 네 개의 고리 모양을 하고 있는 콜레스테롤은 소수성을 가진 대표적인 스테롤로서 콜레스테롤은 동물성 식품에만 함유되어 있다. 체내에서 유리 콜레스테롤이 발견되기도 하지만 대부분 지방산과 결합되어 있다 [그림 4-8]. 콜레스테롤과 지방산이 결합되어 있는 콜레스테롤에스터는 유리콜레스테롤에 비해 소수성 성질이 강하다.

콜레스테롤에스터
콜레스테롤에 지방산이 결합된 것

그림 4-8 스테롤, 콜레스테롤과 콜레스테롤에스터

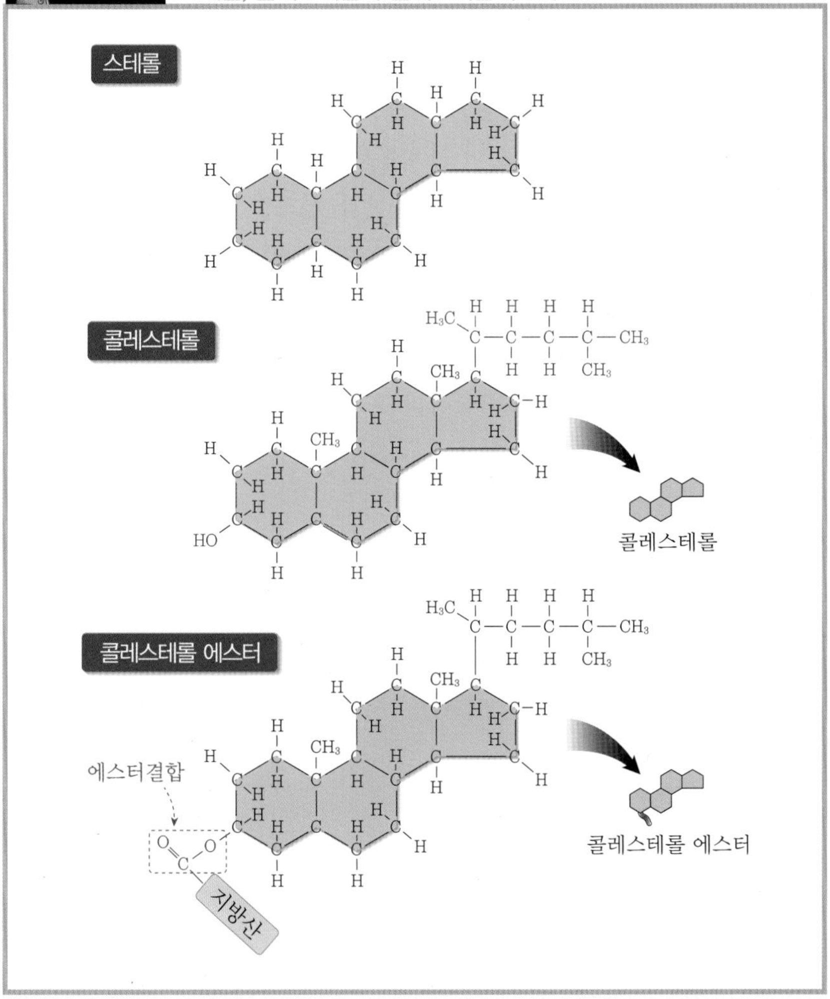

2. 지질의 소화와 흡수

(1) 지질의 소화

1) 중성지방의 소화

일상식에서 흔히 섭취하는 지질은 소수성의 긴 사슬지방으로 지질 분해효소인 리파아제에 의해 소화가 된다. 그러나 소수성의 긴 사슬지방은 수용성의 유미즙에 섞이지 않고 덩어리를 이루고 있으므로 소화 작용이 어렵다. 그러므로 소화되기 위해서는 먼저 담즙에 의해 유화가 되어야 한다.

① 1단계: 담즙에 의한 유화-미셀 형성

십이지장에 지질이 도착하면 콜레시스토키닌(cholecystokinin)이라는 호르몬이 소장에서 분비되고 이 호르몬은 담낭을 수축해 담즙을 십이지장으로 분비시킨다. 담즙성분 중 담즙산과 인지질은 유화제로서 친수기와 소수기를 다 가지는 양성물질로 지방 덩어리를 작은 덩어리로 부서지게 하고 감싸면서 다시 지방이 큰 덩어리로 되는 것을 방해한다. 큰 지방 덩어리를 작은 지방 덩어리로 부수는 과정을 유화라고 하고 작은 지방 덩어리를 미셀이라고 한다. 유화와 미셀 형성은 지방 표면적을 넓혀 더 많은 소화효소가 작용할 수 있게 한다[그림 4-9].

그림 4-9 담즙의 유화작용

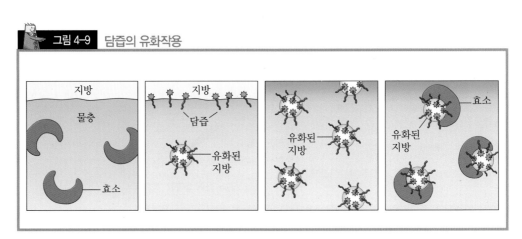

② 2단계: 췌장 리파아제에 의한 소화

지질을 함유하고 있는 미즙이 십이지장으로 들어오면 소장 상피세포들은 세크레틴(secretin)과 콜레시스토키닌(cholecystokinin)과 같은 호르몬을 분비하고 이 호르몬들은 췌장 리파아제의 분비를 자극한다. 췌장 리파아제는 중성지방을 가수분해한다. 일반적으로 중성지방에 함유되어 있는 세 개의 지방산 중에서 두 개의 지방산이 가수분해되어 중성지방은 주로 모노글리세리드와 두 개의 유리지방산이 된다[그림 4-10].

그림 4-10 췌장 리파아제에 의한 중성지방의 소화

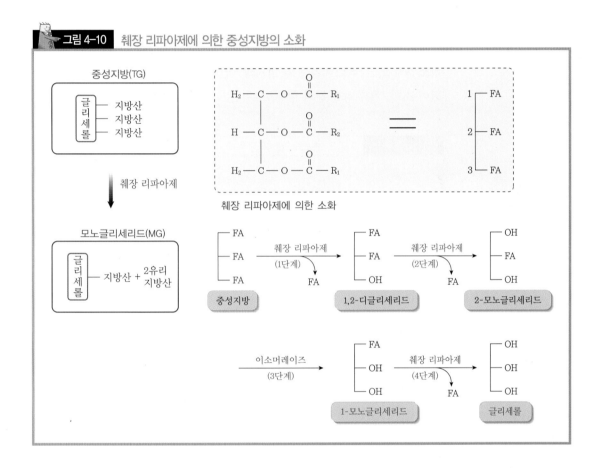

2) 인지질의 소화

췌액 중 인지질 가수분해효소(phospholipase A$_2$)에 의해 유리지방산과 2번 탄소에 결합된 지방산이 가수분해되어 없어진 리소인지질(lysophos-pholipid)로 분해된다.

3) 콜레스테롤의 소화

음식 중의 콜레스테롤은 지방산과 결합한 콜레스테롤에스터 형태로 존재하는데 췌액 중 콜레스테롤에스터 가수분해효소(cholesterol esterase)에 의해 유리콜레스테롤과 유리지방산으로 분해된다.

리소인지질
인지질의 2번 탄소에 결합된 지방산이 가수분해 되어 없어진 형태

(2) 지질의 흡수

소화가 끝난 지질의 분해산물은 일반적으로 물과의 친화력이 낮으므로 소화기 장벽을 덮고 있는 물층을 통과하기 어렵다. 그러므로 긴사슬지방산, 모노글리세리드, 리소인지질, 콜레스테롤과 같은 소수성 물질들은 담즙의 도움으로 소장관에서 미셀을 형성하여 소장벽을 덮고 있는 물층으로 통과하여 흡수된다. 소장점막 세포 내에서 긴사슬지방산, 모노글리세리드, 리소인지질, 콜레스테롤은 중성지방, 인지질, 콜레스테롤에스터로 재합성되어 소화·흡수되기 전의 형태로 된다.

그림 4-11 지질의 소화와 흡수

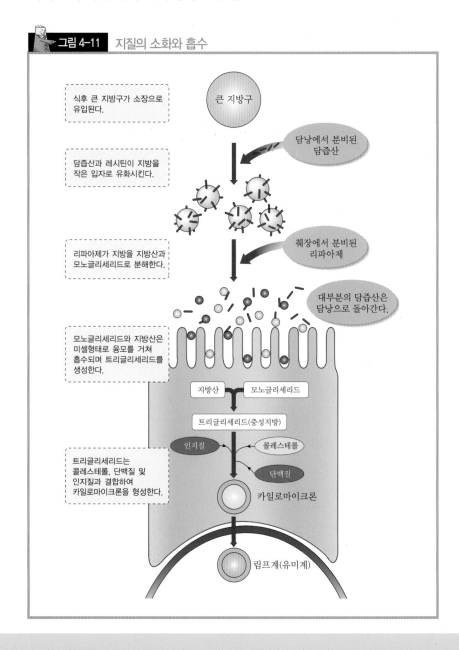

　중성지방과 콜레스테롤에스터는 소수성으로 물과 친화력이 적어서 혈액을 따라 운반되는데 어려움이 있으므로 친수기와 소수기를 다 가지는 인지질과 아포단백질이 이들 소수성 지질들을 둘러 싼 지단백질 형태인 카일로마이크론(chylomicron)을 형성한다[그림 4-11].

　카일로마이크론은 융모 내의 림프를 통해 혈액으로 들어가 혈액을 따라 이동한다. 이와는 다르게 물과의 친화력을 가지고 있는 짧은사슬지방산, 중간사슬지방산과 글리세롤은 소장 상피 내로 그대로 흡수되어 융모 안의 모세혈관으로 들어가 혈액으로 순환되어 이동된다[그림 4-12].

그림 4-12 지질의 흡수 경로

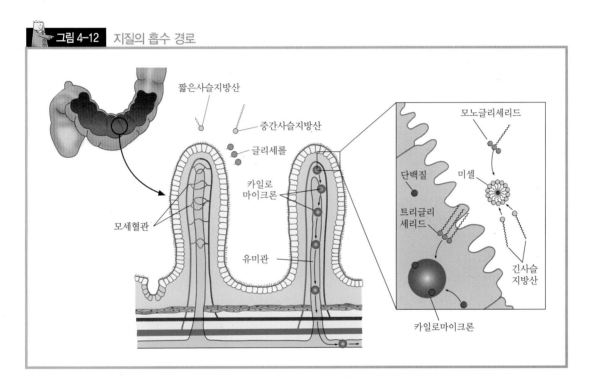

3. 지질의 운반

(1) 혈청 지단백질의 종류와 특성

지질은 소수성이므로 수용성인 혈액을 따라 운반되기 위해서는 물에 잘 섞일 수 있는 구형의 지단백질이 필요하다. 즉, 지단백질 내부는 중성지방, 콜레스테롤에스터와 같은 소수성 물질로 되어 있고 외부는 친수성을 가진 인지질과 아포단백질로 둘러싸여 있어 혈액 내에서 자유롭게 이동하면서 내부에 있는 소수성 지질을 필요한 곳에 운반한다[그림 4-13, (a)].

혈액 중에는 네 종류의 지단백질이 있는데, 밀도에 따라 카일로마이크론(chylomicron), 초저밀도 지단백질(very low density lipoprotein, VLDL), 저밀도 지단백질(low density lipoprotein, LDL), 고밀도 지단백질(high density lipoprotein, HDL)이 있다[그림 4-13, (b)]. 지단백질의 밀도는 중성지방 함량이 많을수록 작고 아포단백질(apoprotein)의 함량이 클수록 밀도는 크다. 지단백질의 크기는 카일로마이크론이 가장 크고 VLDL, LDL, HDL 순이다[그림 4-14].

그림 4-13 지단백질의 구조와 밀도에 따른 지단백질 종류

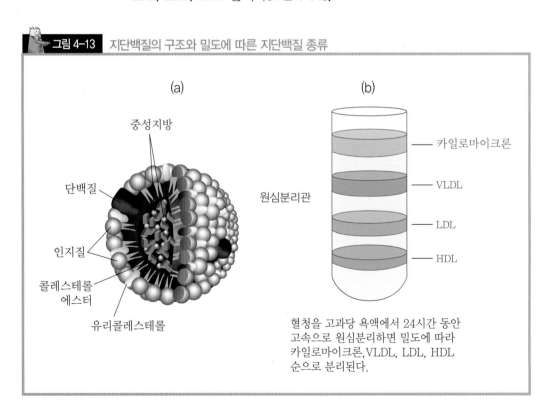

(a)

중성지방
단백질
인지질
콜레스테롤에스터
유리콜레스테롤

(b)

원심분리관

카일로마이크론
VLDL
LDL
HDL

혈청을 고과당 욕액에서 24시간 동안 고속으로 원심분리하면 밀도에 따라 카일로마이크론, VLDL, LDL, HDL 순으로 분리된다.

그림 4-14 지단백질의 크기, 구성 성분 및 조성

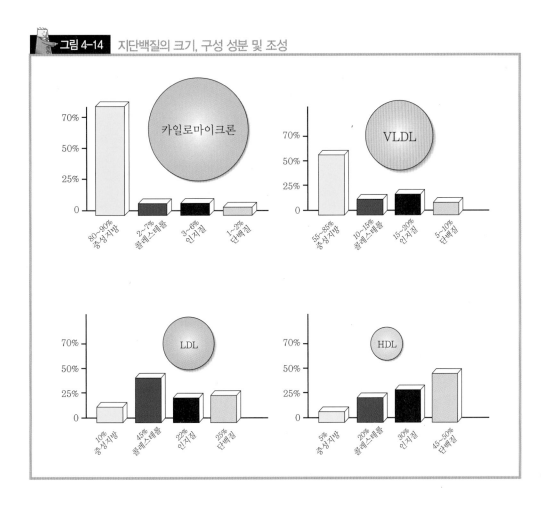

(2) 혈류의 지질 운반

1) 카일로마이크론

소장에서 형성된 카일로마이크론은 림프로 이동된 후 혈액으로 이동된다. 일단 혈액으로 들어가면 카일로마이크론은 지단백질 리파아제(lipoprotein lipase)에 의해 카일로마이크론 내 중성지방이 분해되어 지방산이 나온다. 분해되어 나온 지방산들은 주위의 세포로 흡수된다. 카일로마이크론 내 중성지방이 분해되면 카일로마이크론은 밀도가 높아져 카일로마이크론 잔여물(chylomicron remnant)로 변하여 간으로 이동된다[그림 4-15]. 식사 후 지단백질 리파아제에 의해 혈액 내 카일로마이크론이 제거되는데 지질 섭취량에 따라 2~10시간 정도 소요되고 절식 12~14시간 후 혈액에서 카일로마이크론이 완전히 사라진다.

2) 초저밀도 지단백질(VLDL)

간에서는 VLDL을 합성하여 간에서 합성된 중성지방(내인성 중성지방)을 운반한다. VLDL이 혈액으로 방출되면 혈관 내 지단백질 리파아제에 의해 중성지방이 분해되어 지방산이 체세포에 의해 흡수된다. VLDL 내 중성지방이 분해되면 밀도가 높아지며 VLDL 잔유물(VLDL remnant)을 거쳐 최종적으로는 저밀도 지단백질(LDL)이 된다[그림 4-15].

그림 4-15 지단백질의 지질 운반

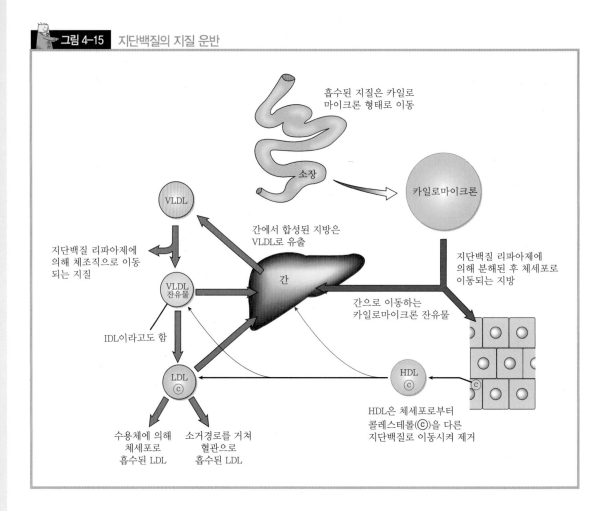

3) 저밀도 지단백질(LDL)

VLDL로부터 중성지방이 제거되고 남은 지단백질은 콜레스테롤 함량이 많아진 LDL 형태가 된다. LDL은 주로 간세포의 수용체에 의해 흡수되어 분해된다. 그러나 높은 농도의 LDL은 혈관계를 순환하면서 말초혈관에 따라 콜레스테롤 플라그를 형성하여 혈관을 좁힘으로써 동맥경화증을 유발하고 심혈관질환의 위험이 증가한다[그림 4-15]. 그러므로 LDL 콜레스테롤을 나쁜 콜레스테롤이라고 한다[그림 4-16].

그림 4-16 좋은 콜레스테롤과 나쁜 콜레스테롤

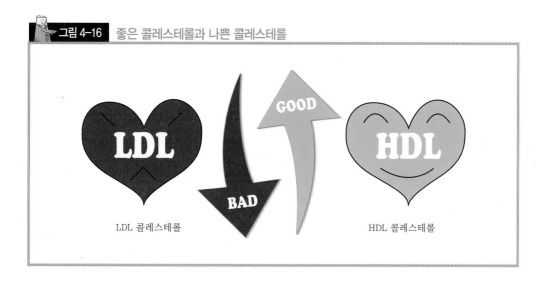

LDL 콜레스테롤　　　　HDL 콜레스테롤

4) 고밀도 지단백질(HDL)

간은 HDL도 합성한다. HDL은 조직에서 이용하고 남은 과잉의 콜레스테롤을 회수하여 간으로 운반한다[그림 4-15]. 혈액 내의 HDL 콜레스테롤 수준이 높으면 심혈관질환의 위험이 감소하여 HDL 콜레스테롤은 항동맥경화성 인자(antiarteriosclerosis factor)로 심혈관질환을 억제하는 좋은 콜레스테롤이라고 한다[그림 4-16].

4. 지질의 생리적 기능

(1) 중성지방

1) 농축된 에너지 급원

지질은 1g당 9kcal를 내는 농축된 에너지 급원이다. 그러나 지질이 체내에 저장된 체지방은 이와는 다르게 다른 물질을 소량 포함하고 있으므로 1g당 7.8kcal를 낸다. 피하나 복강 등 지방조직에 저장된 체지방은 효율적인 에너지 저장고로서 체지방 비율은 일반적으로 젊은 남녀의 경우, 각각 평균 15%, 25%로서 여자의 체지방 비율이 더 높다.

2) 지용성 비타민 흡수

지용성 비타민(비타민 A, D, E, K)은 지질에 용해되어 지질과 함께 흡수된다. 지질 섭취량이 적거나 지질 흡수에 장애가 있으면 지용성 비타민의 흡수도 저하하여 지용성 비타민의 결핍증세를 보이게 된다.

3) 체온 조절

일반적으로 체지방조직의 1/2 정도가 피하지방을 구성하고 있다. 피하지방은 외부로 나가는 체온 손실을 줄여주므로 추위에도 체온 저하를 막는 역할을 한다.

4) 장기 보호 기능

체지방조직의 나머지 1/2은 유방, 자궁, 난소, 정소 등의 생식기관과 심장, 신장, 폐 등 주요 장기를 감싸고 있어서 외부 충격을 완화시켜 중요 장기를 보호한다.

5) 맛, 향미, 포만감 제공

지질은 음식에 맛과 향미를 주고, 당질이나 단백질에 비해 위를 통과하는 속도가 느려서 위에 오래 머물므로 포만감을 준다.

(2) 인지질

1) 유화제

인지질은 양성물질로 친수성과 소수성 부분을 모두 포함한다. 극성 머리 부분에 있는 인산기는 친수성이므로 인지질의 외부로 향하면서 물과 상호

잠깐!

친수성(hydrophilic)
물을 좋아하는 성질

소수성(hydrophobic)
물을 싫어하는 성질

작용을 한다. 인지질의 꼬리 부분에 있는 두 개의 지방산은 물을 싫어하는 소수성으로 안쪽에 모인다. 이와 같이 인지질은 물과 기름에 잘 섞이므로 유화제로 작용하고 미셀(micelle)을 형성하여[그림 4-17] 지질의 소화, 흡수, 운반 시 중요한 역할을 한다.

그림 4-17 유화제로서의 인지질

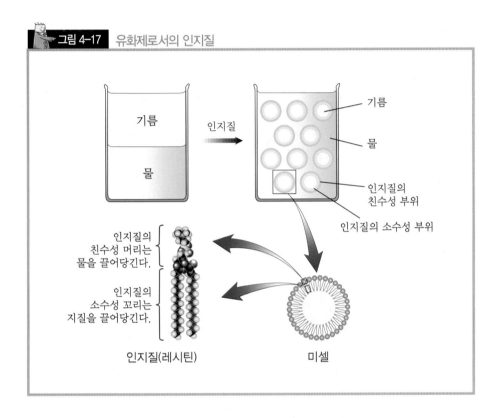

2) 세포막의 구성성분

인지질 가운데 특히 레시틴은 세포막의 주요 구성성분이다[그림 4-18]. 세포막은 인지질이 서로 마주보는 이중층으로 구성되어 있고, 인지질의 친수성 머리 부분은 세포외강과 세포내강을 향하고 있고 소수성 꼬리 부분은 세포막의 내부로 향하고 있어 세포막이 그 기능을 원활히 수행할 수 있다.

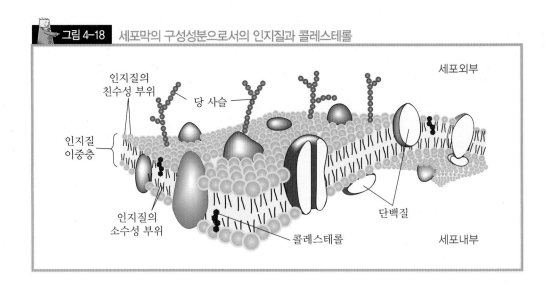

그림 4-18 세포막의 구성성분으로서의 인지질과 콜레스테롤

(3) 콜레스테롤

1) 세포막의 구성성분

콜레스테롤은 인지질과 함께 세포막의 구성성분으로 세포막의 유동성을 유지시키는 데 도움을 준다[그림 4-18].

2) 담즙산 합성

콜레스테롤은 담즙산 합성에 사용된다. 담즙산은 기본적으로 콜레스테롤의 여러 고리구조에 다양한 친수성 분자들이 결합되어 있는 것으로 인지질처럼 양성물질[그림 4-19]로 작용하여 지질의 소화와 흡수 시 중요한 역할을 한다.

3) 비타민 D의 전구체 합성

7-디하이드로 콜레스테롤
비타민 D_3 전구체

콜레스테롤은 비타민 D의 전구체인 7-디하이드로 콜레스테롤을 합성하여 칼슘의 흡수를 돕는다[그림 4-19].

4) 스테로이드 호르몬 합성

콜레스테롤은 스테로이드 호르몬 합성에 필요하다. 스테로이드 호르몬에는 생식과 관련된 프로게스테론(progesterone), 에스트로겐(estrogen), 테스토스테론(testosterone), 에너지대사와 관련된 글루코코르티코이드(glucocorti-coid), 전해질 균형에 필요한 알도스테론(aldosterone)이 있다[그림 4-19].

그림 4-19 콜레스테롤의 이용

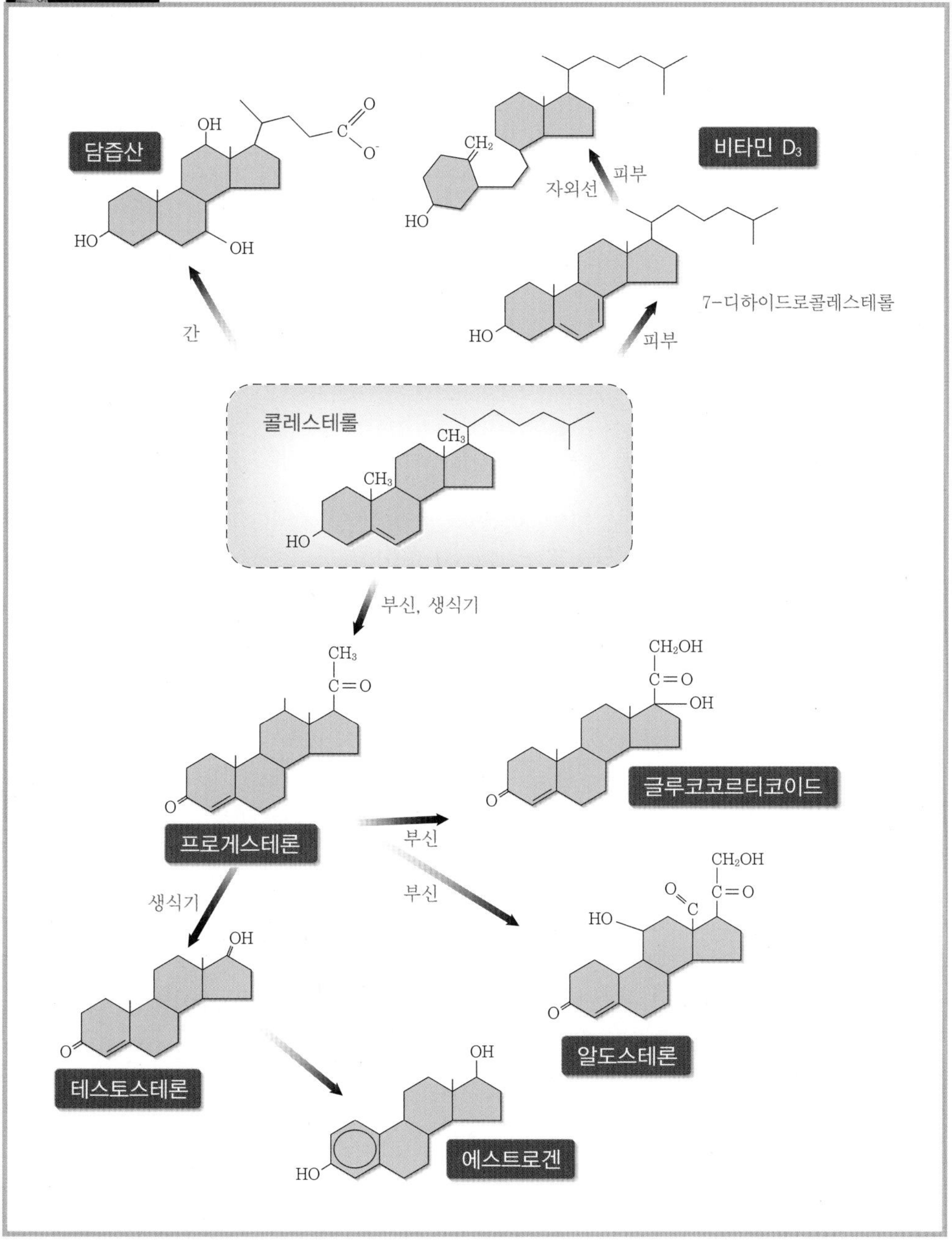

(4) 필수지방산

필수지방산은 인체의 성장 및 생명 유지를 위해 필수적이지만 체내에서 합성되지 않으므로 반드시 음식으로 섭취해야 한다. ω-6계 지방산인 리놀레산과 아라키돈산, ω-3계 지방산인 α-리놀렌산이 필수지방산으로 간주되고 있다. 아라키돈산은 체내에서 리놀레산으로부터 합성되지만 그 양이 부족하므로 필수지방산으로 간주한다.

1) 피부병 예방

필수지방산은 피부의 정상적인 기능에 필수적이며 결핍 시 피부가 건조해지고 벗겨진다.

2) 세포막의 유동성 부여

세포막은 인지질의 이중층으로 지방산은 세포막의 가운데 부분에 있다. 필수지방산은 세포막을 구성하는 인지질의 2번 탄소에 있으면서 세포막에 적당한 유동성을 부여한다.

3) 두뇌발달과 시각 기능

뇌조직과 망막에 다량 함유된 DHA는 식품에서 직접 섭취되거나, α-리놀렌산 또는 EPA로부터 합성된다. 뇌의 회백질이나 망막의 구성 지방산 중 50% 이상이 DHA이므로 인지기능, 학습능력 및 시각기능과 관련된다.

4) 에이코사노이드의 전구체 합성

잠깐!

에이코사노이드
(eicosanoid)
세포막을 구성하는 인지질의 2번 탄소위치에 있는 탄소수 20개의 지방산이 산화되어 생긴 물질의 총칭

탄소수 18개의 지방산인 리놀레산(18:2, ω-6), α-리놀렌산(18:3, ω-3)으로부터 불포화도가 증가하고 사슬의 길이가 길어지면서 ω-6, ω-3 계열의 여러 지방산들이 합성된다. 즉, 리놀레산으로부터 아라키돈산(20:4, ω-6)이 합성되고 α-리놀렌산으로부터 EPA(20:5, ω-3)가 합성된다[그림 4-20]. 에이코사노이드는 탄소수 20개의 지방산, 즉 아라키돈산이나 EPA가 산화되어 생긴 물질들로서 프로스타글란딘(prostaglandin), 트롬복산(thromboxane), 프로스타사이클린(prostacyclin), 루코트리엔(leukotriene) 등이 있다.

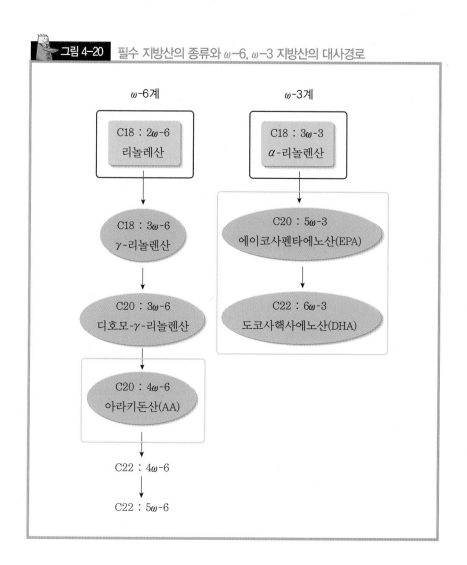

그림 4-20 필수 지방산의 종류와 ω-6, ω-3 지방산의 대사경로

ω-6계

C18 : 2ω-6
리놀레산

C18 : 3ω-6
γ-리놀렌산

C20 : 3ω-6
디호모-γ-리놀렌산

C20 : 4ω-6
아라키돈산(AA)

C22 : 4ω-6

C22 : 5ω-6

ω-3계

C18 : 3ω-3
α-리놀렌산

C20 : 5ω-3
에이코사펜타에노산(EPA)

C22 : 6ω-3
도코사핵사에노산(DHA)

더 알아보기

에이코사노이드의 기능

에이코사노이드는 호르몬 유사물질로 작용부위와 가까운 조직에서 생성되어 짧은 기간 동안 작용하고 분해된다. ω-6 계열의 에이코사노이드와 ω-3 계열의 에이코사노이드는 작용이 다르다. ω-6 계열의 아라키돈산에서 생성된 에이코사노이드는 심장순환계 질환을 유발하고 천식을 악화시키는 반면, ω-3 계열의 EPA에서 생성된 에이코사노이드는 심장순환계 질환, 관절염, 천식 등을 예방하고 면역기능을 강화한다.

5. 지질 섭취 관련 문제

지질은 건강을 유지하기 위해 필수적인 물질이지만 많은 양의 지질 섭취는 비만, 심혈관계 질환, 암 발생 등과 관련이 있다.

(1) 지질과 비만

비만은 체지방의 과잉 축적으로 발생한다. 지질은 같은 양의 탄수화물이나 단백질에 비해 두 배 이상의 에너지를 공급하기 때문에 비만은 고지방식사와 관련이 있다. 비만은 세계적인 건강문제이며 심혈관계 질환, 제2형 당뇨병, 암과 같은 여러 질환의 발병과 관련이 있다.

(2) 지질과 동맥경화증

혈액 중에 중성지방이나 콜레스테롤이 많으면 혈액의 점도가 커져서 혈류는 느려지며, 콜레스테롤은 혈관내막과 비정상적으로 가까이 접촉하여 혈관 벽에 축적된다. 특히, 동맥 내벽에 콜레스테롤 플라그가 축적되면 혈관의 내강은 점차 좁아지고 동맥벽은 두꺼워지고 단단해져서 혈관의 유연성이 떨어져 동맥경화가 발생한다[그림 4-21].

그림 4-21 **정상인과 동맥경화증 환자의 관상동맥**

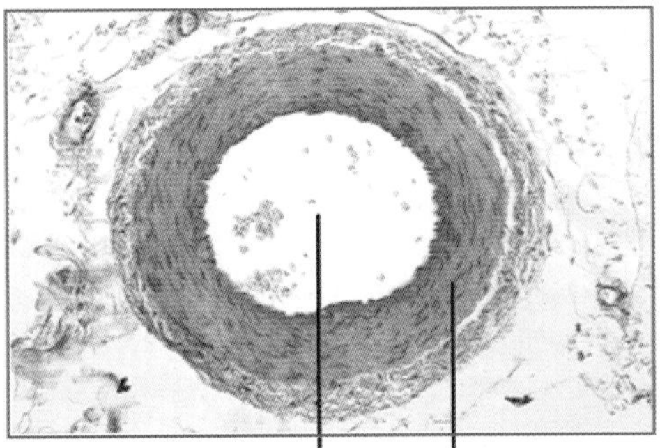

동맥강 ─ 동맥벽
정상인의 관상동맥 절단면

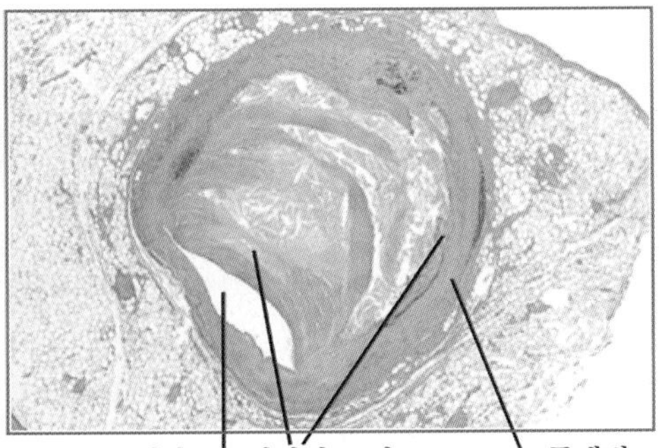

동맥강 ─ 뒤엉킨 플라그 ─ 동맥벽
동맥경화증의 관상동맥 절단면

동맥경화가 심해지면 혈류를 심하게 방해하여 고혈압이 되고 혈액 응고 덩어리나 플라그 조각이 좁혀진 혈관을 막아서 혈액을 통해 체세포에 제공되는 영양과 산소의 공급을 차단하여 2~3시간 이내에 이 세포들을 죽일 수 있다. 동맥경화증이 신체의 여러 부위에서 발생될 수 있지만 가장 위험한 곳은 심장과 뇌이다. 동맥경화증은 혈관 내벽이 70~80% 좁아질 때까지 대부분 아무런 증상이 없다가 갑자기 심장마비나 뇌출혈을 일으킬 수 있으므로 평소 혈액검사 등을 통해 고지혈증을 미리 진단하고 예방해야 한다.

더 알아보기

혈중 콜레스테롤 수준을 낮추려면?

혈중 콜레스테롤은 콜레스테롤이 함유된 식품섭취를 통해서 오거나, 또는 과식이나 동물성 지방의 과잉 섭취로 인해 다량 생성된 아세틸 CoA로부터 체내 합성된다. 혈중 콜레스테롤 수준을 낮추려면 음식 중의 콜레스테롤 뿐만 아니라 아세틸 CoA를 다량 생성하는 포화지방산이 많은 동물성 지방 섭취도 제한해야 한다. 리놀레산(18:2), α-리놀렌산(18:3) 등의 다가 불포화지방산은 혈중 콜레스테롤 수준을 낮춘다. 따라서 다가 불포화지방산이 많은 식물성 기름과 등푸른생선을 섭취하는 것이 좋다. 단일 불포화지방산도 혈중 콜레스테롤 수준을 낮추는 효과가 있다. 지중해 연안국가 사람들 사이에 지질 섭취가 비교적 높은데도 불구하고 심혈관계 질환으로 인한 사망률이 낮은 것은 단일불포화지방산의 함량이 높은 올리브유의 섭취가 많기 때문인 것으로 알려졌다. 수용성 섬유소도 콜레스테롤 수준을 낮춘다.

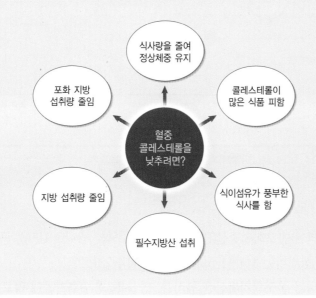

(3) 지질과 암

비만은 유방암과 대장암의 위험을 증가시킨다. 비만은 고지방, 특히 동물성 지방 섭취와 관련이 있다.

6. 지질 섭취기준

(1) 지방 에너지적정비율

2020년 영양소 섭취기준에서 성인의 총 지방 에너지적정비율은 15~30%이다. 지방의 에너지섭취비율은 1969년 이래 꾸준히 증가하는 추세를 보이고 있으며, 지방 에너지 섭취비율의 연령별 평균은 19~25% 범위였다[그림 4-22].

그림 4-22 한국인의 1일 지질 섭취량과 에너지 섭취비율의 변화추이

※ 자료: 보건복지부·한국영양학회, 2020 한국인 영양소 섭취기준, 2020

(2) P/M/S

다가 불포화지방산(PUFA), 단일 불포화지방산(MUFA), 포화지방산(SFA)의 섭취비는 1:1~1.5:1로 한다[그림 4-23].

다가 불포화지방산은 콩기름, 면실유, 옥수수기름에 많고 단일 불포화지방산은 올리브기름, 미강유, 채종유에 많으며 포화지방산은 동물성 기름에 많다. 코코넛유와 팜유는 식물성 기름이지만 포화지방산 함량이 많다.

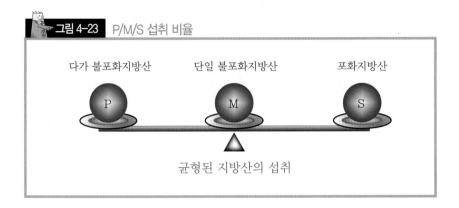

그림 4-23 P/M/S 섭취 비율

다가 불포화지방산 단일 불포화지방산 포화지방산

P M S

균형된 지방산의 섭취

(3) ω-6와 ω-3 지방산의 섭취비율

α-리놀렌산, EPA+DHA, 리놀레산의 충분섭취량은 2013~2017년도 국민건강영양조사에서 성인의 평균섭취량으로 산정하였다[표 4-3].

2020년 한국인의 영양섭취기준에서 ω-6:ω-3 지방산의 섭취비율을 4~10:1로 정하였다. 2013~2017년도 국민건강영양조사 결과 리놀레산: α-리놀렌산의 섭취비율이 5~10:1에 해당되었다.

(4) 포화지방산

포화지방산의 과잉섭취는 혈중 LDL-콜레스테롤 수치를 높일 수 있으며, 동일한 수준의 지방을 섭취하더라도 포화지방산을 불포화지방산으로 대체하여 섭취할 경우 혈중 LDL-콜레스테롤 수준을 낮춘다고 알려져 있다. 따라서 심혈관계질환의 위험 감소를 위해 포화지방산을 7% 에너지 미만으로 섭취하라고 권고하였다.

(5) 트랜스지방산

트랜스지방산의 과잉섭취는 혈중 LDL-콜레스테롤 수치를 높이고, HDL-콜레스테롤 수치를 낮추어 심혈관계질환의 위험을 높일 수 있다. 따라서 심혈관계질환의 위험 감소를 위해 트랜스지방산을 1% 에너지 미만으로 섭취하라고 권고하였다.

표 4-3 한국인의 1일 지질 섭취기준

성별	연령	충분섭취량				
		지방 (g/일)	리놀레산 (g/일)	α-리놀렌산 (g/일)	EPA+DHA (mg/일)	DHA (mg/일)
영아	0~5(개월)	25	5.0	0.6		200
	6~11	25	7.0	0.8		300
유아	1~2(세)		4.5	0.6		
	3~5		7.0	0.9		
남자	6~8(세)		9.0	1.1	200	
	9~11		9.5	1.3	220	
	12~14		12.0	1.5	230	
	15~18		14.0	1.7	230	
	19~29		13.0	1.6	210	
	30~49		11.5	1.4	400	
	50~64		9.0	1.4	500	
	65~74		7.0	1.2	310	
	75 이상		5.0	0.9	280	
여자	6~8(세)		7.0	0.8	200	
	9~11		9.0	1.1	150	
	12~14		9.0	1.2	210	
	15~18		10.0	1.1	100	
	19~29		10.0	1.2	150	
	30~49		8.5	1.2	260	
	50~64		7.0	1.2	240	
	65~74		4.5	1.0	150	
	75 이상		3.0	0.4	140	
임신부			+0	+0	+0	
수유부			+0	+0	+0	

※ 자료: 보건복지부·한국영양학회, 2020 한국인 영양소 섭취기준, 2020

그림 4-24 가공식품에 들어 있는 트랜스지방 함유 식품

전자레인지용 팝콘 1봉지
(평균 100g)
24.9g

감자튀김 1봉지
(평균 100g)
4.6g

크루아상 1개
4.6g

페이스트리 1개
4.6g

초콜릿 입힌 과자 1봉지
(평균 100g)
24.9g

케이크 1조각
4.6g

마가린 발라 구운
토스트 1장
4.6g

비스킷 1봉지
4.6g

(6) 콜레스테롤

식사를 통한 콜레스테롤 섭취량이 혈중 콜레스테롤이나 심혈관질환의 위험도에 미치는 영향은 논란의 여지가 있으나, 2020년 영양소 섭취기준에서는 콜레스테롤 섭취량을 19세 이상에서 300mg/일 미만으로 권고하였다.

7. 지질 급원식품

(1) 지방 급원식품

지방의 급원식품으로는 돼지고기, 소고기, 우유, 달걀, 고등어, 오리고기, 장어와 같은 동물성 식품이 있다. 식물성 식품으로는 콩기름, 참기름, 백미, 두부, 유채씨기름, 땅콩, 아몬드, 들기름 등이 대표적이다[표 4-4]. 우리나라 사람들의 1회 분량을 통해 섭취하는 지방 함량이 높은 식품은 샌드위치/햄버거/피자 등 패스트푸드, 케이크, 라면, 오리고기, 장어, 소고기 순으로 조사되었다[그림 4-25].

표 4-4 지방 주요 급원식품(100g당 함량)*

순위	급원식품	함량(g/100g)	순위	급원식품	함량(g/100g)
1	돼지고기(살코기)	11.3	9	참기름	99.6
2	소고기(살코기)	17.0	10	백미	0.9
3	콩기름	99.3	11	두부	4.6
4	우유	3.3	12	빵	4.9
5	달걀	7.4	13	샌드위치/햄버거/피자	13.2
6	마요네즈	75.7	14	케이크	18.9
7	과자	22.8	15	유채씨기름	99.9
8	라면(건면, 스프 포함)	11.5	16	요구르트(호상)	3.8

* 2017년 국민건강영양조사의 식품별 섭취량과 식품별 지방 함량(국가표준식품성분표 DB 9.1) 자료를 활용하여 지방 주요 급원
식품 산출

그림 4-25 지방 주요 급원식품(1회 분량당 함량)*

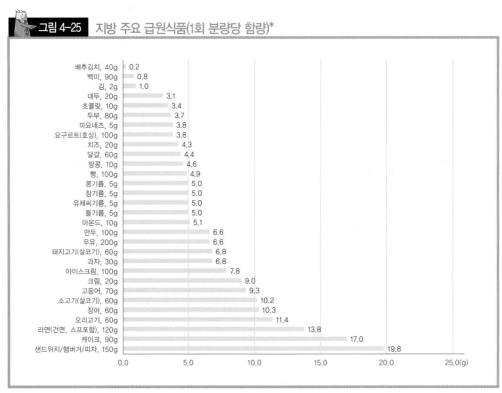

* 2017년 국민건강영양조사의 식품별 섭취량과 식품별 지방 함량(국가표준식품성분표 DB 9.1) 자료를 활용하여 지방 주요 급원
식품 상위 30위 산출 후 1회 분량(2015 한국인 영양소 섭취기준)을 적용하여 1회 분량당 함량 산출

(2) 포화지방산 급원식품

포화지방산은 주로 동물성 식품에서 다량 존재하나, 코코넛유나 팜유 등
은 식물성 식품임에도 포화지방산의 함량이 높다. 우리나라 사람들의 1회
분량을 통해 섭취하는 포화지방산 함량이 높은 식품은 케이크, 샌드위치/햄
버거/피자 등 패스트푸드, 라면, 아이스크림 순으로 조사되었다[그림 4-26].

그림 4-26 포화지방산 주요 급원식품(1회 분량당 함량)*

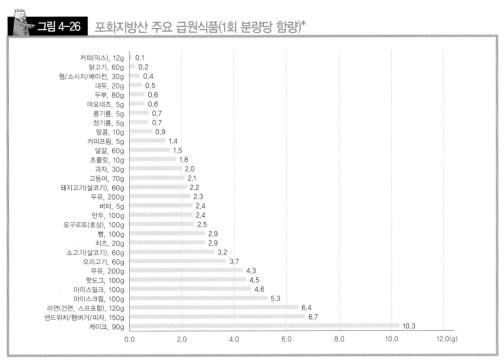

* 2017년 국민건강영양조사의 식품별 섭취량과 식품별 포화지방산 함량(국가표준식품성분표 DB 9.1) 자료를 활용하여 포화지
방산 주요 급원식품 상위 30위 산출 후 1회 분량(2015 한국인 영양소 섭취기준)을 적용하여 1회 분량당 함량 산출

(3) ω-3 지방산 급원식품

ω-3 지방산으로는 식물성 식품에 주로 함유된 α-리놀렌산과 어류 및
패류에 함유된 EPA와 DHA가 있다. 우리나라 사람들의 1회 분량을 통해
섭취하는 α-리놀렌산 함량이 높은 식품은 들기름, 아마씨, 들깨, 호두 순
이었고[그림 4-27], EPA와 DHA 함량이 높은 식품은 고등어, 방어, 꽁치,
임연수어 순이었다[그림 4-28].

알기 쉬운 영양학

그림 4-27 α-리놀렌산 주요 급원식품(1회 분량당 함량)*

식품	함량(g)
고추장, 5g	0.00
백미, 90g	0.01
달걀, 60g	0.01
배추김치, 40g	0.02
고춧가루, 5g	0.02
참기름, 5g	0.03
쌈장, 10g	0.03
돼지고기(살코기), 60g	0.04
빵, 100g	0.05
과자, 30g	0.05
라면(건면, 스프포함), 120g	0.05
된장, 10g	0.06
어묵, 30g	0.07
김, 2g	0.08
콩나물, 70g	0.13
시금치, 70g	0.14
상추, 70g	0.14
케이크, 90g	0.17
들깻잎, 70g	0.17
대두, 20g	0.26
마요네즈, 5g	0.29
두부, 80g	0.31
콩기름, 5g	0.33
두유, 200g	0.36
유채씨기름, 5g	0.57
샌드위치/햄버거/피자, 150g	0.58
호두, 10g	1.15
들깨, 5g	1.19
아마씨, 10g	2.40
들기름, 5g	3.10

충분섭취량 성인여자 1.2g/일
충분섭취량 성인남자 1.6g/일

* 2017년 국민건강영양조사의 식품별 섭취량과 식품별 α-리놀렌산 함량(국가표준식품성분표 DB 9.1) 자료를 활용하여 α-리놀렌산 주요 급원식품 상위 30위 산출 후 1회 분량(2015 한국인 영양소 섭취기준)을 적용하여 1회 분량당 함량 산출. 19~29세 성인 충분섭취량 기준(2020 한국인 영양소 섭취기준)과 비교

그림 4-28 EPA+DHA 주요 급원식품(1회 분량당 함량)*

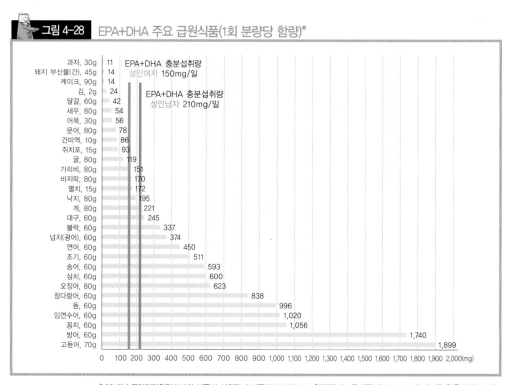

식품	함량(mg)
과자, 30g	11
돼지 부산물(간), 45g	14
케이크, 90g	14
김, 2g	24
달걀, 60g	42
새우, 80g	54
어묵, 30g	56
문어, 80g	78
건미역, 10g	86
쥐치포, 15g	93
굴, 80g	119
가리비, 80g	151
바지락, 80g	170
멸치, 15g	172
낙지, 80g	195
게, 80g	221
대구, 60g	245
볼락, 60g	337
넙치(광어), 60g	374
연어, 60g	450
조기, 60g	511
송어, 60g	593
삼치, 60g	600
오징어, 80g	623
참다랑어, 60g	838
돔, 60g	996
임연수어, 60g	1,020
꽁치, 60g	1,056
방어, 60g	1,740
고등어, 70g	1,899

EPA+DHA 충분섭취량 성인여자 150mg/일
EPA+DHA 충분섭취량 성인남자 210mg/일

* 2017년 국민건강영양조사의 식품별 섭취량과 식품별 EPA와 DHA 함량(국가표준식품성분표 DB 9.1) 자료를 활용하여 EPA와 DHA 주요 급원식품 상위 30위 산출 후 1회 분량(2015 한국인 영양소 섭취기준)을 적용하여 1회 분량당 함량 산출. 19~29세 성인 충분섭취량 기준(2020 한국인 영양소 섭취기준)과 비교

(4) *ω*-6 지방산(리놀레산) 급원식품

리놀레산은 주로 식물성 식품에 함유되어 있다. 우리나라 사람들의 1회 분량을 통해 섭취하는 레놀레산의 함량이 높은 식품은 샌드위치/햄버거/피자와 같은 패스트푸드, 호두, 포도씨유, 두유, 콩기름 순이었다[그림 4-29].

그림 4-29 리놀레산 주요 급원식품(1회 분량당 함량)*

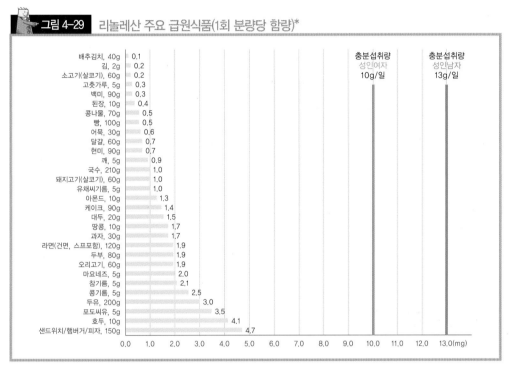

* 2017년 국민건강영양조사의 식품별 섭취량과 식품별 리놀레산 함량(국가표준식품성분표 DB 9.1) 자료를 활용하여 리놀레산 주요 급원식품 상위 30위 산출 후 1회 분량(2015 한국인 영양소 섭취기준)을 적용하여 1회 분량당 함량 산출, 19~29세 성인 충분섭취량 기준(2020 한국인 영양소 섭취기준)과 비교

(5) 콜레스테롤 급원식품

콜레스테롤은 동물성 식품에 함유되어 있으며, 간을 비롯한 내장육, 달걀노른자, 어류 알, 새우나 미꾸라지 등과 같은 해산물, 크림이나 버터를 사용하여 만든 제과 제빵 제품들에 많이 함유되어 있다. 한국인이 섭취하는 콜레스테롤 주요 급원식품은 [표 4-5]와 같다. 우리나라 사람들의 급원식품 중 1회 분량을 통해 섭취하는 콜레스테롤 함량이 높은 식품은 메추리알, 닭고기(간), 달걀, 새우, 오징어, 소고기(간) 순이었다[그림 4-30].

표 4-5 콜레스테롤 주요 급원식품(100g당 함량)*

순위	급원식품	함량(mg/100g)	순위	급원식품	함량(mg/100g)
1	달걀	329	9	우유	10
2	돼지고기(살코기)	63	10	소 부산물(간)	396
3	멸치	497	11	햄/소시지/베이컨	52
4	닭고기	56	12	메추리알	532
5	소고기(살코기)	65	13	고등어	67
6	돼지 부산물(간)	355	14	케이크	68
7	오징어	230	15	닭 부산물(간)	563
8	새우	240	16	미꾸라지	220

* 2017년 국민건강영양조사의 식품별 섭취량과 식품별 콜레스테롤 함량(국가표준식품성분표 DB 9.1) 자료를 활용하여 콜레스테롤 주요 급원식품 산출

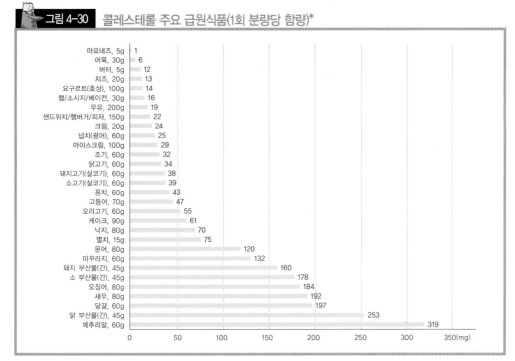

그림 4-30 콜레스테롤 주요 급원식품(1회 분량당 함량)*

* 2017년 국민건강영양조사의 식품별 섭취량과 식품별 콜레스테롤 함량(국가표준식품성분표 DB 9.1) 자료를 활용하여 콜레스
  테롤 주요 급원식품 상위 30위 산출 후 1회 분량(2015 한국인 영양소 섭취기준)을 적용하여 1회 분량당 함량 산출

더 알아보기

지질 대용품인 심플리스와 올레스트라

저열량이면서 지질의 풍미를 즐길 수 있는 심플리스(Simplesse)와 올레스트라(Olestra, 상품명)와 같은 지질 대용품이
개발됐다. 심플리스는 물과 우유단백질을 혼합하여 제조한다. 마요네즈와 유사한 맛과 질감이 있고 열량은 지질의 1/7
에 지나지 않으나 심플리스의 우유단백질은 고온에서 변성되므로 조리유나 튀김유로 사용하지 못하는 단점이 있다. 올
레스트라는 설탕과 기름을 혼합하여 제조하며 체내에서 소화가 되지 않아 열량이 없고 열에 강하여 조리유나 튀김유로
이용된다.

올레스트라의 구조

배운 것을 확인할까요?

01 지질의 개념을 정의하세요.

02 지방산의 길이에 따라 지방산을 분류하고 함유식품의 예를 들어보세요.

03 포화지방산과 불포화지방산의 화학 구조의 차이점은 무엇일까요?

04 트랜스지방산의 구조를 그려보세요. 또한 트랜스지방산이 건강에 미치는 영향, 함유식품을 설명하세요.

05 ω-지방산의 분류방법과 지방산의 종류를 설명하세요.

06 필수지방산의 종류는? 필수지방산의 중요성과 결핍증세는 무엇일까요?

07 중성지방, 인지질, 콜레스테롤의 구조와 생리적 기능의 중요성은 무엇일까요?

08 리파아제의 작용을 설명하세요.

09 담즙산의 분비와 작용을 요약하세요.

10 미셀의 구조를 설명하세요.

11 지질 유화의 중요성을 설명하세요.

12 지방산의 흡수경로를 설명하세요.

13 주요 혈청 지단백의 구성성분, 구조, 생성장소, 역할을 요약하세요.

14 동맥 내의 플라그 생성과정을 설명하세요.

15 에이코사노이드의 합성과 역할을 설명하세요.

16 식이지질이 동맥경화증에 미치는 영향을 설명하세요.

17 혈중 콜레스테롤 수준에 영향을 주는 식이요인은 무엇일까요?

지질 대사

Chapter 05

지질대사

인체는 주요 에너지 저장 상태인 중성지방으로 지방조직에 에너지를 비축해 두었다가 에너지가 부족해지면 지방을 분해하여 에너지를 낸다. 반면 체내 에너지 요구량이 충족되고 섭취한 탄수화물과 단백질의 필요량을 초과하면 지방산으로 전환되어 중성 지방으로 저장될 수 있다.

1. 중성지방 대사

지질 대사는 간과 체지방 조직에서 활발히 이루어지며 지방산 분해는 세포내 미토콘드리아에서 지방산 합성은 세포질에서 일어나는 별개의 반응이다[그림 5-1].

그림 5-1 지방산의 합성과 분해

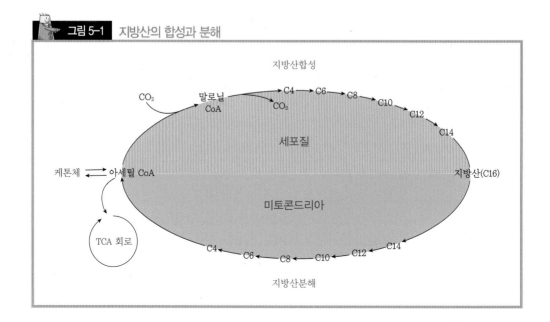

(1) 중성지방의 분해

공복 시에는 간이나 피하, 복강, 장기 주변에 저장되어 있던 지방조직의 중성지방이 리파아제에 의해 글리세롤과 지방산으로 분해된다[그림 5-2]. 분해된 지방산은 혈중 알부민과 결합하여 각 조직의 세포 내로 운반되고 산화되어 에너지를 공급하게 된다.

그림 5-2 중성지방의 분해

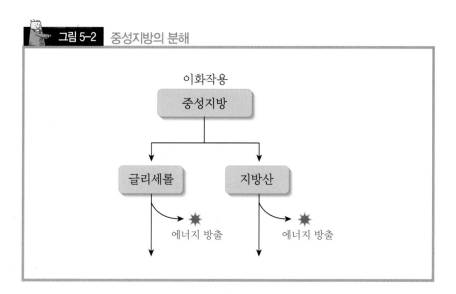

1) 글리세롤의 산화

글리세롤은 세포질에서 해당과정 중간 경로로 들어가 에너지원으로 대사되거나 포도당 합성의 전구체로 쓰인다.

2) 지방산의 β-산화

지방산의 β-산화는 미토콘드리아에서 일어나며 그 과정은 다음과 같다.

① 지방산의 활성화

세포 내로 들어온 지방산은 세포질에 있는데 지방산이 산화되기 위해서 미토콘드리아로 이동해야 한다. 지방산이 이동하기 위해서 지방산은 CoA와 결합하여 아실 CoA로 되어 활성화되어야 한다[그림 5-3].

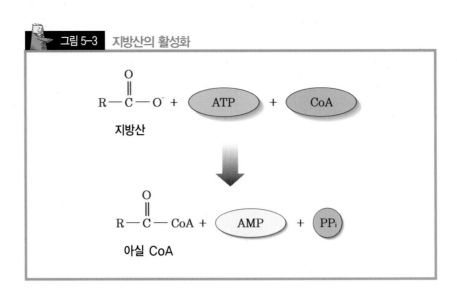

그림 5-3 지방산의 활성화

② **이동**

활성화된 아실 CoA는 카르니틴의 도움으로 세포질에서 미토콘드리아 내부로 이동한다.

③ **지방산의 β-산화**

미토콘드리아에서 CoA는 β-산화과정을 거쳐 아세틸 CoA를 생성한다. β-산화과정은 β위치의 탄소(탄소번호 3번)가 산화되는 과정으로 원래의 아실 CoA보다 탄소수가 2개 적은 아실 CoA가 생성되고, 여기에서 떨어져 나온 아세틸기(탄소 2개)가 아세틸 CoA를 만든다. 이러한 과정이 되풀이 되면서 지방산으로부터 여러 개의 아세틸 CoA가 생성되고 아세틸 CoA는 TCA 회로를 거쳐 에너지를 생성한다[그림 5-4].

잠깐!

카르니틴(carnitine)
지방산을 세포질로부터 미토 콘드리아로 운반하는 물질

그림 5-4 팔미트산의 β−산화와 에너지 생성

탄소수가 16개인 팔미트산은 7번의 β−산화과정을 거쳐 탄소수가 2개인 아세틸 CoA를 8개 생성한다. 이렇게 생성된 8개의 아세틸 CoA는 TCA 회로를 거치면서 많은 양의 ATP를 생성한다.

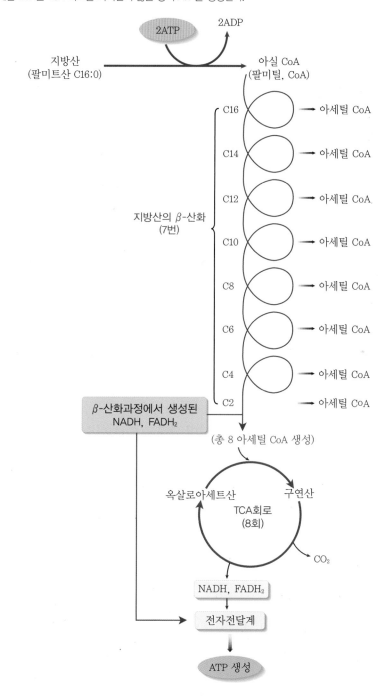

(2) 중성지방의 합성

식사로 섭취한 당질과 지질은 에너지원으로 이용된다. 그러나 에너지원 으로 이용하고도 남을 정도로 고당질식이 또는 고지방식이를 했을 경우 간과 지방조직에서 지방산을 생합성하여 중성지방 형태로 저장된다[그림 5-5].

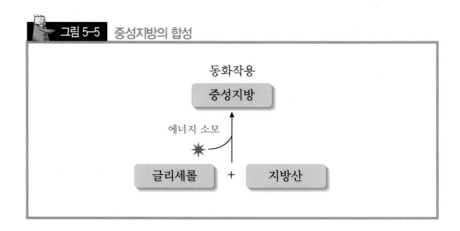

그림 5-5 중성지방의 합성

1) 지방산 합성

지방산 합성은 주로 세포질에서 일어나며 지방산 합성에 당질과 지질 대 사에서 생성된 아세틸 CoA가 이용된다.

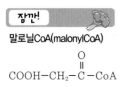

잠깐!

말로닐CoA(malonylCoA)

$$COOH-CH_2-\overset{\overset{O}{\|}}{C}-CoA$$

- 아세틸 CoA(탄소수 2개)는 아세틸 CoA 카복실화 효소(carboxylase) 에 의해 탄소 1개가 첨가되어 말로닐 CoA(탄소수 3개)를 생성한다.
- 아세틸 CoA 한 분자와 말로닐 CoA 한 분자는 결합하면서 탄소 1개 를 CO_2 형태로 제거하여 탄소수 4개의 지방산(C4:0)을 합성한다[그 림5-6].
- 탄소 4개인 지방산에 다시 말로닐 CoA가 첨가되고, CO_2 형태로 탄 소 1개가 제거되어 탄소 6개인 지방산(C6:0)이 합성된다. 이런 과 정이 반복되면서 탄소가 2개씩 증가하게 된다[그림5-6].
- 탄소 2개의 아세틸 CoA로 시작하여 탄소가 2개씩 증가되는 과정을 7번 되풀이하면 체내에서는 주로 팔미트산(탄소수 16인 포화지방산, C16:0)이 합성되고 다시 탄소 2개가 첨가되어 스테아르산(탄소수 18 인 포화지방산, C18:0)이 합성된다. 지방산 합성 시 지방산 합성효소

(fatty acid synthase)와 오탄당 인산경로(hexose monophosphate pathway, HMP)에서 공급되는 NADPH가 필요하다.

그림 5-6 지방산 합성

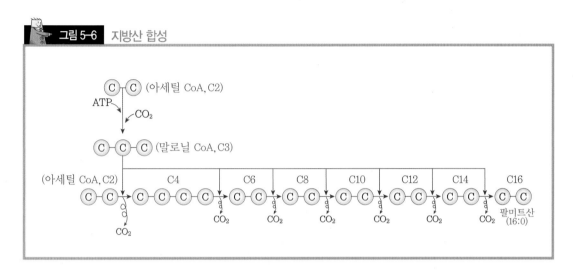

- 일부 불포화지방산은 포화지방산으로부터 합성될 수 있다. 예를 들면 올레산(C18:1)은 스테아르산(C18:0)으로부터 9번 불포화효소에 의해 합성될 수 있다. 그러나 리놀레산(C18:2)이나 α-리놀렌산(C18:3)은 필수지방산으로서 체내에서 합성되지 않으므로 음식으로 반드시 섭취해야 한다.

2) 글리세롤과의 결합

지방산은 해당과정의 중간산물인 글리세롤과 결합하여 중성지방을 합성한다[그림 5-5].

2. 케톤체 대사

당질 섭취가 부족하거나 장기간 굶었을 때, 또는 인슐린 분비가 적을 때 에너지 급원으로 지방산을 사용하게 된다. 지방산의 β-산화에 의해 다량 생성된 아세틸 CoA는 옥살로아세트산의 부족으로 TCA 회로로 진입하지 못하고 케톤체가 생성되어 케톤증(ketosis)을 유발한다[그림 5-7]. 생성된 케톤체는 체내에서 에너지원으로 사용된다.

그림 5-7 케톤체 대사

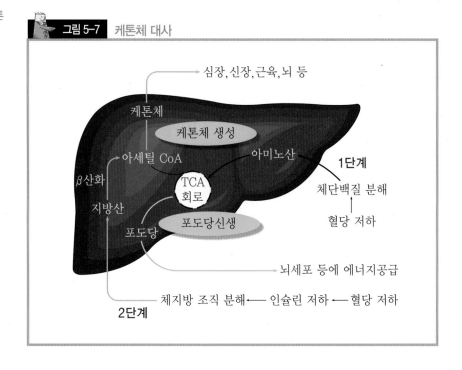

3. 콜레스테롤 대사

체내에 존재하는 콜레스테롤은 음식으로 섭취한 콜레스테롤(외인성)과 체내에서 합성된 콜레스테롤(내인성)로 구성된다. 콜레스테롤은 주로 간에서 아세틸 CoA로부터 합성된다. 콜레스테롤 합성은 음식으로 섭취한 콜레스테롤의 양에 따라 조절된다. 따라서 혈중 콜레스테롤 수준을 낮추고자 한다면, 콜레스테롤 섭취량을 줄이면서 동시에 내인성 콜레스테롤 합성을 억제하는 것이 필요하다. 저열량 또는 저지방식이는 체내 콜레스테롤 합성을 감소시킨다.

콜레스테롤의 30~60%는 간에서 주로 담즙산으로 대사된다. 콜레스테롤이 담즙산으로 전환되면 담낭으로 이동하여 농축 저장되었다가 담즙에 포함되어 담낭을 통해 십이지장으로 분비된다. 담즙산은 긴사슬지방산을 유화시켜 지질의 소화흡수를 돕는다.

더 알아보기

담즙산의 장간 순환(enterohepatic circulation)
담즙산은 간에서 합성되어 담낭에 저장되었다가 십이지장으로 분비된다. 십이지장으로 분비된 담즙산은 지질을 유화한 후 95%는 소장의 말단 부분인 회장에서 재흡수되어 문맥을 통해 간으로 돌아가 담낭에 저장되었다가 다시 십이지장으로 분비된다. 이를 담즙산의 장간 순환이라 한다.

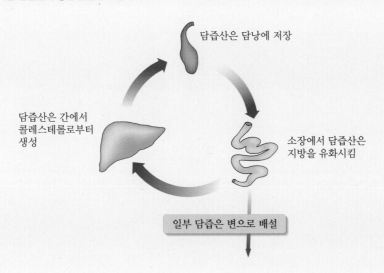

담즙산은 담낭에 저장

담즙산은 간에서 콜레스테롤로부터 생성

소장에서 담즙산은 지방을 유화시킴

일부 담즙은 변으로 배설

배운 것을 확인할까요?

01 지방산의 β-산화를 설명하세요.

02 지방산의 합성을 설명하세요.

03 체내에서 케톤체는 어떤 경우에 생성되는지 설명하세요.

04 담즙산의 장간 순환을 설명하세요.

Chapter **6**

단백질 영양

Chapter 06

단백질 영양

단백질은 신체 세포의 기본성분으로서 체조직을 구성하고 생명유지에 필수적인 물질이며 열량을 공급하는 영양소이기도 하다. 건강한 성인의 경우 체중의 약 15%가 단백질로 이루어졌다. 인체를 구성하는 총 단백질의 43% 가량은 근육에 저장되고, 15% 가량은 피부에, 15% 가량은 혈액에, 10% 가량은 간과 신장에, 나머지 소량이 뇌, 심장, 폐, 골 조직 등에 존재한다. 따라서 단백질은 식이를 통해 필요한 만큼 반드시 공급해 주어야 한다. Protein(단백질)이란 말은 '으뜸가는 것' 또는 '제1위의 것'이라는 뜻의 그리스어에서 유래된 것이다.

단백질은 탄소, 수소, 산소, 질소로 이루어져 있으며 그 외에 황, 철, 인 등을 함유하고 있다. 단백질의 구성 기본성분은 아미노산(amino acid)이며 수백, 수천 개의 아미노산이 결합하여 단백질을 이루게 된다. 현재 식품에서 발견되고 우리 체내에서 영양소로 이용되고 있는 아미노산은 20종 가량이다. 20종의 아미노산 중에서 8~18종이 모여 1개의 단백질을 이루고 있으며 단백질 분자의 크기와 복잡성에 따라서 단백질을 구성하는 아미노산의 종류와 함량이 각기 다르다.

1. 단백질의 분류

단백질은 화학적인 분류, 영양적인 분류 및 기능적인 분류로 나눌 수 있다.

(1) 화학적 분류

1) 단순단백질

아미노산과 그 유도체로 구성되며, 용해도와 조성에 따라 알부민, 글로불린, 글루테린, 프롤라민, 알부미노이드, 히스톤, 프로타민 등으로 분류된다.

2) 복합단백질

단순단백질에 단백질 이외의 물질이 결합된 것이다.

- 핵단백질: 세포핵의 주성분, 어류정액성분 등
- 당단백질: 뮤신, 오보뮤코이드 등
- 인단백질: 카세인, 오브비텔린 등
- 지단백질: 카일로마이크론, LDL, VLDL, HDL 등
- 색소단백질: 헤모글로빈, 미오글로빈 등
- 금속단백질: 페리틴, 헤모시아닌, 인슐린 등

3) 유도단백질

단순단백질과 복합단백질이 산, 알칼리, 효소 또는 가열에 의해 변성되거나 가수분해된 단백질이다.

- 변성단백질: 파라카세인, 피브린, 젤라틴 등
- 유도단백질: 프로테오스, 펩톤, 펩티드 등

(2) 영양적 분류

영양적 분류는 동물 성장실험을 통하여 밝혀진 것으로 식품에 함유된 필수아미노산의 종류와 양에 따라서 결정된다.

1) 완전단백질

모든 필수아미노산을 충분히 함유하고 있어 정상적 성장을 돕고 체중을 증가시키며 생리적 기능을 돕는 단백질을 말한다. 우유의 카세인과 락트알부민, 달걀의 오브알부민 등이 여기에 속한다.

2) 부분적 불완전단백질

필수아미노산 중 몇 종류의 양이 부족하여 성장을 돕지는 못하지만 체중을 유지시키는 단백질로 밀의 글리아딘, 보리의 호르데인, 귀리의 프롤라민 등이 있다.

3) 불완전단백질

부족하면 동물의 성장이 지연되고 체중이 감소하며 이 상태가 장기간 지속되면 죽음에 이르게 하는 단백질로, 종류에는 젤라틴, 옥수수의 제인이 있다. 그러나 불완전단백질에 다른 단백질을 보충해줘서 단백질의 질과 이용효과를 높일 수 있다.

(3) 기능적 분류

단백질의 체내 작용은 생명유지와 성장 발달에 필수적인 단백질로 기능에 따라 분류하면 [표 6-1]과 같다.

표 6-1 기능에 따른 단백질의 분류

생리적 분류	기능	단백질 종류
효소	촉매기능, 체내화학 작용에 관여	소화효소: 펩신, 트립신, 아밀라아제, 리파아제 대사효소: 알코올 탈수소효소, 탄산탈수효소, 탈탄산효소
운반 및 저장 단백질	영양소 운반과 저장	헤모글로빈, 미오글로빈: 산소운반 트랜스페린: 철 운반 지단백질: 지질 운반
운동단백질	근육 수축·이완 작용	액틴, 미오신: 수축운동 튜불린: 편모섬모운동
구조단백질	골격과 조직의 형태 유지	콜라겐: 피부, 골격 케라틴: 모발, 손톱
면역단백질	면역 및 방어기능	항체: 면역작용 피브리노겐, 트롬빈: 혈액응고
조절단백질	성장과 분화에 관여	인슐린, 글루카곤, 성장 호르몬

(4) 아미노산의 분류

아미노산은 그 구조 내에 아미노기 $-NH_2$와 카복실기 $-COOH$를 가진다. 아미노산의 아미노기는 염기성이고, 카복실기는 산성이므로 아미노산은 양성 물질이다. 가장 간단한 아미노산은 글라이신(glycine)이며, 잔기인 R기에 의해 아미노산의 특성과 종류가 결정된다[그림 6-1, 표 6-2]. 예를 들어 R이 수소이면 글라이신이고 R이 $-CH_3$이면 알라닌(alanine)이 된다.

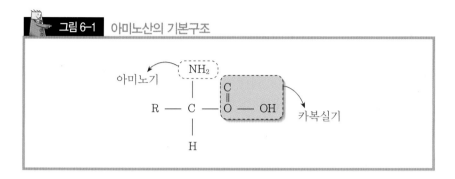

그림 6-1 아미노산의 기본구조

아미노기
카복실기

아미노산은 R기의 화학적 조성에 따라 중성 아미노산, 산성 아미노산, 염기성 아미노산으로 나뉜다.

1) 중성 아미노산

구조 내에 1개의 아미노기와 1개의 카복실기를 가지고 있는 것으로 글라이신(glycine), 알라닌(alanine), 세린(serine), 트레오닌(threonine), 발린(valine), 류신(leucine), 이소류신(isoleucine) 등이 있다.

2) 산성 아미노산

구조 내에 아미노기 1개와 2개의 카복실기를 지닌 것으로 아스파르트산(aspartic acid)과 글루탐산(glutamic acid)이 있다.

3) 염기성 아미노산

구조 내에 2개의 아미노기와 1개의 카복실기를 지닌 것으로 히스티딘(histidine), 라이신(lysine), 아르기닌(arginine)이 있다.

더 알아보기

아미노산의 분류

중성 아미노산	비극성 아미노산	글라이신, 알라닌, 프롤린
		(곁가지 아미노산) 발린, 류신, 이소류신
		(방향족 아미노산) 페닐알라닌, 트립토판, 티로신
	극성 아미노산	세린, 트레오닌, 시스테인, 메티오닌, 아스파라긴, 글루타민
산성 아미노산	아스파르트산, 글루탐산	
염기성 아미노산	라이신, 아르기닌, 히스티딘	

표 6-2 아미노산의 분류

ⓐ 중성 아미노산(monoamino · monocarboxylic acid)

종류	구조식	비고
1. glycine [Gly.]	$H-\overset{\overset{\displaystyle NH_2}{\mid}}{\underset{\underset{\displaystyle H}{\mid}}{C}}-COOH$	지방족 아미노산 가장 간단한 아미노산으로 부제탄소가 없다.
2. alanine [Ala.]	$H_3C-\overset{\overset{\displaystyle NH_2}{\mid}}{\underset{\underset{\displaystyle H}{\mid}}{C}}-COOH$	지방족 아미노산
3. proline [Pro.]	환상 구조 (H_2C-CH_2, H_2C, $CH-COOH$, N, H)	환상 아미노산 다른 아미노산과 달리 이미노[Imino(NH)]기를 갖고 있다.
4. valine [Val.]	$\overset{H_3C}{\underset{H_3C}{>}}CH-\overset{\overset{\displaystyle NH_2}{\mid}}{\underset{\underset{\displaystyle H}{\mid}}{C}}-COOH$	지방족 아미노산(필수) 곁가지 아미노산
5. leucine [Leu.]	$\overset{H_3C}{\underset{H_3C}{>}}CH-CH_2-\overset{\overset{\displaystyle NH_2}{\mid}}{\underset{\underset{\displaystyle H}{\mid}}{C}}-COOH$	지방족 아미노산(필수) 곁가지 아미노산 물에 난용성
6. isoleucine [Ileu.]	$\overset{H_3C-CH_2}{\underset{H_3C}{>}}CH-\overset{\overset{\displaystyle NH_2}{\mid}}{\underset{\underset{\displaystyle H}{\mid}}{C}}-COOH$	지방족 아미노산(필수) 곁가지 아미노산
7. phenylalanine [Phe.]	$\bigcirc-CH_2-\overset{\overset{\displaystyle NH_2}{\mid}}{CH}-COOH$	방향족 아미노산(필수) Benzene 핵을 갖고 있다.
8. tryptophan [Trp.]	indole$-CH_2-\overset{\overset{\displaystyle NH_2}{\mid}}{\underset{\underset{\displaystyle H}{\mid}}{C}}-COOH$	방향족 아미노산(필수) Indole 핵을 갖고 있다.
9. tyrosine [Tyr.]	$HO-\bigcirc-CH_2-\overset{\overset{\displaystyle NH_2}{\mid}}{\underset{\underset{\displaystyle H}{\mid}}{C}}-COOH$	방향족 아미노산 물에 난용성
10. serine [Ser.]	$HOH_2C-\overset{\overset{\displaystyle NH_2}{\mid}}{\underset{\underset{\displaystyle H}{\mid}}{C}}-COOH$	지방족 아미노산 OH기를 갖고 있다.
11. threonine [Thr.]	$H_3C-CHOH-\overset{\overset{\displaystyle NH_2}{\mid}}{\underset{\underset{\displaystyle H}{\mid}}{C}}-COOH$	지방족 아미노산(필수) OH기를 갖고 있다.

종류	구조식	비고
12. cysteine [Cys.H]	$HS-CH_2-\underset{\underset{H}{\mid}}{\overset{\overset{NH_2}{\mid}}{C}}-COOH$	지방족 아미노산 함황 아미노산
13. methionine [Met.]	$H_3C-S-CH_2-CH_2-\underset{\underset{H}{\mid}}{\overset{\overset{NH_2}{\mid}}{C}}-COOH$	지방족 아미노산(필수) 함황아미노산
14. Asparagine [Asn.]	$\underset{NH_2}{\overset{O}{\parallel}}C-CH_2-\underset{\underset{H}{\mid}}{\overset{\overset{NH_2}{\mid}}{C}}-COOH$	지방족 아미노산 아미드(amide)기를 갖고 있다. Asparagus 등 식물에 다량 함유되어 있다.
15. Glutamine [Gln.]	$\underset{NH_2}{\overset{O}{\parallel}}C-CH_2-CH_2-\underset{\underset{H}{\mid}}{\overset{\overset{NH_2}{\mid}}{C}}-COOH$	지방족 아미노산 아미드(amide)기를 갖고 있다.

ⓑ 산성 아미노산(monoamino · dicarboxylic acid)

종류	구조식	비고
16. aspartic acid [Asp.]	$HOOC-CH_2-\underset{\underset{H}{\mid}}{\overset{\overset{NH_2}{\mid}}{C}}-COOH$	지방족 아미노산
17. glutamic acid [Glu.]	$HOOC-CH_2-CH_2-\underset{\underset{H}{\mid}}{\overset{\overset{NH_2}{\mid}}{C}}-COOH$	지방족 아미노산

ⓒ 염기성 아미노산(diamino · monocarboxylic acid)

종류	구조식	비고
18. lysine [Lys.]	$\overset{\overset{NH_2}{\mid}}{CH_2}-CH_2-CH_2-CH_2-\underset{\underset{H}{\mid}}{\overset{\overset{NH_2}{\mid}}{C}}-COOH$	지방족 아미노산(필수) ε위치의 C에 제2의 NH_2를 갖고 있다.
19. arginine [Arg.]	$\underset{NH_2}{\overset{NH}{\parallel}}C-NH-CH_2-CH_2-CH_2-\underset{\underset{H}{\mid}}{\overset{\overset{NH_2}{\mid}}{C}}-COOH$	지방족 아미노산 Arginase에 의해 요소와 arginine으로 분해된다.
20. histidine [His.]	$HC=\underset{\underset{N}{\mid}}{C}-CH_2-\underset{\underset{H}{\mid}}{\overset{\overset{NH_2}{\mid}}{C}}-COOH$ $N \quad NH$ $\overset{\mid}{\underset{\underset{H}{\mid}}{C}}$	복소환식 아미노산(필수) Imidazol 핵을 갖고 있다. 특히 hemoglobin에 많다.

(5) 필수아미노산과 비필수아미노산

잠깐!

필수아미노산
(essential amino acid)
인체에서 합성되지 않거나
불충분하게 합성되는
아미노산

비필수아미노산
(nonessential amino acid)
인체에서 합성되는 아미노산

단백질을 합성하는 데 필요한 아미노산은 20여 개이며 체내 합성 여부에 따라 필수아미노산과 비필수아미노산으로 분류된다. 체내에서 합성하지 못하거나 필요량보다 적게 합성되는 아미노산을 필수아미노산이라고 하며, 이는 반드시 식품으로 섭취하여야 한다. 체내에서 충분한 양이 합성되는 아미노산을 비필수아미노산이라고 하는데, 비필수아미노산도 충분한 단백질 공급을 위해 중요하다. 필수아미노산과 비필수아미노산의 종류는 [표 6-3]과 같다.

표 6-3 필수/비필수아미노산 및 조건적 필수아미노산

필수아미노산	비필수아미노산	조건적 필수아미노산[1]
메티오닌	알라닌	아르기닌
류신	아스파르트산	시스테인
이소류신	아스파라긴	티로신
발린	글루탐산	글루타민
라이신	세린	글라이신
페닐알라닌	–	프롤린
히스티딘	–	타우린
트레오닌	–	–
트립토판	–	–

[1] 조건적 필수아미노산: 합성이 그 대사적 요구를 충족시키지 못할 경우 식이를 통한 공급이 필요한 아미노산
※ 자료: 보건복지부·한국영양학회, 2020 한국인 영양소 섭취기준, 2020

더 알아보기

질소계수
단백질에 들어있는 질소 함량은 평균 16% 정도이다. 따라서 단백질을 분해하여 얻는 질소량에 6.25의 질소계수를 곱하면 식품내 단백질의 양을 산정할 수 있으며, 이를 조단백질(crude protein)이라 한다.

조단백질 함량 = 질소함량 × 질소계수

2. 단백질의 구조

(1) 펩티드 결합(peptide bond)의 형성

단백질을 형성하기 위하여 아미노산들이 펩티드 결합(peptide bond)에 의하여 결합되어야 한다. 한 아미노산의 아미노기($-NH_2$)와 다른 아미노산의 카복실기($-COOH$)가 물을 잃고 결합된 것을 펩티드 결합이라 한다 [그림 6-2].

그림 6-2 펩티드 결합

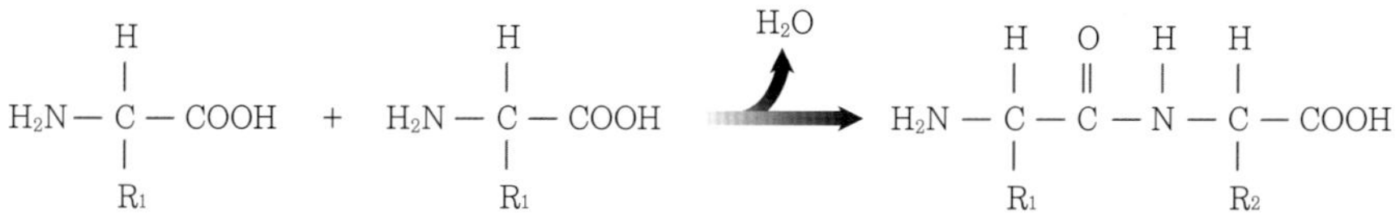

$$H_2N - \underset{R_1}{\overset{H}{C}} - COOH \quad + \quad H_2N - \underset{R_1}{\overset{H}{C}} - COOH \quad \xrightarrow{\;H_2O\;} \quad H_2N - \underset{R_1}{\overset{H}{C}} - \overset{O}{\overset{\|}{C}} - \overset{H}{N} - \underset{R_2}{\overset{H}{C}} - COOH$$

아미노산1   아미노산2   펩티드 결합

- 펩티드 결합: 한 아미노산의 아미노기와 다른 아미노산의 카복실기 사이에 물 한분자가 빠져나가면서 형성된 결합으로 단백질의 1차 구조를 이루는 주요한 결합
- 폴리펩티드: 두 개 이상의 아미노산이 사슬 모양의 펩티드 결합으로 길게 연결된 것

(2) 단백질의 구조

단백질은 수백 수천 개의 아미노산이 펩티드 결합으로 연결되어 폴리펩티드를 이루면서 다양한 입체형태를 가진다.

1) 1차 구조

단백질의 1차 구조는 아미노산의 종류와 배합순서가 결정되어 펩티드 결합으로 이어진 구조를 말한다. 이러한 아미노산의 결합순서는 단백질에 따라 다르다.

2) 2차 구조

1차 구조로 생긴 폴리펩티드 사슬이 나선구조(α-helix)나 병풍구조(β-structure)를 이룬 것을 2차 구조라 한다. 나선구조는 코일 형태이며 병풍구조는 주름 스커트처럼 주름이 잡히는 구조를 형성한다.

잠깐!

펩티드 결합
2개의 아미노산이 결합된 펩티드를 디펩티드(dipeptide), 3개는 트리펩티드(tripeptide), 다수의 아미노산이 결합된 것은 폴리펩티드(polypeptide)이다.

3) 3차 구조

폴리펩티드 사슬들이 서로 접히고 꼬이면서 생리적 작용을 수행할 수 있는 특수한 단백질 구조를 이루는데 이를 3차 구조라고 한다. 대표적으로 구상 단백질과 섬유상 단백질 구조가 3차 구조에 해당된다.

4) 4차 구조

3차 구조를 가지는 폴리펩티드가 두 개 이상 모여서 하나의 구조적 기능 단위를 형성한 경우를 말하며, 그 예로서 헤모글로빈을 들 수 있다. 헤모글로빈은 4개의 폴리펩티드가 모여 두 쌍의 소단위(subunit)를 구성한다.

모든 단백질은 1, 2, 3차 구조를 가지며 몇 가지 단백질만이 4차 구조를 가지면서 그들의 기능을 각각 반영한다[그림 6-3].

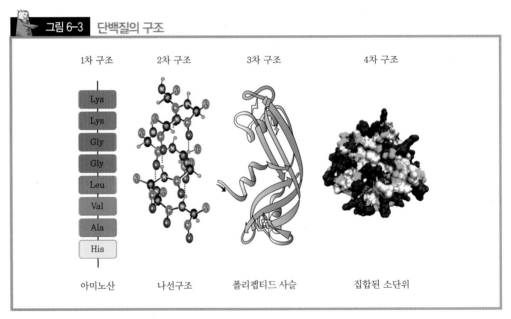

그림 6-3 단백질의 구조

더 알아보기

구상 단백질과 섬유상 단백질

• 구상 단백질(globular protein)

수용성으로서 대부분의 효소, 단백 호르몬과 혈장 단백질 등이 해당된다. 구상 단백질 중 영양적으로 중요한 것은 카세인, 알부민, 글로불린 등이다.

• 섬유상 단백질(fibrous protein)

대체로 물에 용해되지 않으며 세포조직의 유지나 구조를 이루는 단백질이다. 모발에 함유된 케라틴, 결합조직에 함유된 콜라겐, 혈액의 피브린, 근육섬유에 함유된 미오신 등이 여기에 속한다.

3. 단백질의 소화와 흡수

(1) 단백질의 소화

단백질이 소화되기 위해서는 우선 2, 3, 4차 구조의 기능적 형태가 없어지고 직선에 가까운 폴리펩티드 구조만 남아 소화효소가 작용할 수 있도록 구조가 변성되며[그림 6-4], 다음으로 단백질 분해효소에 의해서 펩티드 결합이 분해되어 소화가 진행된다.

식품 중의 단백질은 위액, 췌장액 및 소장액에 존재하는 소화효소에 의해 아미노산으로 분해된다.

그림 6-4   단백질의 변성

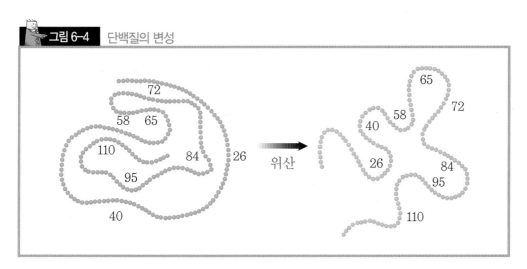

더알아보기

단백질 변성
단백질 변성은 굳게 결합되었던 3차원적 입체구조인 단백질의 모양이 가열, 산·알칼리 처리에 의해 1차 구조인 직선의 폴리펩티드 사슬로 펼쳐지는 과정으로 이를 통해 소화율이 증가한다. 단백질 식품에 열을 가하거나 물을 넣고 조리할 때 변성이 일어나고, 변성된 단백질은 위로 운반되어 염산(HCl)의 작용으로 더욱 변성한다.

1) 구강과 위

단백질은 구강 내에서는 소화효소가 없어서 소화되지 않으나 침과 혼합되어 입안에서 씹는 작용에 의해 분해된 후, 위에서 비로소 소화가 시작된다.

위 속에는 단백질 소화효소인 펩신(pepsin)이 존재하고 있다. 위에 음식물이 들어오면 가스트린이 분비되고 이것은 위산의 분비를 촉진하여 불활성 형태의 펩시노겐을 펩신으로 활성화한다[그림 6-5]. 펩신은 단백질 중의 특정한 펩티드 결합 부분을 가수분해한다.

단백질은 위 속에서는 일부만 소화되며, 죽 모양의 미즙(chyme)의 형태로 십이지장으로 내려간다. 유아의 위 점막에는 카세인(casein)을 응고시키는 레닌(rennin)이 있다. 이 효소는 유즙 중의 카세인을 파라카세인(paracasein)으로 응고하며 여기에 칼슘이 결합하여 덩어리를 형성한다. 즉, 레닌은 액체인 유즙을 덩어리로 만들어 위에 머물게 하여 단백질 소화효소의 작용을 용이하게 한다.

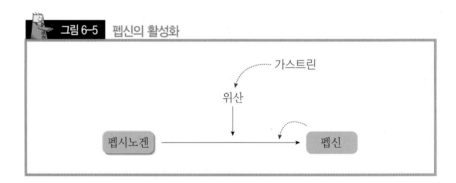

그림 6-5　펩신의 활성화

> 가스트린
>
> 위산
>
> 펩시노겐 ──────→ 펩신

잠깐!

가스트린(gastrin)
폴리펩티드로 음식물이 위 속에 들어오면 혈류 속으로 분비되어 혈액순환을 따라 위벽세포로 가서 위액분비를 촉진한다.

더 알아보기

단백질 소화효소가 위와 장을 소화시키지 않는 이유

체내 모든 조직은 단백질로 되어 있는데 이 조직들을 분해하지 않고 식이에서 섭취한 단백질만을 분해하여야 한다. 따라서 체내에는 단백질의 분해를 방지하기 위한 보호 기작이 존재한다. 즉 단백질 소화(분해)효소는 음식이 없을 때에는 활성을 갖지 않는 불활성 효소로 존재하다가 단백질 식품을 섭취하면 효소가 활성화되어 단백질을 소화할 수 있는 능력을 갖게 된다. 또한 위벽과 장벽 세포는 점액 다당류(뮤신)가 둘러싸서 단백질 소화효소의 작용을 받지 않도록 보호하고 있다. 만약 위의 염증이나 위장질환으로 점액물질이 부족해지면 강한 염산과 단백질 분해효소의 작용으로 위염과 위장질환이 악화된다.

2) 소장

소장으로 배출된 췌장액과 소장액에 있는 단백질 분해효소들은 소장 내에서 단백질을 디펩티드와 아미노산으로 가수분해한다. 췌장에서는 트립시노겐, 키모트립시노겐 및 프로카복시펩티다아제가 불활성 형태로 분비된다[표 6-4]. 췌장에서 분비된 엔테로키나아제에 의해 트립시노겐은 트립신으로 활성화된다. 트립신은 키모트립시노겐 및 프로카복시펩티다아제를 활성화한다. 췌장에서 분비되는 카복시펩티다아제와 소장에서 분비되는 아미노펩티다아제는 폴리펩티드의 펩티드 결합을 각각 양끝 말단에서 아미노산을 하나씩 끊어낸다. 이러한 효소들의 작용을 받아 단백질은 점차 작은 폴리펩티드를 거쳐 디펩티드(dipeptide)로 분해되며, 이때 아미노산도 일부 유리되어 나온다. 디펩티드는 소장에서 분비되는 디펩티다아제(dipeptidase)에 의해 아미노산으로 최종 분해되며, 일부는 디펩티드 상태로 흡수되기도 한다.

표 6-4 단백질의 소화

기관	기질	효소			소화분해산물
		불활성상태	활성화물질	활성효소	
위	단백질	펩시노겐	위산	펩신	큰 폴리펩티드
췌장	단백질 큰 폴리펩티드	트립시노겐	엔테로키나아제	트립신	작은 폴리펩티드 디펩티드
	단백질 큰 폴리펩티드	키모트립시노겐	활성트립신	키모트립신	작은 폴리펩티드 디펩티드
	작은 폴리펩티드	프로카복시펩다아제	활성트립신	카복시펩티다아제	디펩티드 아미노산
소장	디펩티드	–	–	아미노펩티다아제	디펩티드 아미노산
		–	–	디펩티다아제	아미노산

(2) 단백질의 흡수

단백질의 소화산물인 아미노산과 디펩티드는 능동수송을 통해 소장점막 세포 내로 흡수된다[그림 6-6]. 단백질의 흡수율은 평균 92%로 동물성 단백질은 식물성 단백질보다 흡수율이 높다. 소장세포 내에서 디펩티드는 아미노산으로 분해된 후 모세 혈관으로 운반되고, 문맥을 통해 간으로 이동되어 다른 조직으로 운반된다.

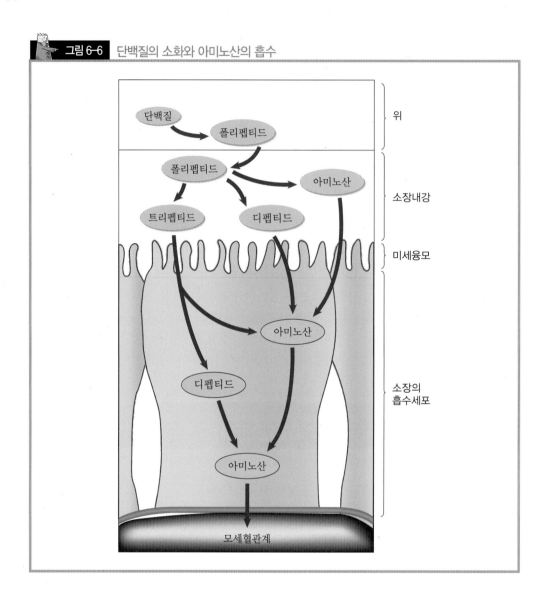

그림 6-6 단백질의 소화와 아미노산의 흡수

더 알아보기

단백질 흡수와 알레르기

특이체질을 가진 사람의 경우 특정 단백질을 아미노산으로 분해하지 못해, 단백질이 그대로 소화관을 통과할 수 있다. 만일 단백질이 장벽을 통과한다면, 체내에서는 마치 이물질이 흡수된 것으로 간주하여 항체를 생성한다. 후에 같은 단백질이 또 흡수되면 방어 기능으로 알레르기 현상이 일어나 가려움, 발진 또는 호흡곤란 등이 발생한다. 따라서 단백질 분자가 흡수되기 전에 반드시 각각의 아미노산으로 분해되는 것이 매우 중요하다.

4. 단백질의 생리적 기능

단백질은 분해되어 아미노산으로 흡수된 다음 혈액에 의해 각 조직에 운반되어 많은 작용을 한다. 조직세포의 생성과 보수, 혈청 단백질 형성, 체구성 성분, 에너지원, 체액 조절 등의 역할을 한다.

(1) 새로운 조직의 합성과 보수

단백질은 인체를 구성하는 주요 성분이며 음식으로부터 흡수된 아미노산은 각 조직으로 운반되어 새로운 조직을 구성한다. 일단 만들어진 세포는 수명을 다하고 나면 분해되어 배설되므로 새로운 세포를 다시 합성해서 보충해 주어야 한다.

성인의 경우에는 노쇠하여 분해된 조직을 보수하는 데에만 단백질이 사용되므로 단백질 필요량은 많지 않다. 그러나 성장기 아동, 임신부, 수유부, 폐결핵 등의 소모성 질환자, 고열을 동반하는 전염성 질환자, 화상환자, 수술환자, 심한 출혈이 있는 경우 등에서는 단백질 필요량이 증가할 뿐만 아니라 에너지 필요량도 증가한다.

(2) 영양소 운반과 항체 형성

혈청에는 많은 양의 단백질이 함유되어 있는데 주로 알부민, 글로불린, 피브리노겐으로서 혈액에서 중요한 생리기능을 수행한다.

1) 알부민

알부민(albumin)은 새로운 조직의 형성과 보수를 위하여 단백질이 필요할 때 가장 먼저 단백질을 공급해 준다. 또한 다른 영양소를 한 조직에서 다른 조직으로 운반해 주는 역할을 한다.

2) 글로불린

글로불린(globulin)은 조직에서 필요한 아미노산을 알부민이 부족하여 공급하지 못할 때, 이를 공급해 주는 제2의 단백질 급원이다. α-글로불린은 구리를 운반하고, β-글로불린은 철을 운반하며, γ-글로불린은 항체로서 병원균에 대한 방어작용을 한다.

3) 피브리노겐

피브리노겐(fibrinogen)은 혈액이 체외로 나왔을 때 응고되는 것을 돕는다. 이 단백질은 혈액이 체외로 나오면 피브린으로 변하여 응고되게 한다.

(3) 효소와 호르몬 및 신경전달물질의 합성

단백질은 효소를 합성하는 데 사용되며, 호르몬 중 스테로이드 호르몬을 제외한 모든 호르몬은 단백질 또는 아미노산 유도체로 되어 있다. 신경전달물질인 도파민은 티로신에서 세로토닌은 트립토판에서 합성된다.

더 알아보기

아미노산의 생리활성물질 합성

아미노산은 인체의 건강 유지와 질병에 대한 면역력을 가진 물질인 생리활성물질을 합성한다. 즉, 신경전달물질인 세로토닌, 뇌조직과 담즙의 구성성분이며 혈구 내 항산화 작용을 하는 타우린, 산화환원작용 조절물질인 글루타티온 등을 합성한다.

(4) 수분조절과 산·염기의 평형 유지

1) 수분조절

단백질은 체내 수분 함량을 조절하는 중요 요소이다. 단백질은 대부분 분자량이 커서 혈관을 빠져나가지 못하므로 혈중 삼투압을 조직세포 사이보다 높게 유지하여 수분이 혈관 안에 머물러 있도록 한다. 장기간 단백질을 충분히 공급하지 못하면 혈장 단백질인 알부민의 함량이 줄어들어 삼투압이 저하되어 체액이 혈관내로 들어가지 못해 부종이 나타난다[그림 6-7].

2) 산·염기 평형

잠깐!

완충제(buffer)
용액의 pH가 급격하게 변하는 것을 방지해 주는 물질

단백질을 구성하는 아미노산은 산과 염기를 지닌 양성화합물로 체액을 항상 약알칼리성인 pH 7.4 정도로 유지하는 완충제 역할을 한다. 체액이 산성이나 염기성으로 기울어지면 단백질이 중화하여 체액의 산과 염기 균형을 정상적으로 유지한다[그림 6-8].

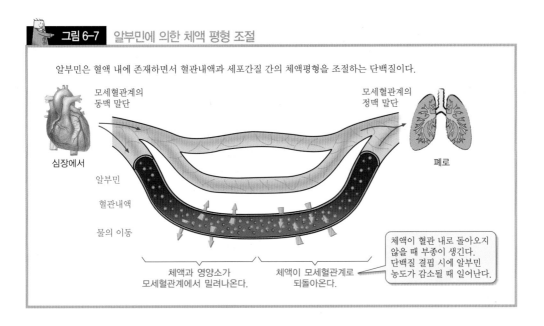

그림 6-7 알부민에 의한 체액 평형 조절

알부민은 혈액 내에 존재하면서 혈관내액과 세포간질 간의 체액평형을 조절하는 단백질이다.

모세혈관계의
동맥 말단

모세혈관계의
정맥 말단

심장에서

폐로

알부민

혈관내액

물의 이동

체액과 영양소가
모세혈관계에서 밀려나온다.

체액이 모세혈관계로
되돌아온다.

체액이 혈관 내로 돌아오지
않을 때 부종이 생긴다.
단백질 결핍 시에 알부민
농도가 감소될 때 일어난다.

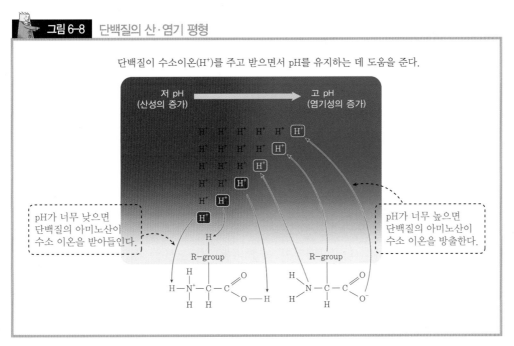

그림 6-8 단백질의 산·염기 평형

단백질이 수소이온(H^+)를 주고 받으면서 pH를 유지하는 데 도움을 준다.

저 pH
(산성의 증가)

고 pH
(염기성의 증가)

pH가 너무 낮으면
단백질의 아미노산이
수소 이온을 받아들인다.

pH가 너무 높으면
단백질의 아미노산이
수소 이온을 방출한다.

(5) 에너지 공급과 당신생의 급원

탄수화물 섭취가 부족하거나 과다한 운동으로 인해 에너지원이 부족해
지면 단백질은 포도당으로 전환되거나 중간대사 물질로 전환되어 에너지
원으로 사용된다. 단백질 1g은 약 4kcal의 에너지를 공급한다.

5. 단백질의 질 평가

단백질의 질을 평가하는 방법에는 식품단백질의 필수아미노산 조성을 화학적으로 분석하는 화학적 평가[그림 6-9]와 동물의 성장속도나 체내 질소보유 정도를 측정하는 생물학적 평가가 있다.

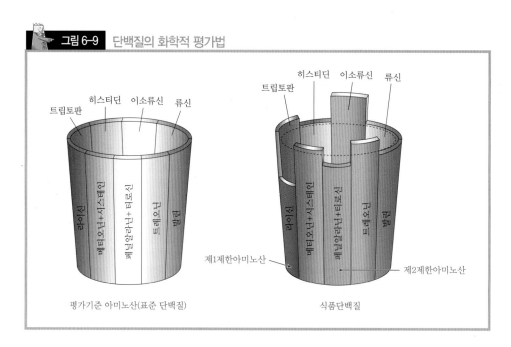

그림 6-9 단백질의 화학적 평가법

평가기준 아미노산(표준 단백질)   식품단백질

(1) 화학적 평가

1) 화학가(chemical score, CS)

화학가는 완전단백질인 달걀 아미노산 조성을 기준으로 평가하는 방법이다. 달걀 단백질의 필수아미노산 조성이 인체가 필요로 하는 필수아미노산의 함량과 일치하므로, 달걀 단백질을 기준으로 하여 다른 식품의 단백질 질을 비교, 평가할 수 있다.

잠깐!

제한아미노산
(limiting amino acid)
식품 중에 들어 있는 필수아미노산 중 인체의 필요함량에 비해 가장 적게 함유되어 있는 아미노산

$$화학가 = \frac{식품 중의 제1제한아미노산}{달걀 단백질의 아미노산 양} \times 100$$

2) 아미노산가(amino acid score, AAS)

FAO/WHO가 제정한 인체의 단백질 필요량에 근거한 아미노산 필요량인 필수아미노산 표준구성을 기준단백질로 하여 구한다.

$$아미노산가 = \frac{식품 중의 제1제한아미노산}{표준구성의 아미노산 양} \times 100$$

더 알아보기

단백질의 상호보완효과
필수 아미노산 조성이 다른 두 개의 단백질을 함께 섭취하여 서로의 제한점을 보충하는 것을 단백질의 상호보완효과라 한다. 콩밥의 경우 쌀은 콩에 부족한 메티오닌을 보강해 주고 콩은 쌀에 부족한 라이신을 공급하여 두 식품의 단백질을 모두 보강할 수 있다.

(2) 생물학적 평가

1) 단백질 효율(protein efficiency ratio, PER)

성장기 동물의 체중증가량을 단백질 섭취량으로 나눈 값으로, 체중 증가가 체단백질 이용과 정비례한다는 가정 하에 측정한다. 주로 영아용 식품의 식품표시기준을 설정할 때 이 방법이 사용된다.

$$단백질 효율(PER) = \frac{일정 기간 동안 증가한 체중의 양(g)}{일정 기간 동안 섭취한 단백질의 양(g)}$$

2) 생물가(biological value, BV)

체내에 흡수된 질소의 체내 보유정도를 나타내는 것으로서 흡수된 단백질이 얼마나 효율적으로 체조직단백질로 전환되었는가를 측정하는 것이다. 생물가가 높을수록 양질의 단백질로 평가되며 달걀의 생물가가 가장 높고 우유, 육류의 순으로 나타난다.

$$생물가(BV) = \frac{보유된 질소량}{흡수된 질소량} \times 100$$

$$= \frac{식이질소량-(소변 중 질소량+대변 중 질소량)}{식이질소량-대변 중 질소량} \times 100$$

3) 단백질 실이용률(net protein utilization, NPU)

생물가는 소화흡수율이 고려되지 않은 반면, 단백질 실이용률은 총 섭취 질소 중에서 체내 보유된 질소의 비율을 말하는 것으로 소화흡수율을 고려한 값이다.

$$단백질\ 실이용률(NPU) = \frac{보유된\ 질소량}{섭취된\ 질소량} \times 100 = 생물가 \times 소화흡수율$$

6. 단백질 섭취 관련 문제

(1) 단백질 결핍증

단백질 결핍증은 성인의 경우 단시간에 나타나지 않으며, 장기간에 걸친 단백질 결핍 시 발생한다. 초기 단백질 부족 증상으로는 체중 감소와 피로, 초조감 등이 나타난다. 단백질 결핍증은 성인보다 성장기 아동에게서 많이 나타나는데 콰시오커와 마라스무스가 있다.

1) 콰시오커(kwashiorkor)

콰시오커는 단백질 섭취량이 극도로 적고 장시간 계속될 때 나타나며, 주로 저개발국가인 아프리카, 남아메리카, 동양의 여러 지역, 서인도 제도 등에서 흔히 볼 수 있다. 결핍 초기에는 성장이 감소하고 신경이 예민해지며 피부의 변화, 빈혈, 식욕부진, 저항력 약화 등이 나타나게 되고 더 심하면 부종, 간비대증이 생긴다. 우유나 양질의 고단백식을 제공하는 적절한 식이요법을 통해 치료가 가능하다.

2) 마라스무스(Marasmus)

마라스무스는 열량과 함께 단백질이 결핍될 때 나타나며, 아프리카 지역에서 식량 부족으로 인해 이유기 이후의 유아에게서 발생하는 에너지단백질 결핍증상으로 콰시오커에 비해 심하게 마르는 증상이 나타난다. 피부, 모발, 간 기능은 정상으로 나타나며 부종은 일어나지 않고 극도로 체중이 감소한다. 고단백식과 고열량식으로 수정이 가능하다.

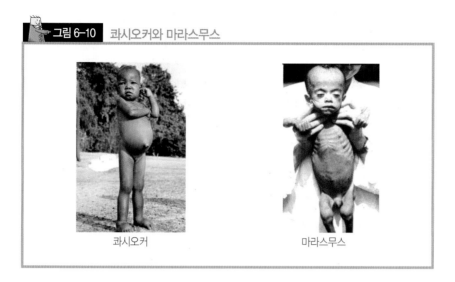

그림 6-10 콰시오커와 마라스무스

콰시오커   마라스무스

(2) 단백질 과잉증

단백질을 과잉으로 섭취했을 경우에는 여분의 단백질이 연소하여 지방이나 당질의 연소를 감소시키므로 체지방의 축적을 가져온다. 특히 동물성 단백질을 과잉으로 섭취할 경우에는 동물성 단백질에 풍부한 함황 아미노산의 대사로 산성 대사산물이 많아지면서 이를 중화하기 위해 소변을 통해 신체 밖으로 칼슘을 배설하게 되어 칼슘 손실이 많아진다. 따라서 동물성 단백질을 많이 섭취하는 사람이 칼슘을 충분히 섭취하지 않고 운동도 부족한 경우에는 골다공증 발생 위험이 높아진다.

최근 보충제의 형태로 개개의 아미노산을 섭취하는 경우가 증가하고 있는데, 과도한 개별 아미노산의 무분별한 섭취는 아미노산 간의 흡수 경쟁을 유발하여 아미노산 불균형 및 독성 위험을 증가시킬 수 있으며 경우에 따라 오히려 아미노산의 부족을 초래하기도 한다.

7. 단백질 섭취기준

단백질의 섭취기준은 평균필요량과 권장섭취량을 설정하였다. 성인기의 단백질 평균필요량은 질소균형 연구를 기초로 하여 체중kg당 1일 0.66g을 기준으로 하되 이용효율 90%를 반영하여 0.73g/kg/일을 질소 평형유지를 위한 단백질 필요량으로 하였다.

더 알아보기

질소균형

단백질 필요량은 적당한 신체 활동 시 에너지 균형을 유지하면서 체내 단백질 합성과 분해가 평형을 이루어 질소평형을 유지하는데 필요한 양이다. 질소평형이란 질소의 섭취량과 배설량이 같은 상태로 인체의 배설량만큼 식품단백질을 섭취하는 것을 의미한다. 질소의 섭취량과 배설량을 비교하여 양의 질소균형, 질소평형, 음의 질소균영으로 나누어 볼 수 있다.

양(+)의 질소균형 (섭취 〉 배설)	질소평형 (섭취 = 배설)	음(−)의 질소균형 (섭취 〈 배설)
성장, 임신, 질병회복기, 신체훈련, 인슐린, 성장 호르몬 분비 증가 남성 호르몬 분비나 투여	정상 성인	단백질, 필수아미노산 부족 기아, 소화기 질환 에너지 섭취 부족 발열, 화상, 감염, 수술, 오랜 질병 신장질환, 갑상샘 호르몬 분비증

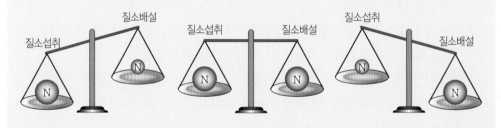

권장섭취량은 평균필요량에 권장량산정계수 1.25를 적용하여 체중 kg당 0.91g으로 설정하였다. 여기에 성인 남녀의 표준체중(2020년 체위기준 19~29세 성인남자 68.9kg, 성인여자 55.9kg)을 곱하여 1일 단백질 권장섭취량을 성인남자 65g, 성인여자 55g으로 정하였다. 연령별 단백질 섭취기준은 [표 6-5]와 같다.

성인의 단백질 평균 필요량
= 평균체중 × 0.73g/kg/일

성인의 단백질 권장 섭취량
= 성인 평균 단백질 필요량 × 개인 간 변이계수율
= 0.73g/kg/일 × 1.25 = 0.91/kg/일
= 65g(성인남자), 55g(성인여자)

2013~2017년도 국민건강영양조사 자료 분석 결과, 현재 우리나라 국민의 단백질 평균섭취량은 여성 75세 이상을 제외하고 평균필요량보다 높은 수준이며, 에너지 섭취비율은 7~20% 기준 범위 내에서 섭취하고 있는 것으로 나타나 단백질 섭취는 일부 노년층을 제외하고 결핍이 우려되지 않는 수준으로 나타났다.

표 6-5 한국인의 1일 단백질 섭취기준

성별	연령	단백질(g/일)			
		평균필요량	권장섭취량	충분섭취량	상한섭취량
영아	0~5(개월)			10	
	6~11	12	15		
유아	1~2(세)	15	20		
	3~5	20	25		
남자	6~8(세)	30	35		
	9~11	40	50		
	12~14	50	60		
	15~18	55	65		
	19~29	50	65		
	30~49	50	65		
	50~64	50	60		
	65~74	50	60		
	75 이상	50	60		
여자	6~8(세)	30	35		
	9~11	40	45		
	12~14	45	55		
	15~18	45	55		
	19~29	45	55		
	30~49	40	50		
	50~64	40	50		
	65~74	40	50		
	75 이상	40	50		
임신부	2분기	+12	+15		
	3분기	+25	+30		
수유부		+20	+25		

※ 자료: 보건복지부·한국영양학회, 2020 한국인 영양소 섭취기준, 2020

8. 단백질 급원식품

　동물성 식품인 소고기, 돼지고기, 닭고기, 생선, 달걀, 우유, 치즈 등은 질이 우수한 단백질 급원식품이다. 식물성 식품 중 대두는 단백질이 35~40%로 많이 함유되어 있을 뿐만 아니라 질이 우수하여 세계적으로 중요한 단백질 식품으로 꼽힌다. 곡류는 단백질의 함량은 높지 않으나 한국인의 주식으로 섭취량이 높기 때문에 간과할 수 없는 단백질의 급원식품이다.

　육류와 어패류와 같은 동물성식품의 섭취가 여전히 단백질 섭취에서 높은 비율을 차지하고 있지만 단백질 섭취량에 대한 주요 급원식품의 순위를 살펴보면 백미가 가장 높았고 돼지고기, 닭고기, 소고기, 달걀이 그 뒤를 이었다.

　단백질 주요 급원식품 및 식품 100g당 단백질 함량은 [표 6-6]에 제시되었다. [그림 6-11]은 주요 급원식품의 1회 분량당 함량을 19~29세 성인의 2020 단백질 권장섭취량과 비교한 것으로, 1회 분량의 단백질 함량이 가장 높은 식품은 새우와 가다랑어로, 각각 22.6g, 17.4g이었다. 또한 닭고기, 돼지고기, 소고기와 같은 육류의 단백질 함량은 10~14g이다.

표 6-6	단백질 주요 급원식품(100g당 함량)*				
순위	급원식품	함량(g/100g)	순위	급원식품	함량(g/100g)
1	백미	9.3	9	빵	9.0
2	돼지고기(살코기)	19.8	10	햄/소시지/베이컨	20.7
3	닭고기	23.0	11	배추김치	1.9
4	소고기(살코기)	17.1	12	라면(건면, 스프포함)	8.6
5	달걀	12.4	13	국수	7.3
6	우유	3.1	14	돼지 부산물(간)	26.0
7	두부	9.6	15	대두	36.1
8	멸치	49.7	16	새우	28.2

*2017년 국민건강영양조사의 식품별 섭취량과 식품별 단백질 함량(국가표준식품성분표 DB 9.1) 자료를 활용하여 단백질 주요 급원식품 산출

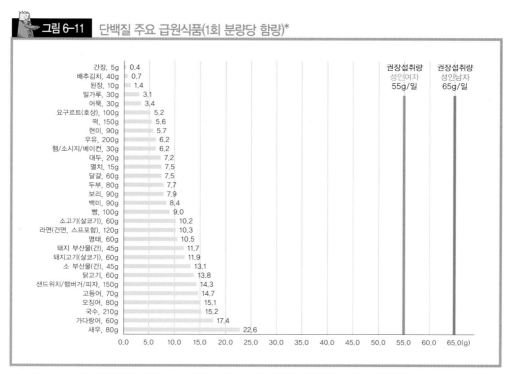

그림 6-11 단백질 주요 급원식품(1회 분량당 함량)*

*2017년 국민건강영양조사의 식품별 섭취량과 식품별 단백질 함량(국가표준식품성분표 DB 9.1) 자료를 활용하여 단백질 주요
급원식품 상위 30위 산출 후 1회 분량(2015 한국인 영양소 섭취기준)을 적용하여 1회 분량당 함량 산출, 19~29세 성인 권장
섭취량 기준(2020 한국인 영양소 섭취기준)과 비교

한편, 식품마다 아미노산의 종류와 함량이 다르기 때문에 각 아미노산의
급원식품 역시 다르다[표 6-7].

표 6-7 필수 아미노산 주요 급원식품*

순위	급원식품	단백질 (g/100g)	아미노산(mg/100g)								
			이소류신	류신	라이신	메티오닌	페닐알라닌	트레오닌	트립토판	발린	히스티딘
1	백미	9.3	360	750	330	220	490	320	130	530	250
2	돼지고기(살코기)	19.8	950	1,512	1,650	524	793	952	194	1,076	757
3	닭고기	23	1,082	1,682	1,845	542	946	1,046	223	1,186	878
4	소고기(살코기)	17.1	850	1,451	1,571	407	737	846	186	903	658
5	달걀	12.4	624	1,043	855	346	663	664	194	824	285
6	우유	3.1	120	333	232	72	115	134	13	147	46
7	두부	9.6	348	709	519	111	454	349	109	340	217
8	멸치	49.7	2,091	3,227	3,925	1,129	1,892	1,891	579	2,498	1,279
9	빵	9	287	593	155	116	437	243	67	319	169
10	햄/소시지/베이컨	20.7	923	1,690	1,780	253	844	1,236	148	993	762

*2017년 국민건강영양조사의 식품별 섭취량과 식품별 단백질 함량(국가표준식품성분표 DB 9.1) 자료를 활용하여 단백질 주요
급원식품 산출 후 해당 식품별 필수아미노산 함량 표시

배운 것을 확인할까요?

01 아미노산의 분류에 대해 설명하세요.

02 단백질의 소화효소를 나열하세요.

03 필수아미노산은 무엇일까요?

04 완전단백질과 불완전단백질에 대해 정의하세요.

05 단백질의 질 평가방법을 설명하세요.

06 단백질의 상호보완효과에 대해 설명하세요.

07 질소균형에 대해 설명하세요.

08 단백질의 체내기능에 대해 요약하세요.

09 단백질의 결핍증에 대해 설명하세요.

10 단백질의 주요 급원식품을 설명하세요.

Chapter

7

아미노산 및
단백질 대사

Chapter 07

아미노산 및 단백질 대사

아미노산풀
(amino acid pool)
식이섭취와 단백질 분해 등
으로 세포 내에 유입되는 아
미노산의 양

체내에서 단백질은 고유의 작용을 수행하기 위하여 아미노산 총량(풀)을 유지하게 된다. 체내의 아미노산은 여러 경로를 통해 올 수 있다. 즉, 섭취된 식이 단백질이 소화 흡수된 아미노산, 체조직의 분해로 생성되거나 체내에서 합성된 아미노산들이 간과 각 조직 내의 아미노산 총량을 이룬다. 그러다가 아미노산은 필요에 따라 체조직 단백질, 효소, 호르몬 등을 합성하거나 에너지를 공급하는 등 다양하게 이용된다. 체내 아미노산의 대사를 요약하면 [그림 7-1]과 같다. 단백질 대사가 활발하게 이루어지는 조직은 혈장, 췌장, 간, 신장, 근육 등이다.

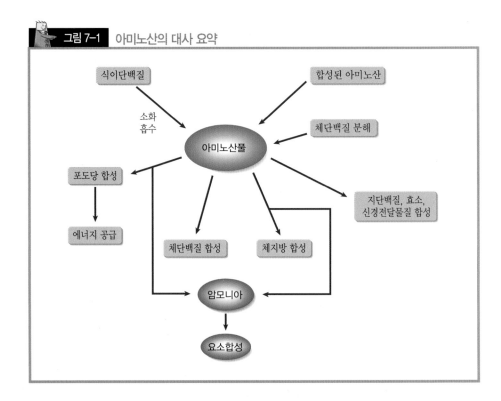

그림 7-1 아미노산의 대사 요약

1. 탈아미노 반응

단백질이 에너지를 발생하기 위해서는 먼저 아미노산에서 아미노기가 떨어져 나가 α-케토산이 되는 반응이 필요하다.

탈아미노 반응으로 생성된 아미노산의 탄소골격(α-케토산)은 탄수화물이나 지질이 분해되는 대사경로에 합류하여 TCA 회로로 들어가 산화과정을 거쳐 에너지를 발생한다.

그림 7-2 여러 가지 아미노산의 탄소 골격이 TCA 회로로 들어가는 과정

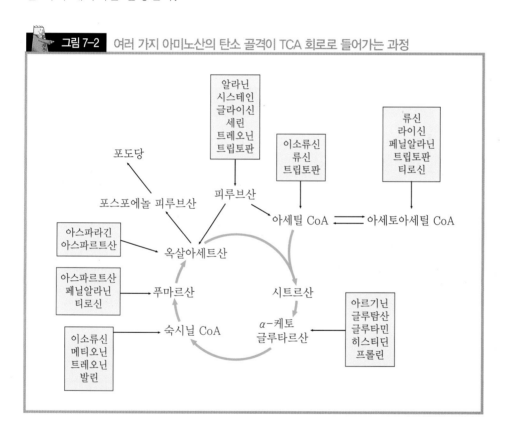

- 탄수화물대사의 경로에 의해서 연소되는 아미노산은 포도당 생성 아미노산(glucogenic amino acid)이라고 한다.
- 지질대사의 경로에 의해 연소되는 아미노산은 케톤생성 아미노산(ketogenic amino acid)이라고 한다.
- 탄수화물과 지질 대사의 두 회로를 통해서 연소되는 아미노산은 포도당생성 및 케톤생성 아미노산(glucogenic & ketogenic amino acid)이라고 한다.

이러한 아미노산에 속하는 아미노산의 종류는 [표 7-1]과 같다.

표 7-1 포도당 및 케톤 생성 아미노산

분류	아미노산
포도당 생성	알라닌, 세린, 글라이신, 시스테인, 아스파르트산, 아스파라긴, 글루탐산, 글루타민, 아르기닌, 히스티딘, 트레오닌, 메티오닌, 프롤린
케톤 생성	류신, 라이신
포도당 생성 및 케톤 생성	이소류신, 페닐알라닌, 티로신, 트립토판

2. 아미노기 전이 반응

한 아미노산의 아미노기를 α-케토산으로 전달하여 새로운 비필수아미노산을 형성하는 반응이다.

그림 7-3 아미노기 전이 반응

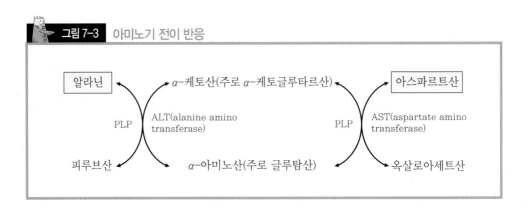

3. 요소회로

잠깐!

요소회로(urea cycle)
탈아미노 반응으로 생성된 유독한 암모니아를 요소로 만드는 경로

탈아미노 반응으로 아미노산으로부터 생성된 아미노기는 암모니아(NH_3)를 생성한다. 암모니아는 인체에 유독하므로 간의 요소회로를 통해 무해한 요소(urea)로 전환되며, 이 과정을 요소회로라고 한다. 생성된 요소는 신장으로 가서 소변으로 배설된다.

그림 7-4 요소의 합성

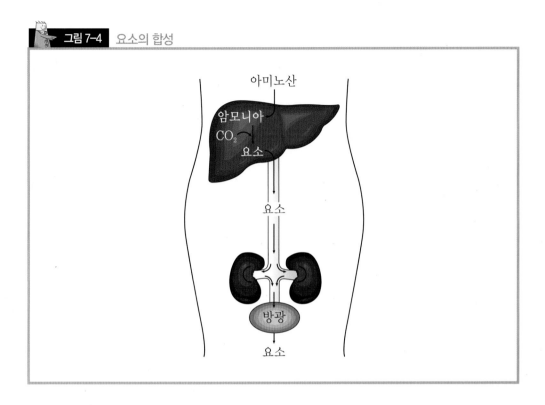

그림 7-5 요소회로(urea cycle)

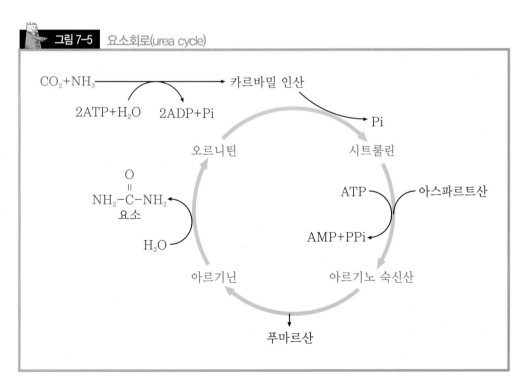

더 알아보기

단백질합성

DNA 염기의 배열순서가 단백질을 구성하는 아미노산의 순서를 결정하고 단백질 합성을 지시하여 고유의 단백질이 합성된다.

- DNA는 세포의 핵 속에 존재하는 핵산으로 유전정보를 가지고 있다.
- mRNA는 DNA의 유전정보를 단백질 합성기관인 리보좀에 전달하는 전령 메신저로 작용하며, 전달된 유전정보에 따라 리보좀에서 단백질이 합성된다.
- tRNA는 유전정보를 해석하여 아미노산 풀로부터 각각 특정의 아미노산과 결합해서 아미노산들을 리보좀까지 운반한다.

배운 것을 확인할까요?

01 탈아미노 반응을 설명하세요.

02 비필수 아미노산 합성 과정을 설명하세요.

03 요소 회로를 설명하세요.

04 단백질 합성과정을 설명하세요.

Chapter **8**

에너지 대사

Chapter 08

에너지 대사

60조의 세포로 이루어져 있는 사람의 신체는 세포의 기능을 다하기 위해서 끊임없이 에너지를 공급받아야 한다.

에너지(energy)란 '일을 할 수 있는 힘'으로 신체 모든 기관의 기능 및 활동, 즉, 호흡과 심장박동, 혈액순환뿐만 아니라 뇌, 간, 신장 등의 기능 유지와 여러 내분비선, 신경계의 활동과 섭취된 식품의 소화, 흡수, 대사에도 에너지가 필요하다. 그뿐만 아니라 신체의 새로운 조직의 합성에도 에너지를 소모하며, 우리가 휴식을 취할 때나 활동, 즉 운동 및 노동 시에 일어나는 근육의 수축과 이완에도 반드시 에너지가 필요하다.

> **잠깐!**
>
> **에너지(energy)**
> 우주에는 위치에너지, 운동에너지, 전기에너지, 열에너지, 빛에너지, 화학에너지 등 여러 형태로 존재하며, 이들 에너지는 상호전환이 가능하다. 우리 신체 내에서 이들 에너지의 형태가 상호 전환하여 사용되고 있다.

1. 에너지

(1) 에너지의 정의

우리가 사용하는 에너지의 상당부분은 식물이 태양으로부터 탄소동화작용으로 생성한 전분을 섭취하여 얻고 있다. 식품 속에 함유된 여러 가지 영양소 중 탄수화물, 단백질, 지방을 에너지원이라 하며, 음식을 통해 들어온 이 영양소들의 많은 에너지는 체내에서 여러 단계를 거쳐 ATP(adenosine triphosphate)의 형태로 바꾸어 이용한다. 그러므로 모든 세포는 탄수화물, 지질, 단백질에서 생성되는 에너지를 직접 사용할 수 있는 것이 아니라 ATP에서 방출된 에너지를 사용하여 그 기능을 다하고 열로써 밖으로 방출된다. 과잉으로 섭취된 에너지는 지질로 저장되고 아주 적은 양은 소변과 변으로 배설된다[그림 8-1].

 **그림 8-1** 태양에너지로부터 인체에너지 생산

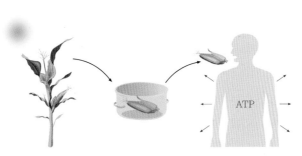

① 식물은 태양에너지를 이용하여 이산화탄소와 물로부터 포도당과 전분을 합성한다.
② 우리는 식물을 조리하여 먹는다.
③ 세포의 활동을 위해서 식물의 포도당 및 전분에 함유되어 있는 많은 에너지는 ATP로 전환된다.
④ 결국 우리의 몸에서 열로 발산되고 과잉으로 섭취된 에너지는 체내에 저장되며 아주 적은 양이지만 소변과 변으로 손실된다.

아데노신(adenosine)에 3개의 인산이 결합되어 있는 ATP는 [그림 8-2]에서 보는 바와 같이 효소의 작용으로 무기인산인 Pi가 한 개 떨어져 나오면서 ADP(adenosine diphosphate)로 될 때 고에너지(7.3kcal)가 방출되고 이때 방출되는 에너지를 이용하여 세포는 활동하게 되며, 근육이 수축되고 이완된다. ADP에서 인산이 1개 떨어지면 AMP가 된다. 아데노신(adenosine)과 인산의 결합은 고에너지 결합이다. 소비된 ATP는 보충되어야 하므로 고에너지를 가진 인산화합물인 크레아틴 인산(creatine phosphate)로부터 인산기가 ADP로 전이되어 다시 ATP가 생성된다.

잠깐!

크레아틴 인산(creatine phosphate, phosphocreatine, CP)
근육에 저장되어 있는 고에너지 화합물로서 ADP로부터 ATP를 합성하는 데 쓰인다.

 **그림 8-2** ATP의 구조

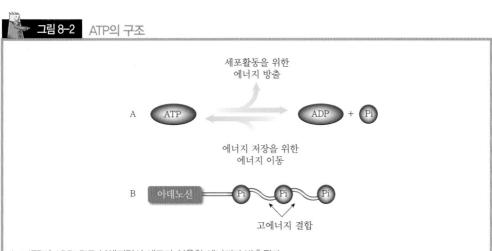

A : ATP가 ADP+Pi로 분해되면서 세포가 이용할 에너지가 방출된다.
B : 아데노신에 3개의 Pi가 결합되어 에너지가 모아져 ATP가 형성되고 따라서 세포가 이용할 에너지가 저장된다.

(2) 에너지의 단위

신체기능을 유지하기 위해 필요한 에너지와 식품에 함유되어 있는 에너지의 단위는 cal(calorie)와 J(joule)이다. 영양학에서는 kcal(kilocalorie)를 주로 사용한다. 1kcal란 1기압에서 1kg의 물온도를 14.5°C에서 15.5°C, 즉 1°C 올리는 데 필요한 열량이다.

요즈음은 에너지 측정에서 미터법에 의한 측정단위인 J을 사용하기도 하는데 1kJ(kilojoules)이란, 1kg의 물체를 1미터 움직일 수 있는 힘을 1N(newton)이라 할 때, 이때 필요한 에너지의 양을 말한다. 1kcal는 4.184kJ이다.

(3) 식품의 열량가

식품을 연소시키면 열량이 발생하는데 이를 식품의 연소열이라 한다. 모든 식품의 열량가는 직접법과 간접법으로 측정할 수 있다.

직접법이란 식품을 폭발열량계(bomb calorimeter)라는 기구를 사용하여 식품에서 발생되는 열량을 직접 측정하는 것이다. 폭발열량계의 구조는 [그림 8-3]에서 보는 바와 같다.

그림 8-3 폭발열량계의 구조

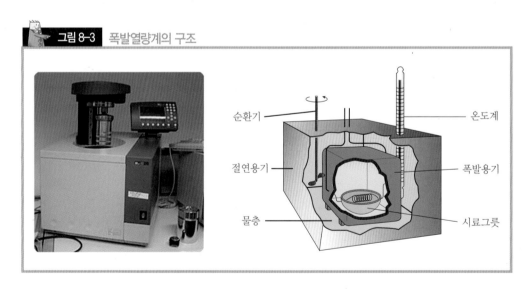

폭발열량계는 완전히 외부와 차단되어 있고 절연체로 장치되어 있으며, 단시간에 연소시키기 때문에 인간의 생체에서 일어나는 연소와는 다르다.

식품을 구성하고 있는 영양소 중 연소되어 열량을 내는 영양소는 탄수화물, 단백질, 지질 이 세 가지 영양소와 알코올이다. 탄소와 수소가 많이 든 것일수록 연소열량이 많은데, 지방은 원소의 조성이 탄수화물이나 단백질과 다르기 때문에 탄수화물이나 단백질에 비하여 두 배 이상의 열량을 생산한다.

단백질을 구성하고 있는 질소는 폭발열량계에서는 연소되어 열을 생산하지만 생체에서는 요소로 만들어져서 산화되지 않고 오줌으로 배설된다. 이로 인해 폭발열량계에서 생산되는 열량과 생체 내에서 생산되는 열량은 차이가 있다. 대부분의 식품들은 탄수화물, 단백질, 지방의 구성비율이 서로 다르기 때문에 생산되는 열량도 각기 다르다. 뿐만 아니라 신체 내에서는 식품의 소화가 완전히 되지 않고 또한 흡수 및 대사도 완전히 이루어지지 않기 때문에 체내에서 영양소의 열량가는 소화율과 불완전 연소되는 것을 뺀 나머지이다.

일반적으로 영양소의 평균 흡수율은 탄수화물 97%, 지방 95%, 단백질 92%이며, 식품의 종류에 따라 평균 소화율이 조금씩 달라질 수 있는데 특히 식이섬유가 많은 경우 낮아진다.

따라서 소변으로 나가는 열량손실과 소화율을 감안하면 신체 내의 열량가는 탄수화물 4kcal, 단백질 4kcal, 지방 9kcal이고, 이를 생리적 열량가 또는 아트워트 계수(Atwater 계수)라 한다. 각 식품의 구성성분을 알면 이 생리적 열량가를 이용하여 쉽게 식품 내에 함유된 잠재 에너지를 산출할 수 있다[표 8-1].

표 8-1 에너지 영양소의 물리적 에너지(연소 에너지)와 생리적 에너지(대사 에너지)

구분	물리적 에너지 열량(g/kcal)	평균소화율(%)	생리적 에너지 열량(g/kcal)
탄수화물	전분 4.18 설탕 3.94 포도당 3.72	97	4
지방	9.44	95	9
단백질	완전연소 5.60 체내대사 4.70	92	4
알코올	7.09	100	7

※ 자료: 보건복지부·한국영양학회, 2020 한국인 영양소 섭취기준, 2020

식품들의 열량값을 비교해 보면 소고기, 닭고기 등의 육류 및 유지류 식품은 지질함량이 많고 수분량은 적어 많은 열량을 함유하고 있지만 채소류, 과일 등의 식품은 수분함량도 많을 뿐만 아니라 열량소도 적게 들어 있으므로 같은 무게라도 적은 양의 열량을 공급한다.

2. 에너지소비량의 구성

에너지는 인간의 생명과 생존 유지를 위해서 반드시 필요하다. 인간은 식품섭취를 통해서 에너지를 얻고, 이는 신체의 다양한 기능을 유지하는데 사용된다. 인체의 1일 총에너지소비량(Total energy expenditure, TEE)은 기초대사량(Basal energy expenditure, BEE), 신체활동대사량(Physical activity energy expenditure, PAEE), 식사성발열효과(Thermic effect of food, TEF)로 구성되며[그림 8-4], 추가적으로 적응대사량이 더해지기도 한다.

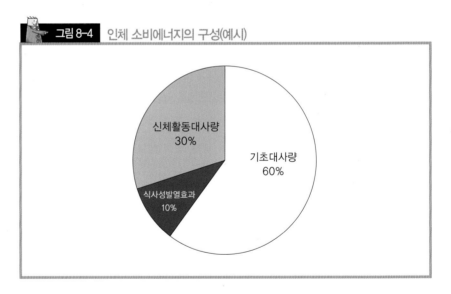

그림 8-4   인체 소비에너지의 구성(예시)

(1) 기초대사량(휴식대사량)

사람은 생명이 있는 한 호흡, 순환, 배설, 체온유지 등의 생리현상을 잠시라도 그칠 수 없다. 이를 위해서는 끊임없이 화학에너지를 소비하여야 한다. 이처럼 오직 생명을 유지하는 데 필요한 최소한의 에너지를 기초대사(Basal Metabolism) 또는 기초대사량(basal metabolic rate, BMR, basal energy expenditure, BEE)이라 한다.

기초대사량을 측정할 때는 실내 온도가 18~20°C이며, 식사 후 12~14

시간이 지난 완전 공복상태에서 감정적인 흥분상태나 걱정이 전혀 없는 완전히 육체적, 정신적으로 편안한 상태로 누운자세를 취하는 것이 좋다. 즉, 자고 일어난 아침시간에 측정한다.

휴식대사량은 쾌적한 생활환경에서 휴식하고 있을 때의 상태로 정상적인 신체기능을 유지하고, 체내 항상성을 유지하며, 자율신경계의 활동을 위하여 최소로 필요한 에너지양이다. 휴식대사량은 식사 후 4~6시간이 지난 후에 편안한 환경에서 조용하게 앉아 있거나 누워있는 상태에서 측정한다. 휴식대사량은 기초대사량과 비교하였을 때 10% 정도 차이가 있다고 보고되고 있지만 일반적으로 기초대사량 측정이 쉽지 않아 기초대사량과 휴식대사량은 혼용해서 사용되고 있다.

기초대사량은 하루에 필요한 총 에너지 중에서 차지하는 비율이 가장 커서 하루 에너지소비량의 60~75%를 차지한다. 일반적으로 정상 성인의 1일 기초대사율은 1,200~1,800kcal이며, 비교적 일정하다.

기초대사량(BEE)은 성별에 따라 다르며 체중 또는 연령 및 신체 크기(신장 및 체중)에 따라 차이를 보이므로 이를 근거로 다음과 같이 기초대사량을 구할 수 있다.

기초대사량 구하는 방법

남자 BEE(kcal/일) = 1.0kcal×체중(kg)×24(시간)
여자 BEE(kcal/일) = 0.9kcal×체중(kg)×24(시간)

남자 BEE(kcal/일) = 204−4.00×연령(세)+450.5×신장(m)+11.69×체중(kg)
여자 BEE(kcal/일) = 255−2.35×연령(세)+361.6×신장(m)+9.39×체중(kg)

1) 기초대사량에 영향을 주는 요인

기초대사량은 일반적으로 일정한 값을 가지지만 사람의 개인차에 따라서 체표면적, 성별, 연령, 기후, 호르몬, 건강상태 등의 여러 가지 요인에 영향을 받는데, 특히 체표적에 비례한다.

① 체표면적

기초대사량은 체표면적과 비례한다. 열손실은 대부분 피부를 통하여 일어나기 때문에 체표면적이 넓은 사람일수록 기초대사량이 높아진다. 일반적으로 같은 체중을 가지더라도 키가 크고 마른 사람이 키가 작고 뚱뚱한 사람보다 체표면적이 넓어 기초대사량이 높다.

더 알아보기

체표면적 구하는 방법

① 체표면적은 실제로 사람마다 일일이 측정하기가 어렵기 때문에 뒤브아(DuBois) 공식을 사용하여 구한다.

$$S.A(m^2) = W^{0.425} \times H^{0.725} \times 0.007184$$

$$[S.A = \text{체표면적, } W = \text{체중(kg), } H = \text{신장(cm)}]$$

② 도표를 이용하여 신장과 체중을 토대로 체표면적을 구한다. 예를 들면 20세 남자로 신장 170cm, 체중 65kg인 경우 그림에서 신장 170cm와 체중 65kg의 수치를 직선으로 연결하고 가운데 만나는 수치를 읽으면 1.74m² 의 체표면적을 쉽게 얻을 수 있다.

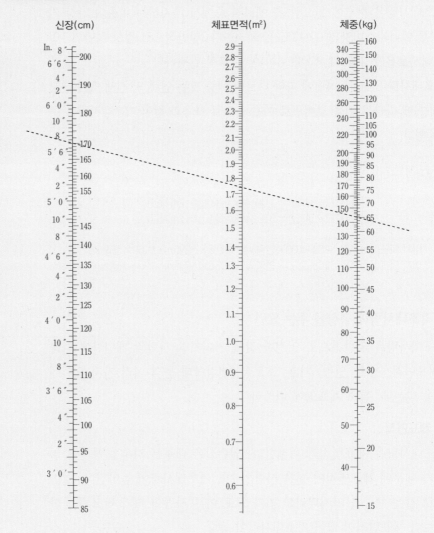

더 알아보기

체표면적으로 기초대사량 구하기

체표면적을 구한 후 체표면적 1m²에 대한 시간당 기초대사량을 연령과 성별에 따라 나타낸 표를 참조하여 기초대사량을 구한다.

연령과 성별에 따른 체표면적 1m²에 대한 시간당 기초대사량(Kcal/m²/hr)

연령(세)	남자	여자	연령(세)	남자	여자
10	47.7	44.9	35	36.9	34.8
15	42.9	38.3	40~44	36.4	34.1
20	39.9	35.3	50~54	35.8	33.1
25	38.4	35.1	60~64	34.5	32.0
30	37.6	35.0	70~74	32.7	31.1

예) 20세 남자
- 체표면적: 1.74m²
- 체표면적 1m²에 대한 시간당 기초 대사량: 39.9kcal/m²/hr

기초대사량=1.74(m²)×39.9(kcal/m²/hr)×24(hr)=1,666(kcal)

② 성별과 연령

동일한 체중이라 할지라도 기초대사량은 일반적으로 남자가 여자보다 높은데, 이는 성호르몬과 관련이 있다. 성호르몬의 영향으로 남자가 여자보다 체지방량이 적은 반면, 제지방량이 많아 상대적으로 에너지소비량이 높게 나타난다. 또한 기초대사량(BEE)은 일반적으로 연령이 증가할수록 단위 체중당 그 값이 감소하는 양상을 보인다.

기초대사량은 생후 1~2년에 가장 높고 그 뒤는 점차 감소하다가 사춘기에 다시 어느 정도 상승한다. 어린이의 기초대사량이 어른에 비해서 높은 것은 성장에 필요한 새로운 세포의 형성에 많은 에너지가 필요하며 체표면적도 어른에 비해서 넓으므로 열손실도 많기 때문이다. [그림 8-5]는 각 연령 및 성별에 따른 기초대사량의 변화이다.

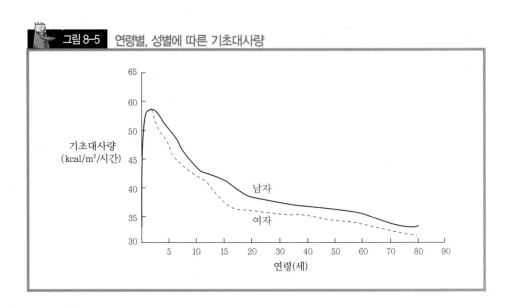

그림 8-5 연령별, 성별에 따른 기초대사량

③ 체구성 성분

근육조직은 지방조직보다 대사작용이 활발하므로 근육조직을 많이 가질수록 기초대사량이 높다. 따라서 근육이 발달된 운동선수들은 보통사람보다 높은 대사량을 가진다.

④ 호르몬

갑상샘, 뇌하수체, 부신, 생식선에서 분비되는 호르몬 등은 기초대사에 많은 영향을 미친다. 갑상샘에서 분비되는 티록신(thyroxine)은 기초대사에 크게 영향을 미쳐 갑상샘 기능항진의 경우 기초대사량이 50% 이상 증가하며, 반대로 갑상샘 기능저하는 30~50% 낮아진다.

뇌하수체 전엽에서 분비되는 성장 호르몬도 세포의 활동을 촉진하므로 기초대사량이 증가되고, 남성 호르몬인 테스토스테론(testosterone)의 분비는 기초대사량을 상승시키며, 놀라거나 흥분으로 부신피질 호르몬, 아드레날린(adrenaline)이 분비되어도 기초대사량이 증가된다.

⑤ 영양상태

오랫동안의 기아상태로 체중이 감소되면 기초대사량이 10% 이상 감소된다. 이는 체내 세포들의 활동감소와 열량소비를 줄이려는 신체의 적응현상이다.

⑥ 기후

기온의 변화에 따라 기초대사량이 달라진다. 기온이 내려감에 따라 대사량이 증가하는데, 이는 추운 환경에서는 피부로부터 열의 손실이 많아 체온조절을 위한 근육수축작용이 증가되어 산화작용을 증진시켜 열생산량을 높이므로 기초대사량이 증가한다. 반대로 기온이 높을 때는 근육이 이완되고 대사기능이 저하되어 열 생산량이 적어진다. 추운 지방의 사람들은 추위를 막기 위해서 갑상샘기능이 항진된다. 겨울에는 기초대사량이 평균치보다 5% 증가하고 여름에는 5% 감소한다.

⑦ 체온

발열로 체온이 높아지면 기초대사도 증가하는데 보통 체온이 1°C 높아지면 기초대사는 13% 증가한다.

⑧ 임신

임신 기간 동안 기초대사량이 15% 정도 증가하는데 이는 모체 및 태아, 태반의 활동증가로 인한 것이다.

⑨ 수면

잠자는 정도에 따라 차이가 있지만 일반적으로 잠잘 때는 기초대사의 10%가 감소한다. 이는 근육이 이완되고 자율신경의 활동이 감소하기 때문이다.

⑩ 기타

카페인이나 흡연은 대사량을 높인다.

(2) 신체활동대사량(thermic effect of exercise, TEE)

활동대사량은 생명을 유지하기 위한 기본대사 외에 노동, 운동 시에 일어나는 근육의 수축, 이완에 필요한 에너지를 말한다.

이 활동대사량은 같은 사람일지라도 활동의 강도에 따라 근육의 수축과 이완의 크기가 다르고, 활동시간에 따라 필요한 에너지가 다르다. 즉, 1시간 동안 누워 있는 것과 앉아 있는 것, 걷기, 달리기, 계단 오르기, 수영하기 등 활동의 종류에 따라 소모되는 에너지가 모두 다르다. 일반적으로 중정도의 활동을 하는 사람의 신체활동대사량은 하루 필요한 총 에너지의 30%를 차지한다.

성별과 연령 및 체격(또는 체조성)이 유사한 경우, 에너지소비량의 차이는 주로 신체활동대사량에 의한 것이라고 할 수 있다. 신체활동량이 낮은 사람은 신체활동대사량이 기초대사량의 반에도 미치지 못하는 경우도 있는 반면, 활동량이 많은 운동선수나 일부 고강도의 육체적 노동자는 신체활동대사량이 기초대사량의 2배 이상이 되는 경우도 있다.

[표 8-2]는 신체 활동 강도에 따른 신체활동의 예이다.

표 8-2 신체활동 강도별 신체활동의 예

신체활동 강도	활동 예
1.0	수면
1.1~1.9 (휴식, 여가활동)	옆으로 눕기, 앉아서 책 읽기, 서예, TV 시청, 대화, 요리, 식사, 세면, 배변, 바느질, 재봉일, 꽃꽂이, 다도, 카드놀이, 악기연주, 운전, 서류정리, 워드작업, 사무용 기기 사용
2.0~2.9 (저강도 활동)	지하철/버스 서서 탑승, 쇼핑, 산책, 세탁(세탁기 사용), 청소(청소기 사용)
3.0~5.9 (중강도 활동)	정원 손질, 보통 속도 걷기, 목욕, 자전거 타기, 아기 업고 보행, 게이트볼, 캐치볼, 골프, 가벼운 댄스, 하이킹(평지), 계단 오르기, 이불 널고 걷어 들이기, 체조
6.0 이상 (고강도 활동)	근력 트레이닝, 에어로빅, 노 젓기, 조깅, 테니스, 배드민턴, 배구, 스키, 축구, 스케이트, 수영, 달리기

(3) 식사성발열효과(thermic effect of food, TEF)

음식을 섭취한 직후 체내의 에너지 대사율이 증가한다. 이는 체내에 들어온 영양소들이 에너지를 이용하여 소화, 흡수, 이동, 대사, 저장되기 때문이다. 우리가 식사를 할 때 몸이 더워지고 땀이 나는 것을 경험하는데 이를 식품이용을 위한 에너지소모량 또는 식품의 특이동적 작용(specific dynamic action, SDA)이라고도 한다. 식사성발열효과는 영양소별로 차이를 보이는데, 지방이 가장 낮고 단백질이 가장 높다(지방: 0~5%, 탄수화물: 5~10%, 단백질: 20~30%). 지방은 흡수, 분해 및 저장의 과정이 비교적 쉽게 이루어지기 때문에 식사성발열효과가 가장 적고, 단백질은 탄수화물이나 지방에 비하여 소화, 흡수, 대사 등의 과정이 복잡하여 가장 높은 식사성발열효과를 보인다. 일상적으로 섭취하는 에너지 영양소 구성 비율을 기준으로 할 때 식품이 체내에서 이용되는데 사용되는 에너지량은 평균 10% 정도이다.

(4) 적응대사량(adaptive thermogenesis, AT)

적응대사량은 변화하는 환경에 적응하기 위하여 변화되는 대사량을 말하는데, 사람에 있어서 적응대사량의 양을 측정한 통계는 밝혀져 있지 않다. 그러나 스트레스, 온도, 심리상태, 영양상태 등의 변화에 따른 신경계, 내분비의 변화로 에너지소모량이 달라진다. 특히, 과식을 하거나 추운 환경에 노출되었을 때 교감신경계가 자극받아 갈색지방조직의 미토콘드리아가 활성화하여 열발생을 촉진시킨다.

갈색지방(brown adipose tissue, BAT)
동물실험에서 열량소의 산화 시 ATP를 생성하지 않고 열발생을 하는 갈색의 특수 지방세포로 구성되어 있다. 갈색지방세포의 미토콘드리아는 백색지방세포(white adipose tissue, WAT)와는 달리 짝풀림단백질이 있어서 열량소의 산화에서 나온 에너지를 ATP의 형태로 전환하지 않고 열로 발산해 체열이 상승된다.

1일 총 에너지소비량의 계산
- 1일 필요한 총 에너지소비량 = 기초대사량 + 신체활동대사량 + 식사성발열효과

3. 에너지소비량 평가 방법

에너지필요추정량을 설정하기 위해서는 에너지소비량 평가가 먼저 필요하다. 인체의 에너지소비량을 평가하는 방법은 크게 직접열량측정법과 간접열량측정법이 있다.

(1) 직접열량측정법(direct calorimetry)

직접열량측정법은 특수한 대사측정실(metabolic chamber) 내에서 대상자의 신체에서 발생하는 열을 직접 측정하는 방법으로 내부와 외부 사이의 열이 완전히 차단된 대사측정실 사방의 벽을 따라 일정량의 물이 흐르게 설계되어 있다. 따라서 측정실 내부에서 발생되는 열로 인해 상승되는 물의 온도변화를 측정함으로써 신체에서 발생하는 열 생성량을 파악할 수 있다[그림 8-6]. 이와 같은 방법은 훈련받은 전문가뿐만 아니라 고액의 설비비와 유지비가 필요하므로 현실적으로 적용하기에 어려움이 있다.

그림 8-6 직접열량측정법에 의한 열 생산 측정

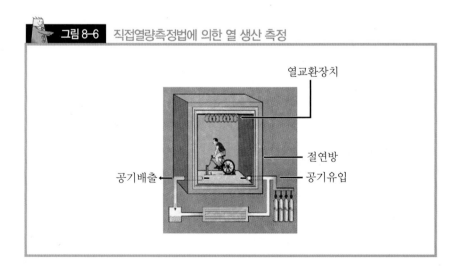

(2) 간접열량측정법(indirect calorimetry)

간접열량측정법은 음식물의 대사와 관련된 산소의 소비와 이산화탄소의 생성을 측정하여 에너지소비량을 간접적으로 측정하는 방법이다.

체내에 들어온 열량소들은 O_2를 소비하고 CO_2를 발생하면서 연소되어 에너지를 생산하게 된다. 이때 소비되는 O_2와 생산되는 CO_2양을 측정하여 간접적으로 소비한 열량을 측정하게 되는 것이다. 일정한 시간에 소비한 O_2양을 같은 시간에 배출한 CO_2양으로 나눈 것을 호흡계수(respiratory quotient, RQ)라 한다.

$$RQ = \frac{\text{생산된 } CO_2 \text{양}}{\text{소모된 } O_2 \text{양}}$$

각 열량소마다 원소의 조성이 다르고 소비되는 O_2와 생산되는 CO_2양이 다르기 때문에 호흡상이 모두 다르다. 탄수화물의 RQ는 다음과 같다.

$$\text{포도당: } C_6H_{12}O_6 + 6O_2 \longrightarrow 6CO_2 + 6H_2O$$

$$RQ = \frac{\text{생산된 } CO_2 \text{양}}{\text{소모된 } O_2 \text{양}} = \frac{6CO_2}{6O_2} = 1$$

지질의 RQ는 탄소와 수소의 양에 비해 산소의 양이 적어 지방이 연소될 때 탄수화물보다 훨씬 많은 양의 산소가 필요하게 된다. 예를 들어 팔미트산(palmitic acid)으로 지질의 RQ를 계산해 보면, 다음과 같다.

$$\text{팔미트산: } 2(C_{51}H_{98}O_6) + 145O_2 \longrightarrow 102CO_2 + 98H_2O$$

$$RQ = \frac{\text{생산된 } CO_2 \text{양}}{\text{소모된 } O_2 \text{양}} = \frac{102CO_2}{145O_2} = 0.704$$

단백질은 지질에 비하여 평균 원소조성이 정확하지 않고 소변으로 배설되는 질소 화합물이 많으므로 정확하게 계산하기가 어렵다. 이런 조건들을 고려하여 단백질이 연소될 때 생산되는 CO_2와 O_2양에 대한 비율이 4.76 : 5.94가 되므로 단백질의 RQ는 다음과 같다.

$$단백질의 RQ = \frac{생산된\ CO_2양}{소모된\ O_2양} = \frac{4.76}{5.94} = 0.801$$

정상적인 상태에서 단백질은 에너지 대사에 관여하는 비율이 낮으므로 단백질 대사는 고려하지 않는다. 일상적으로 섭취하는 혼합식의 호흡계수는 0.85이다.

간접열량측정법은 크게 호흡가스 분석법과 이중표식수법이 있다.

1) 호흡가스분석법(respiratory gas analysis)

호흡가스분석법은 호흡 중 발생되는 호기를 밀폐용기(Douglas bag)에 전량 수집하여 호흡가스를 분석하는 방법과 호흡하는 동안 흡기와 호기를 모두 분석하는 방법이 있다[그림 8-7]. 이때 산소 소모량(VO_2)과 이산화탄소 배출량(VCO_2)을 분석하고 그 값을 공식에 적용하여 에너지소비량을 산출할 수 있다.

예를 들어 신체의 산소소비량이 15.7L, 이산화탄소 배출량이 12.0L였다면 이를 이용하여 호흡계수를 계산한 후 에너지소비량을 계산할 수 있다.

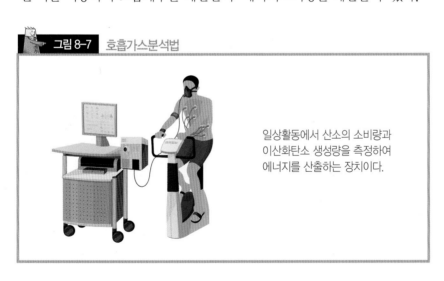

그림 8-7 호흡가스분석법

일상활동에서 산소의 소비량과 이산화탄소 생성량을 측정하여 에너지를 산출하는 장치이다.

호흡계수 계산

산소소비량: 15.7L/시간, 이산화탄소 배출량: 12.0L/시간

$$RQ = \frac{이산화탄소\ 배출량}{산소소비량} = \frac{12.0L}{15.7L} = 0.76$$

| 표 8-3 | 비단백 호흡계수와 산소 1L에 대한 에너지소비량 | | |

비단백 호흡계수	대사에 소모된 산소비율(%)		산소 1L에 대한 열량
	탄수화물	지질	
0.70	0.0	100.0	4,686
0.72	4.4	95.6	4,702
0.74	11.3	88.7	4,727
0.76	18.1	81.9	4,751
0.78	24.9	75.1	4,776
0.80	31.7	68.3	4,801
0.82	38.6	61.4	4,825
0.84	45.4	54.6	4,850
0.86	52.2	47.8	4,875
0.88	59.0	41.0	4,889
0.90	65.9	34.1	4,924
0.92	72.2	27.3	4,948
0.94	79.5	20.5	4,973
0.96	86.3	13.7	4,998
0.98	93.2	6.8	5,022
1.00	100.0	0	5,047

에너지소비량 계산

호흡계수가 0.76일 때 산소 1L당 에너지소비량: 4,751kcal([표 8-3] 참조)
산소소비량: 15.7L/시간

$$에너지소비량 = 15.7L \times 4,751kcal/L \times 24시간$$
$$= 1,721.7kcal/일$$

2) 이중표식수법(Doubly Labeled Water Method, DLW)

이중표식수법은 수소(^2H)와 산소(^{18}O)의 안정동위체를 사용하여 에너지소비량을 측정하는 방법으로 현재까지 알려진 일상생활 중의 총에너지소비량(TEE)을 측정하는 방법 중 가장 정확한 방법으로 알려져 있다. 안정동위체인 ^{18}O와 ^2H가 자연계에 존재하는 비율보다 많이 포함된 이중표식수($^2H_2^{18}O$)를 체중 당 일정비율로 피험자에게 섭취시킨 후 채취한 소변(1~2주)으로 배출된 양을 질량분석계(Isotope ratio mass spectrometry)를 이용하여 분석하면 이산화탄소의 배출률(rCO_2)을 계산하여 1일 총에너지소비량을 알 수 있다.

이중표식수법은 피검자가 조사기간 중 활동에 제약을 받지 않기 때문에 유아, 임신부 및 초고령자에 이르기까지 모든 대상에 적용할 수 있다. 그러나 이중표식수의 제조비와 분석비가 매우 비쌀 뿐만 아니라, 대상자의

1일 총에너지소비량(TEE)만을 제시할 뿐, 개개인의 신체활동의 강도, 빈도, 기간 등을 평가할 수 없다는 단점이 있다.

4. 에너지 섭취 관련 문제

에너지 평형은 섭취에너지와 소비에너지가 동일한 상태(섭취에너지 = 소비에너지)를 뜻한다. 즉, 에너지 균형여부는 체중 증가와 감소, 유지 등의 체중 조절과 관련이 있다. 에너지소비량 이상으로 에너지를 섭취하게 되면 남은 에너지는 지방의 형태로 체내에 축적되게 된다. 반면 섭취에너지가 소비에너지보다 적으면 체중의 감소, 즉 체지방의 감소가 초래된다.

최근 우리나라에서도 비만의 인구가 날로 증가하는 추세이며 비만에 따른 성인병의 발병률도 상당히 높아지고 있다. 정상적인 체중은 건강의 척도이고 저체중과 비만은 여러 가지로 신체에 영향을 미치게 된다[그림 8-8].

그림 8-8 에너지 균형

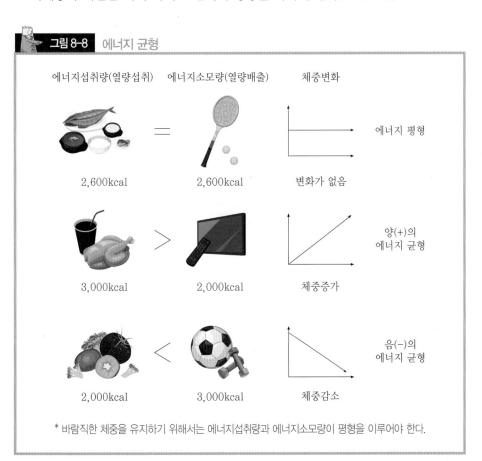

* 바람직한 체중을 유지하기 위해서는 에너지섭취량과 에너지소모량이 평형을 이루어야 한다.

(1) 저체중

에너지를 부족하게 섭취하면 기운이 없어 활동량이 감소되며, 병에 대한
저항력도 낮아져 질병에 쉽게 걸린다. 또한 성장기 어린이의 경우는 성장이
제대로 되지 않으며 심한 경우에는 마라스무스(marasmus)라는 질병이
오게 된다.

(2) 비만

과도한 체지방 축적으로 인한 비만은 건강상의 문제를 야기할 수 있다.
전세계적으로 비만의 유병률이 증가하고 있으며, 우리나라도 성인의 30%
이상이 비만[체질량지수(body mass index, BMI) 25 이상]이고, 소아청소
년의 비만율도 증가하고 있다. 비만도가 증가하는 경우 고혈압, 이상지질
혈증, 당뇨병, 대사증후군 및 심혈관계질환 등의 위험이 증가하고 특히, 복
부비만이면서 내장지방 축적률이 높은 경우 그 위험은 더욱 증가하게 된다
[그림 8-9, 그림 8-10].

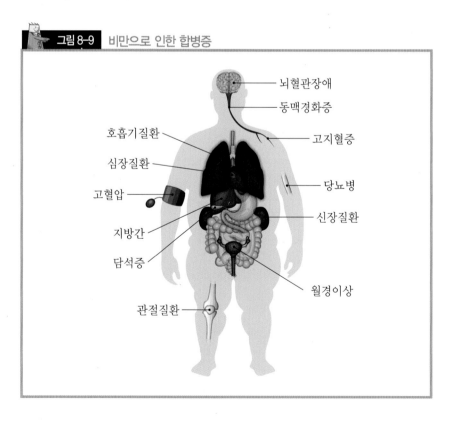

그림 8-9 비만으로 인한 합병증

그림 8-10 최근 10년(2007~2017) 간 한국남자의 비만유병률 및 관련 만성퇴행성질환의 변화

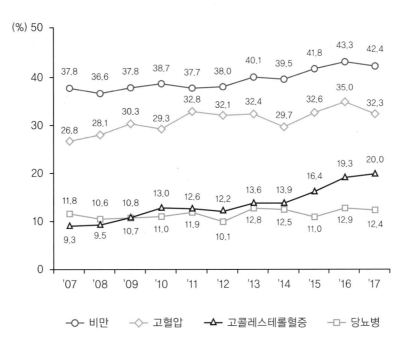

※ 비만: 체질량지수(BMI, kg/m²)가 25 이상인 분율, 만 30세 이상
※ 고혈압: 수축기혈압이 140mmHg 이상이거나 이완기혈압이 90mmHg 이상 또는 고혈압 약물을 복용하는 분율, 만 30세 이상
※ 당뇨병: 공복혈당이 126mg/dL 이상이거나 의사진단을 받았거나 혈당강하제복용 또는 인슐린주사를 사용하는 분율, 만 30세 이상
※ 고콜레스테롤혈증: 혈중 총콜레스테롤이 240mg/dL 이상이거나 콜레스테롤강하제를 복용하는 분율, 만 30세 이상
※ 2005년 추계인구로 연령표준화

비만도는 신장과 체중으로 표현되는 체질량지수(BMI)와 체지방 분포(상체비만, 하체비만, 복부비만)를 표현하는 허리둘레 및 〈허리둘레/엉덩이둘레〉비로 평가될 수 있다. 비만도가 정상범위(BMI 18.5~22.9; 허리둘레: 남자는 90cm 이하, 여자는 85cm 이하; 허리/엉덩이 둘레비: 남자는 0.9 이하, 여자는 0.8 이하)를 벗어나면 건강위험도가 증가한다.

더 알아보기

체지방의 분포형태

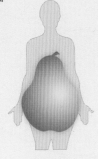

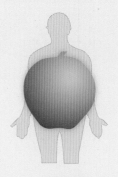

서양배형비만
허벅지에 체지방이 주로 분포되어 있는 경우,
여성형비만 혹은 하체비만이라고 한다.

사과형비만
상반신에 체지방이 주로 분포되어 있는 경우,
남성형 비만 혹은 상체비만이라고 한다.

더 알아보기

비만 치료

1) 비만 치료의 원칙
  ① 식사는 하루에 세 번, 일정한 시간에 한다.
  ② 식사는 저 열량식으로 하되 영양적으로 균형 있게 한다.
  ③ 식사는 천천히, 즐겁게 한다.
  ④ 과식이나 폭식 상황에서의 대처방안을 강구한다.
  ⑤ 자신에게 맞는 운동을 꾸준히 한다.
  ⑥ 일상생활 속에서 활동량을 높인다.
  ⑦ 규칙적인 생활을 한다.

2) 비만 치료 시 운동요법의 필요성
  ① 소비열량을 증가시킨다.
  ② 체지방을 감소시킨다.
  ③ 심장과 폐의 기능을 튼튼히 한다.
  ④ 심리적 스트레스를 해소시킨다.
  ⑤ 근육을 증가시킨다.
  ⑥ 기초대사율을 증가시킨다.

더 알아보기

체질량지수(BMI)

비만은 체지방이 증가된 상태로 그 평가기준은 여러 가지가 있으나 요즘은 체질량지수(body mass index, BMI)로 하는데 키와 체중으로 계산하거나 도표를 이용하여 체질량지수를 구한다.

$$BMI = \frac{체중(kg)}{신장^2(m^2)}$$

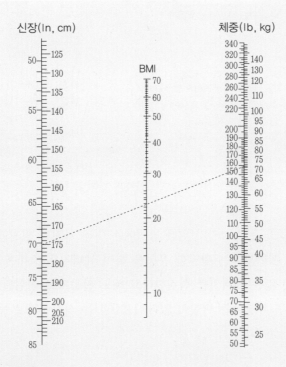

판정	저체중	18.5 미만
	정상	18.5~23.0 미만
	비만전단계*	23.0~25.0 미만
	1단계 비만	25.0~30.0 미만
	2단계 비만	30.0~35.0 미만
	3단계 비만**	35.0 이상

*비만전단계는 과체중 또는 위험체중

**3단계 비만: 고도비만

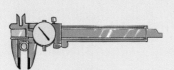

체지방 측정법

체지방을 측정하는 방법에는 부위별 체지방을 측정하는 도구인 캘리퍼가 있고, 생체 전기 임피던스법(bioelectrical impedance analysis, BIA)을 이용하는 방법이 최근에 사용되고 있다.

캘리퍼
체지방측정기구로서 근육층을 제외한 피부와 지방조직을 두껍이 되게 잡아서 피하지방 두께(skinfold thickness)를 측정한다.

생체전기 임피던스법
체지방측정기구로서 전기저항을 이용하여 신체 총 지방량을 측정한다.

체중을 감소시키기 위한 방법에는 여러 가지가 있지만 지나친 에너지의 섭취 제한보다는 활발한 운동을 하여 에너지의 소비를 많이 하도록 해야한다. 많은 에너지를 섭취한다고 해도 활동으로 섭취된 에너지를 모두 소비하면 체중에는 변함이 없다. [표 8-4]는 식사량과 운동량을 비교하여 나타낸 것이다.

표 8-4 식사량과 운동량의 비교표

식사량		운동량
	쌀밥 140g(1공기) = 200kcal	달리기 20분
	떡종류 60g(1개) = 140kcal	테니스 23분
	면류(스파게티) z100g(작은 1접시) = 360kcal	줄넘기 43분
	만두 70g(1개) = 200kcal	골프연습 52분
	아이스크림 80g(1개) = 140kcal	배구 34분
	즉석라면 100g(1개) = 470kcal	탁구 85분
	맥주 630cc(1병) = 180kcal	자전거 36분
	정종 140cc(소1병) = 140kcal	체조 28분

5. 에너지 섭취기준

(1) 에너지필요추정량 설정방법

에너지소비량을 정확하게 측정하려면 직접열량계, 간접열량계 또는 이 중표식수법(DLW)을 이용하는 것이 바람직하나, 고가의 장비와 훈련된 측 정전문가가 필요하고, 측정 절차와 방법이 까다로워 보편적으로 사용하기 는 현실적으로 어려움이 많다. 따라서 실제 현장에서는 에너지소비량을 직접 측정하기보다는 쉽게 수집할 수 있는 변수(개인의 체중, 신장, 성별 및 연령 등)들을 추정 공식에 대입하여 에너지소비량을 계산하고 있다.

1) 세계보건기구에서 채택한 에너지소비량 평가 방법

2005년에 한국인 영양소 섭취기준(에너지필요추정량, EER)이 도입되기 이전까지는 한국인을 위한 에너지 권장량, 즉 에너지 평균필요량은 세계보 건기구에서 채택한 방식인 휴식대사량에 하루 평균 신체활동수준(기존의 활동계수, Physical activity level, PAL)을 곱하는 방법으로 산출하였다.

세계보건기구 총에너지소비량 산출 방식

- **총에너지소비량(TEE) = 휴식(기초)대사량 × 활동계수**
예) 활동계수가 1.30이라면 일상생활에서 휴식대사량의 1.3배에 달하는 신체활동을 수행함

그러나 위 공식의 휴식대사량은 오차가 발생할 수 있다. 또한 신체활동 일기를 이용하여 계산된 신체활동수준 역시 일상의 모든 활동을 정확히 기록하는데 있어서 한계가 있으며, 다양한 신체활동의 강도별 분류상의 문제 등으로 인하여 정확한 평가가 어렵다.

2) 이중표식수법을 이용한 에너지필요추정량 산출 공식

이중표식수법은 에너지 평형을 이루는 성인의 경우, 가장 정확하게 에너 지소비량을 평가하는 방법이다. 이중표식수법을 이용하여 에너지소비량을 측정하고, 측정한 에너지소비량에 근거하여 개발한 산출 공식으로 에너지 필요추정량을 계산한다. 우리나라는 이중표식수법으로 측정한 총에너지소 비량에 근거하여 개발된 1일 에너지필요추정량 공식(미국)을 이용하여 한 국인의 에너지필요추정량을 산출하였다.

에너지필요추정량(EER)의 산출 공식

- 에너지필요추정량(EER) = $\alpha + \beta \times$ 연령(세) + PA $\times [\gamma \times$ 체중(kg) + $\delta \times$ 신장(m)]
  *PA(physical activity) = 신체활동단계별(비활동적, 저활동적, 활동적, 매우 활동적) 계수

표 8-5 에너지필요추정량 계산 공식에 적용되는 상수 및 계수

분류	성인(19세 이상)	
	남자	여자
α 상수	662.0	354.0
β 연령 계수	−9.53	−6.91
γ 체중 계수	15.91	9.36
δ 신장 계수	539.6	726.0

표 8-6 에너지필요추정량(EER) 산출 공식에 적용되는 신체활동단계별 계수(PA)

신체활동단계	신체활동수준(PAL)	신체활동단계별 계수(PA)	
		성인	
		남자	여자
비활동적(Sedentary)	1.0~1.4 미만	1.00	1.00
저활동적(Low active)	1.4~1.6 미만	1.11	1.12
활동적(Active)	1.6~1.9 미만	1.25	1.27
매우 활동적(Very active)	1.9~2.5	1.48	1.45

신체활동수준(PAL, physical activity level)은 총에너지소비량(TEE)을 기초대사량으로 나누어 구하는데, 신체활동에 따른 에너지소비량은 활동정도에 따라 매우 다르므로 신체활동의 정동에 따라 비활동적(sedentary), 저활동적(low active), 활동적(active), 매우 활동적(very active)의 4단계로 구분하고 있다[표 8-6].

한국 성인의 신체활동수준(physical activity level)은 운동선수와 특수노동자를 제외한 대부분의 사람들의 경우 PAL 1.6 미만의 저활동적이다. 비활동적 수준은 주로 입원환자 등 활동이 제한된 사람들의 활동수준에 해당하며, 여가시간을 활용하여 적극적으로, 규칙적으로 운동을 수행하지 않는 일반 사무직 종사들의 대부분이 저활동적 수준에 해당한다.

에너지 필요추정량은 [표 8-7]에 나와 있는 것처럼 성별, 연령에 따른 신체활동수준별 계수를 에너지 필요추정량(EER) 계산 공식에 적용하여 구

할 수 있다. 우리나라 성인의 에너지 필요추정량은 남녀 각각 저활동적 수준에 해당되는 신체활동계수인 1.11과 1.12를 적용하여 산출하였다. 성별과 연령별 에너지 필요추정량은 [표 8-8]에서 확인할 수 있다.

표 8-7　성인의 에너지필요추정량(EER) 산출식

연령	성별	총에너지소비량(TEE) 산출공식
성인 (20세 이상)	남자	662−9.53×연령(세)+PA×[15.91×체중(kg)+539.6×신장(m)] [PA = 1.0(비활동적), 1.11(저활동적), 1.25(활동적), 1.48(매우 활동적)]
	여자	354−6.91×연령(세)+PA×[9.36×체중(kg)+726×신장(m)] [PA = 1.0(비활동적), 1.12(저활동적), 1.27(활동적), 1.45(매우 활동적)]

* 국내 연구논문자료 분석을 통해 우리나라 국민의 신체활동은 대부분 '저활동적'에 속하고 있어, 총 에너지소비량(TEE) 계산을 위한 PA은 '저활동적'에 해당하는 신체활동단계별 계수를 적용하였음

표 8-8　2020 한국인 체위 참고치와 에너지 필요추정량

성별	연령	신장(cm)	체중(kg)	에너지필요추정량(kcal/일)
영아	0~5(개월)	58.3	5.5	500
	6~11	70.3	8.4	600
유아	1~2(세)	85.8	11.7	900
	3~5	105.4	17.6	1,400
남자	6~8(세)	124.6	25.6	1,700
	9~11	141.7	37.4	2,000
	12~14	161.2	52.7	2,500
	15~18	172.4	64.5	2,700
	19~29	174.6	68.9	2,600
	30~49	173.2	67.8	2,500
	50~64	168.9	64.5	2,200
	65~74	166.2	62.4	2,000
	75 이상	163.1	60.1	1,900
여자	6~8(세)	123.5	25.0	1,500
	9~11	142.1	36.6	1,800
	12~14	156.6	48.7	2,000
	15~18	160.3	53.8	2,000
	19~29	161.4	55.9	2,000
	30~49	159.8	54.7	1,900
	50~64	156.6	52.5	1,700
	65~74	152.9	50.0	1,600
	75 이상	146.7	46.1	1,500

성별	연령	신장(cm)	체중(kg)	에너지필요추정량(kcal/일)
임신부	1기	–	–	+0
	2기	–	–	+340
	3기	–	–	+450
수유부		–	–	+340

※ 자료: 보건복지부·한국영양학회, 2020 한국인 영양소 섭취기준, 2020

에너지필요추정량은 영양소 섭취기준에서 제시되는 4가지 개념인 평균필요량, 권장섭취량, 충분섭취량 및 상한섭취량 중에서 평균필요량에 해당한다 [그림 8-11]. 에너지에 권장섭취량 개념을 적용하게 되면, 대다수의 사람들이 필요량을 초과하여 섭취하게 되고, 소비하고 남은 여분의 에너지는 체지방으로 전환·축적되어 비만을 초래할 수 있다. 이는 각종 질병의 직·간접적인 원인이 될 수 있으므로 에너지에는 권장섭취량을 적용하지 않는다.

그림 8-11 에너지 필요추정량의 결정

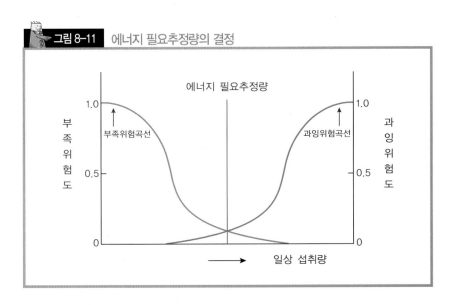

6. 에너지 급원식품

[표 8-9], [그림 8-12]는 에너지의 주요 급원식품의 식품 100g당 및 1회 분량당 함량에 대한 에너지 함량이다. 우리나라 사람들의 1회 분량을 통해 섭취하는 에너지가 높은 식품은 대부분 곡류군(국수, 메밀국수, 찹쌀, 백미, 떡, 현미, 보리, 빵, 과자, 밀가루 등)에 속하였고, 그 다음으로 육류군(소고기, 돼지고기, 달걀, 두부, 닭고기 등), 유제품(우유), 유지류(참기름, 콩기

름, 마요네즈)가 차지하였다. 또한 라면, 샌드위치, 햄버거, 피자와 같은 패스트푸드와 주류(맥주, 소주)도 1회 분량당 높은 에너지 함량을 보였다.

표 8-9 에너지 주요 급원식품(100g당 함량)*

순위	급원식품	함량(kcal/100g)	순위	급원식품	함량(kcal/100g)
1	백미	357	9	과자	494
2	돼지고기(살코기)	186	10	떡	213
3	소고기(살코기)	223	11	달걀	136
4	라면(건면, 스프포함)	369	12	닭고기	107
5	빵	279	13	콩기름	915
6	소주	127	14	맥주	46
7	국수	291	15	현미	343
8	우유	65	16	사과	53

*2017년 국민건강영양조사의 식품별 섭취량과 식품별 에너지 함량(국가표준식품성분표 DB 9.1) 자료를 활용하여 에너지 주요 급원식품 산출

그림 8-12 에너지 주요 급원식품(1회 분량당 함량)*

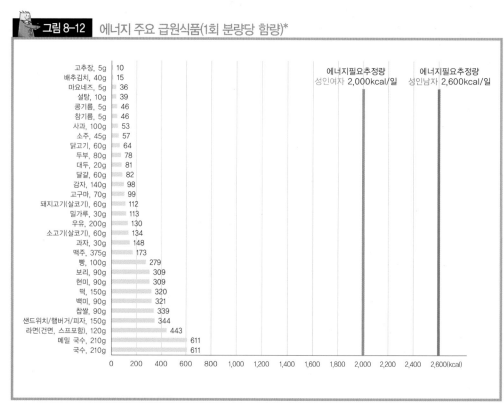

* 2017년 국민건강영양조사의 식품별 섭취량과 식품별 에너지 함량(국가표준식품성분표 DB 9.1) 자료를 활용하여 에너지 주요 급원식품 상위 30위 산출 후 1회 분량(2015 한국인 영양소 섭취기준)을 적용하여 1회 분량당 함량 산출, 19~29세 성인 에너지필요추정량 기준(2020 한국인 영양소 섭취기준)과 비교

더 알아보기

100kcal를 함유한 각 식품의 중량과 목측량

식품명	중량(g)	목측량
토마토	500	중간 크기 2개
딸기	400	보통 크기 25알
참외	240	중간 크기 1개
사과(후지)	200	중간 크기 1개
귤	200	중간 크기 2개
과즙음료	160	약 1컵
과즙첨가음료	160	약 1컵
우유	160	3/4컵
포도	160	30알
감	160	중간 크기 1개
파인애플 통조림	160	2쪽
요구르트	130	2병
감자	130	중간 크기 1개
고형요구르트	100	1통(요플레, 요거트 1통)
바나나	120	보통 크기 1개
고구마	80	중간 크기 1/2개
아이스크림	70	1 scoop(브라보콘 1개)
샌드위치식빵	40	2/3쪽
건포도식빵	40	1쪽
팥빵	30	1/2개
소보로빵	30	1/2개
치즈	30	1+1/2장
사탕	26	6개
카스텔라	24	1쪽
핫도그	24	1/2개
비스킷	20	에이스 6개, 다이제스티브 2개, 건빵 10개
웨하스	20	6개
새우깡	20	40개
감자칩	20	20장
콘플레이크	20	약 2/3대접
팝콘	20	약 1대접
초콜릿	20	1/3개

더 알아보기

식품의 열량밀도

열량밀도는 식품의 열량을 식품 중량과 비교한 것이다. 열량밀도가 낮은 식품으로 과일, 채소 등이 있고, 열량밀도가 높은 식품으로는 견과류, 과자, 튀긴 식품, 지방 등이 해당된다.

열량밀도가 낮은 식품을 많이 섭취하면 섭취한 칼로리는 적으면서 식사 후 느끼는 포만감은 커지는 반면, 열량밀도가 높은 식품은 많은 양을 먹어야만 포만감을 느낀다.

식품의 열량밀도에 따른 분류

매우 낮은 식품 (0.6kcal/g)	낮은 식품 (0.6~1kcal/g)	보통인 식품 (1.5~4kcal/g)	높은 식품 (>4kcal/g)
양상추	전유	달걀	샌드위치/쿠키
토마토	오트밀	햄	초콜릿
딸기	콩	호박파이	초콜릿 쿠키
브로콜리	바나나	전곡빵	베이컨
자몽	구운 생선	베이글	감자칩
탈지유	탈지 요구르트	건포도	땅콩
당근	찐 감자	크림치즈	땅콩버터
채소수프	밥	–	마요네즈
–	스파게티	–	버터

더 알아보기

알코올(alcohol)

알코올은 위에서 그대로 흡수되므로 소화시킬 필요가 없다. 그러나 식후와 같이 음식이 위장 내에 있을 경우에는 알코올의 흡수가 지연된다. 위에서 흡수되지 않은 대부분의 알코올은 혈액을 따라 간으로 운반되어 대사과정을 거쳐 혈액에서 이산화탄소와 물로 분해된다. 1g당 7kcal의 열량을 발생하나 영양소로는 불합리하다. 알코올의 지나친 섭취는 대사과정에서 지방이 합성되어 지방간, 간경화로 이어지고 대사 중간 생성물인 아세트알데하이드가 축적되어 간세포에 손상을 준다. 또한 혈중 알코올 농도를 급격히 증가시켜 이뇨작용에 따른 요량이 증가하여 다른 영양소의 흡수와 대사를 방해한다.

배운 것을 확인할까요?

01 1kcal를 정의하세요.

02 폭발열량계에서 생산되는 열량과 생체 내에서 생산되는 열량은 차이가 있다.
그 이유를 설명하세요.

03 열량 영양소에 따른 호흡계수를 설명하세요.

04 기초대사량이란 무엇이며 기초대사량에 영향을 주는 요인은 무엇일까요?

05 기초대사량을 구하는 방법을 설명하세요.

06 식품이용을 위한 에너지소모량에 대하여 설명하세요.

07 본인이 하루에 필요한 에너지필요추정량을 계산하세요.

08 체질량지수와 체질량지수에 따른 비만의 판정기준을 설명하세요.

09 비만의 합병증에 대해 설명하세요.

지용성 비타민

Chapter 09

지용성 비타민

비타민은 미량이지만 각종 영양소의 체내 대사기능, 정상적인 성장과 발달 및 건강유지에 반드시 필요한 물질로 촉매작용, 조효소 작용 등의 주요 기능을 한다. 비타민은 일부를 제외하고는 체외에서 합성되지 않거나, 합성된다 하더라도 필요량을 충족할 수 없으므로 외부에서 공급되지 않으면 안 되는 물질이다.

비타민이란 용어는 Funk에 의해 1911년 쌀겨에서 분리한 B인자라는 물질에 vitamine(생명유지에 필요한 amine이라는 의미)이라고 명명한 것이 최초이다. 그 후 amine이 아닌 비타민류가 발견되면서 vitamine의 어미에서 'e'를 제거한 vitamin이라는 용어가 1919년 드루몽(Drummond)에 의해 제안되어 일반적으로 사용하게 되었다.

1. 비타민의 개요

(1) 비타민의 분류

비타민은 용해성에 따라 지용성 비타민과 수용성 비타민으로 분류한다. 수용성 비타민은 포화량이 있어서 과잉되면 요 중으로 배출되므로 결핍증을 일으키기 쉬운 반면 지용성 비타민은 축적되기 쉬워서 과잉증을 유발하기 쉽다. 또한 수용성 비타민은 혈액, 조직액 등의 체액 중에 용해되어 분포되고 지용성 비타민은 세포막 조직과 같은 구조에 분포되어 있다.

[표9-1]은 현재까지 알려져 있는 주요 비타민이며 [표9-2]는 용해도에 따라 분류된 지용성 비타민과 수용성 비타민의 일반적인 성질을 비교한 것이다.

표 9-1 주요 비타민

분류	종류	화학물질명	발견 연도
지용성 비타민류	비타민 A	retinol	1913
	비타민 D	cholecalciferol	1918
	비타민 E	tocopherols	1922
	비타민 K	menaquinones	1934
수용성 비타민류	티아민	thiamine	1921
	리보플라빈	riboflavin	1932
	니아신	niacin	1937
	피리독신(비타민 B_6)	pyridoxine	1933
	엽산	folate	1941
	비타민 B_{12}	cobalamine	1934
	판토텐산	pantothenic acid	1948
	비오틴	biotin	1924
	비타민 C	ascorbic acid	1932

표 9-2 지용성 비타민과 수용성 비타민의 일반적인 성질

성질	지용성 비타민	수용성 비타민
용해도	지방과 유기용매에 용해되고, 물에는 불용이다.	물에 용해되고, 지방에는 불용이다.
흡수와 이송	지방과 함께 흡수되며 임파계를 통하여 이송된다.	탄수화물과 아미노산이 함께 흡수되며 문맥순환으로 들어간다(간).
방출	체외로 매우 서서히 방출(좀처럼 방출되지 않음)된다.	특히 소변을 통하여 빠르게 방출된다.
저장	과잉 섭취 시 간이나 지방조직에 저장된다.	일정한 양을 흡수하면 초과량은 배설하고 저장하지 않는다.
공급	필요량을 매일 공급할 필요성은 없다.	필요량을 매일 절대적으로 공급하여야 한다.
전구체	존재한다.	존재하지 않는다.
결핍증	천천히 나타난다.	신속히 나타난다.
독성	비타민 K를 제외하고는 위험하고 치명적이다.	대부분 없으며 있어도 최소한으로 존재한다.

(2) 비타민 전구체와 항비타민

체내에 흡수된 후 어떤 특정한 비타민 효력을 가지게 되는 유기화합물을 비타민 전구체(provitamin)라 한다. 예를 들면, 당근이나 호박에 함유된 황적색의 색소인 카로틴(carotene)은 그 자체로 비타민 A의 효력을 가지지 않지만 체내에 흡수된 후 활성화 되어 비타민 A의 효력을 갖게 된다. 이 외에 에르고스테롤(ergosterol)이나 7-디하이드로콜레스테롤(dehydrocholesterol) 등은 자외선에 의해 비타민 D로 전환되어 신장 내에서 활성화되는데 전자는 비타민 D_2, 후자는 비타민 D_3로 변화된다.

또한 체내 트립토판(tryptophan)에서 니아신(niacin)이 생성되는데 이와 같은 물질은 비타민 전구물질(precursor)이라 하여 프로비타민과 구별될 때도 있다. 한편, 비타민과 화학구조가 대단히 비슷하고 체내에서 비타민이 관여하는 효소계에 들어가 비타민과 경쟁하여 그 생리작용을 빼앗기 때문에 비타민 결핍증을 일으키는 성질을 가진 유기화합물이 있는데 이와 같은 구조유사물질을 항비타민(antivitamin) 또는 비타민 길항물질(antimetabolite)이라고 한다. 대표적인 항비타민을 [표 9-3]에 나타내었다.

표 9-3 대표적인 항비타민의 종류

비타민	항비타민
티아민(thiamin)	피리티아민(pyrithiamin)
리보플라빈(riboflavin)	디클로로플라빈(dichloroflavin)
니아신(niacin)	3-아세틸 피리딘(3-acetyl pyridine)
판토텐산(pantothenic acid)	오메가-메틸 판토텐산(ω-methyl pantothenic acid)
엽산(folate)	아미노 프테린(aminopterine)
피리독신(pyridoxine)	디옥시 피리독신(deoxy pyridoxine)
비오틴(biotin)	아비딘(avidin)
비타민 K	디쿠마롤(dicumarol)

2. 비타민 A(retinol, axerophthol)

(1) 비타민 A의 구조 및 성질

비타민 A 작용을 하는 물질은 여러 가지가 있는데 그 대표적인 것이 레티놀(retinol)이다. 레티놀은 레티나(망막)의 alcohol이라는 의미로 비타민 A_1 또는 A_1 alcohol이라 한다.

그림 9-1 비타민 A의 종류

A₁계			A₂계		
alcohol형	retinol $C_{20}H_{30}O$	(1)	3-dehydroretinol $C_{20}H_{28}O$		(4)
aldehyde형	retinal $C_{20}H_{28}O$	(2)	3-dehydroretinal $C_{20}H_{26}O$		(5)
carboxyl형	retinoic acid $C_{20}H_{28}O_2$	(3)	3-dehydroretinoic acid $C_{20}H_{26}O_2$		(6)

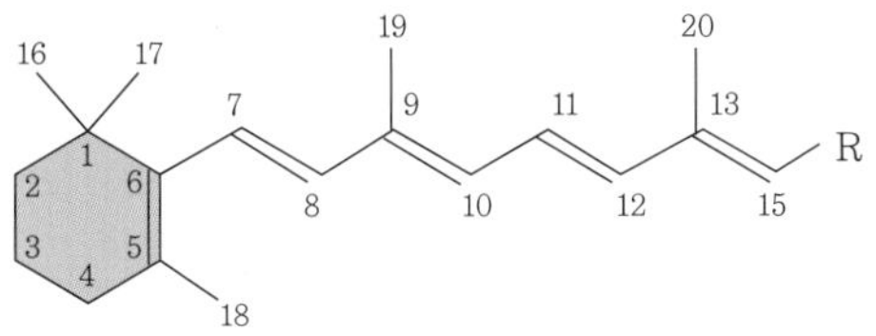

(1) R=CH₂OH   (4) R=CH₂OH
(2) R=CHO   (5) R=CHO
(3) R=COOH   (6) R=COOH

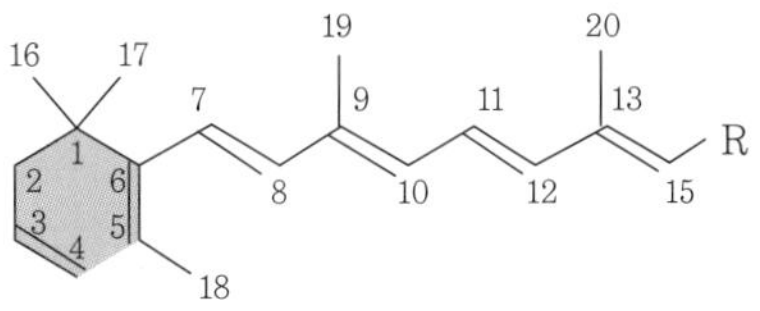

천연의 카로티노이드(carotenoid) 색소에는 체내에서 레티놀로 변화해서 비타민 A 작용을 하는 물질이 있는데 이와 같이 비타민 A의 전구체가 되는 카로티노이드를 프로비타민 A라고 하며, 대표적인 것이 베타-카로틴이다.

잠깐!

카로티노이드(carotenoid)
과일이나 채소 등의 주황색을 지니는 지용성 색소로 체내에서 레티놀로 변화해서 비타민 A 작용을 하는 물질을 가지고 있다.

(2) 비타민 A의 흡수 및 대사

동물성 식품에 존재하는 레티놀은 레티닐 에스터(retinyl ester) 형태로 섭취되고 장에서 가수분해되어 장점막세포로 흡수된다. 흡수된 레티놀은 장점막세포에서 포화 긴사슬지방산과 다시 에스터화되고 카일로마이크론(chylomicron)에 결합되어 림프계를 통해 혈액으로 들어가 간으로 운반된다. 전구체 비타민 A의 흡수 효율은 일반적으로 70~90% 정도로 높은 편이며, 건강한 사람에서는 섭취한 비타민 A의 50% 이상이 간에 레티놀 에스터 형태로 저장되고, 체내 저장된 비타민 A의 90% 이상은 간에 저장된다. 베타-카로틴은 장과 간에서 레티놀로 전환되며, 레티놀의 생체이용률은 75~100%, 베타-카로틴의 체내이용률은 3~90%이다.

(3) 비타민 A의 생리적 기능

1) 시각작용

비타민 A는 정상적인 시각기능을 유지하는 데 중요한 역할을 한다. 특히 빛에 대한 눈의 감각은 밝은 빛을 느끼는 원추세포와 어두운 빛을 느끼는 간상세포에 의한다. 비타민 A는 간상세포에 함유된 색소단백질인 로돕신 (rhodopsin, 시홍)의 구성성분이다. [그림 9-2]에 나타낸 것처럼 비타민 A 는 옵신과 결합해 로돕신을 생성하고 로돕신의 생성량이 저하되면 어두운 빛에 대한 감수성이 약해져서 야맹증이 된다.

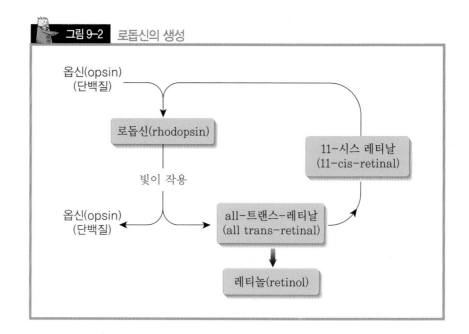

그림 9-2 로돕신의 생성

2) 면역기능

비타민 A는 질병에 대한 면역력을 증진하여 질병의 감염을 막아준다.

3) 세포분화와 상피조직의 유지

비타민 A는 상피조직의 정상 분화를 조절하는 역할을 하지만 성장과 분화가 정상적으로 되기 위해서는 점막이 점액의 생산과 분비를 순조롭게 하도록 그 기능을 유지하여야 한다. 점액은 당단백질로 만들어지고 비타민 A가 결핍되면 당단백질의 생합성이 저하되어 각막의 상피세포와 피부의 각질화를 초래한다.

4) 항산화 및 항암효과

프로비타민 A인 베타-카로틴이 항산화제로서 심장혈관질환, 암, 특히 폐암 등의 발병을 방지하는 역할과 저밀도 지단백질(low density lipoprotein, LDL)의 산화도 방지한다.

(4) 비타민 A 섭취 관련 문제

1) 비타민 A 결핍증

비타민 A는 체내저장이 가능하므로 장기간 섭취부족이 계속될 경우에 결핍증이 나타나는데, 주요 임상 증상은 눈과 관련된 것으로 야맹증과 각막건조증(xerophthalmia)과 비토반점(Bitot's spot)이 나타나며[그림 9-3], 심하면 실명을 초래하는 각막연화증(keratomalacia)이 되기도 한다. 그 외 식욕부진, 감염에 민감해지거나, 호흡기나 다른 기관의 상피세포의 각질화 등이 나타난다.

잠깐!

야맹증(night blindness)
어두운 곳에서 시력에 결함이 생기거나 약해지는 것으로서 특히 밝은 곳에 있다가 어두운 곳으로 들어갈 때 생기는 증상(밤소경)

비토반점(Bitot's spot)
결막의 상피세포가 퇴화되어 작은 삼각형의 은빛 반점이 나타나며 경우에 따라서는 결막 위에 거품과 같은 형태가 생긴다.

그림 9-3 비타민 A 결핍증

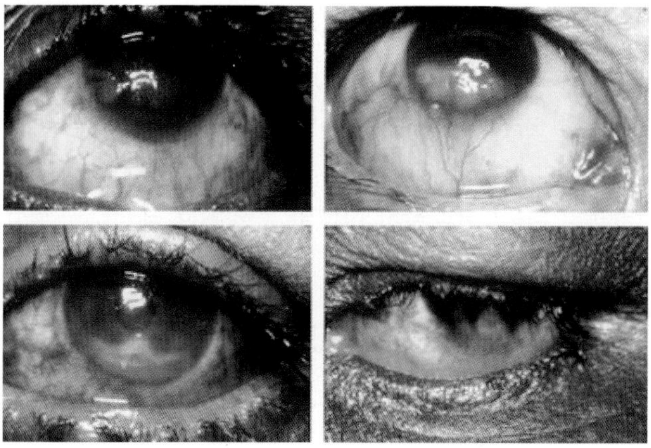

![비타민 A 결핍증 사진]

2) 비타민 A 과잉증

비타민 A를 과량 섭취하면 독성이 나타날 수 있으며, 급성 과잉증은 오심, 두통, 현기증, 무력감, 가려움증 등의 증세가 있고, 만성 과잉증은 두통, 탈모증, 피부 건조 및 가려움증, 골관절 통증 등의 증세가 있다. 사산, 기형, 출산아의 영구적 학습장애가 대표적인 기형 발생의 경우이다. 대부분 카로티노이드는 베타-카로틴과 같이 일반적으로는 과잉섭취에 의한 독성이 없는 것으로 알려져 있으나, 카로틴 함량이 많은 식품을 장기간 섭취하거나 베타-카로틴 보충제를 매일 먹으면 황피증 또는 카로틴 피부증이라 불리는 질환에 의해 피부 색깔이 노랗게 변하게 되는 경우가 있는 것으로 밝혀졌다.

더 알아보기

귤을 많이 먹으면 손바닥이 노랗게 되는데 왜 그럴까?
많은 양의 귤을 먹으면 귤에 들어 있는 베타카로틴이 체내에서 필요한 만큼만 레티놀로 전환되고 나머지는 그대로 남아 남은 베타카로틴이 피하지방 조직에 축적되어 피부 색깔이 노랗게 된다(카로티노시스, carotenosis). 이런 현상은 섭취량을 줄이면 다시 정상적인 피부색으로 돌아오는 일시적인 현상으로 해롭지 않다.

(5) 비타민 A 섭취기준

비타민 A의 1일 평균 필요량은 남자의 경우 19~29세는 570μg RAE, 30~49세는 560μg RAE, 여자의 경우 19~29세는 460μg RAE, 30~49세는 450μg RAE이다. 권장섭취량은 비타민 A의 변이계수를 고려하여 19~29세 남자 800μg RAE, 여자 650μg RAE로 설정하였다. 미국/캐나다 영양소 섭취기준 보고서는 비타민 A의 활성도를 나타낸 데 있어서 레티놀 활성당량(retinol activity equivalent, RAE)을 사용하였다. 이는 기름형태로 정제된 베타-카로틴의 비타민 A 활성을 레티놀의 1/2, 식이 중 베타-카로틴은 정제된 베타-카로틴이 가진 비타민 A 활성의 1/6으로 적용하였다. 이에 따라 식품 중의 베타-카로틴과 레티놀 활성당량의 비율은 12:1로 적용하며 기타 프로비타민들은 베타-카로틴의 1/2의 효율로 추정하였다.

1 레티놀 활성 당량(retinol activity equivalent, μg RAE)
= 1μg(트랜스) 레티놀(all-trans-retinol)
= 2μg(트랜스) 베타-카로틴 보충제(supplemental all-trans-β-carotenoids)
= 12μg 식이(트랜스) 베타-카로틴(dietary all-trans-β-carotene)
= 24μg 기타 식이 프로비타민 A 카로티노이드(other dietary provitamin A carotenoids)

(6) 비타민 A 급원식품

레티놀이 풍부한 급원식품은 돼지간, 소간이며, 베타-카로틴은 당근과 상추 같은 녹황색채소에 함유되어 있다.

표 9-4 비타민 A의 주요 급원식품(100g당 함량)*

순위	식품명	함량(μg RAE/100g)	순위	식품명	함량(μg RAE/100g)
1	돼지 부산물(간)	5,405	6	달걀	136
2	소 부산물(간)	9,442	7	당근	460
3	과일음료	219	8	상추	369
4	우유	55	9	장어	1,050
5	시금치	588	10	시리얼	1,605

* 2017년 국민건강영양조사의 식품별 섭취량과 식품별 레티놀과 베타-카로틴 함량(국가표준식품성분표 DB 9.1) 자료를 활용하여 비타민 A 주요 급원식품 산출

3. 비타민 D(calciferol)

비타민 D는 고등동물의 생명유지에 필수적인 영양소로서 체내에서 합성될 수 있는 유일한 비타민이다. 비타민 D는 비타민 D_2(ergocalciferol)와 비타민 D_3(cholecalciferol)의 두 가지 형태가 있다.

(1) 비타민 D의 구조 및 성질

비타민 D 작용이 있는 화합물은 D_2~D_7로 6종류가 있으나 일반적으로 비타민 D라 하면 에르고칼시페롤(ergocalciferol, 비타민 D_2), 콜레칼시페롤(cholecalciferol, 비타민 D_3)을 말하며, 칼슘대사에 관여하는 비타민으로 칼시페롤(calciferol)이라 명명되었다.

동물의 체내나 식물체에서 생성되기 위해서는 비타민의 전구체(provitamin)인 프로비타민 D_2(ergosterol)와 프로비타민 D_3(7-dehydrocholesterol)가 자외선에 의해 활성화되며, 에르고스테롤(ergosterol)은 식물에서 얻을 수 있고, 7-디하이드로콜레스테롤은 콜레스테롤(cholesterol) 생합성의 중간체로 동물에서 얻을 수 있다[그림 9-4].

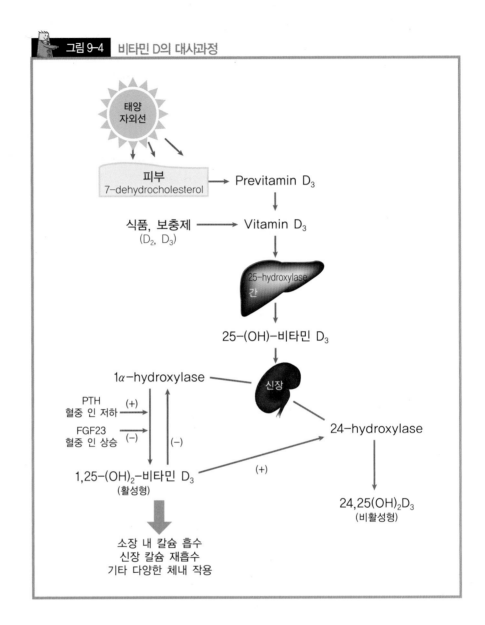

그림 9-4 비타민 D의 대사과정

태양 자외선

피부
7-dehydrocholesterol → Previtamin D_3

식품, 보충제
(D_2, D_3) → Vitamin D_3

25-hydroxylase
간

25-(OH)-비타민 D_3

1α-hydroxylase ← 신장

PTH
혈중 인 저하 (+)
FGF23
혈중 인 상승 (−) (−)

24-hydroxylase

1,25-(OH)$_2$-비타민 D_3
(활성형) (+)

24,25(OH)$_2D_3$
(비활성형)

소장 내 칼슘 흡수
신장 칼슘 재흡수
기타 다양한 체내 작용

(2) 비타민 D의 흡수 및 대사

식이 중의 비타민 D는 담즙산염의 도움으로 수동확산에 의해서 80% 흡수된다. 소장 점막으로 흡수된 비타민 D는 카일로마이크론(chylomicron) 형태로 림프계를 거쳐 간으로 수송된다. 간에서 25-(OH)-비타민 D_3로 전환되며, 신장에서 활성형태인 1,25-(OH)$_2$-비타민 D_3로 다시 전환된다. 비타민 D는 대부분 담즙을 통해 대변으로 배출되며, 극히 소량이 소변으로 배출된다.

(3) 비타민 D의 생리적 기능

비타민 D는 칼슘의 흡수, 뼈의 석회화 등에 관여하며 부갑상샘 호르몬 (parathyroid hormone, PTH)과 더불어 혈장의 칼슘항상성 유지에 관여 한다. 비타민 D는 체내에서 수산화되어 활성형으로 변하는데 이 중에서 1,25-$(OH)_2$ 비타민 D_3의 활성이 가장 강하며, 칼슘 결합단백질(calcium binding protein, CaBP)의 생합성을 유도한다. 이 단백질은 소장의 칼슘 흡수를 촉진하며 체내에서 칼슘 운송에 관여한다[그림 9-5].

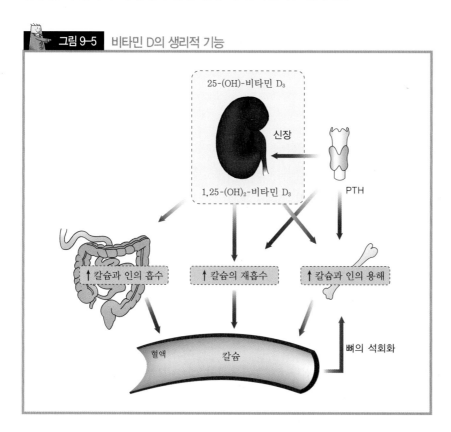

그림 9-5 비타민 D의 생리적 기능

(4) 비타민 D 섭취 관련 문제

1) 비타민 D 결핍증

비타민 D가 결핍되면 골격의 석회화가 충분히 이루어지지 않아 뼈가 연 해지고 변형되기 쉬워 어린이의 경우 구루병을 야기하며[그림 9-6], 성인의 경우는 골연화증(osteomalacia)과 골다공증(osteoporosis)이 나타난다. 이때 나타나는 저칼슘혈증(hypocalcemia)은 이차적 갑상샘기능부전증을 수반하며, 심한 뼈 손실(bone loss)을 초래하기도 한다.

골연화증(osteomalacia)
일명 성인 구루병으로 뼈의 무기질화가 적합하게 되지 못하므로 골격이 변형되거나 파손되고 뼈가 물러지는 현상

골다공증(osteoporosis)
뼈의 실제 질량이 감소된 결과로 비정상적인 다공도를 나타내는 뼈의 질병

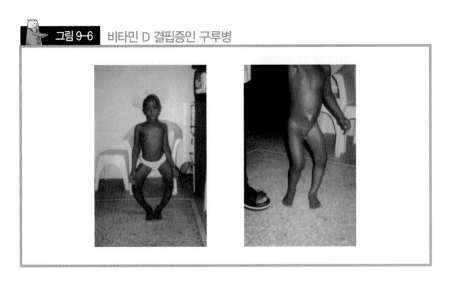

그림 9-6 비타민 D 결핍증인 구루병

2) 비타민 D 과잉증

비타민 D의 독성은 비타민 중에서 가장 강하며, 과량의 비타민 D의 독성은 특히 어린이에게 강하여 하루에 45μg 정도 섭취로도 과잉증세가 나타난다. 증상은 식욕부진, 갈증, 피로, 오심, 구토, 설사가 따르며, 고칼슘혈증(hypercalcemia)과 고칼슘뇨증(hypercalciuria)을 일으키고, 연조직의 칼슘축적, 신장과 심혈관계에 영구적 손상을 가져온다. 특히 신장조직은 쉽게 칼슘화되는 경향이 있어 사구체 여과와 전반적인 신장기능에 치명적인 영향을 미친다.

(5) 비타민 D 섭취기준

비타민 D의 충분섭취량은 12~64세인 경우 모두 10μg/일을 권장하고 있으나, 65세 이후 노인의 경우 일광에 노출되는 시간이 비교적 적다고 보아 15μg/일을 권장하였다. 비타민 D의 필요량은 태양광선을 쪼이는 것만으로도 얻을 수 있지만 야간 또는 지하 근무자인 경우에는 비타민 D의 체내 합성량이 부족할 것이므로 유의하여야 한다.

(6) 비타민 D 급원식품

비타민 D는 동물성 식품인 달걀, 돼지고기, 연어, 오징어에 들어 있으며, 연유에도 들어 있다. 식물성 식품에는 프로비타민 D(ergosterol)의 형태로 들어 있으며 버섯류, 효모류에 들어 있다[표 9-5].

표 9-5 비타민 D 주요 급원식품(100g당 함량)*

순위	식품명	함량(μg/100g)	순위	식품명	함량(μg/100g)
1	달걀	20.9	6	멸치	4.1
2	돼지고기(살코기)	0.8	7	꽁치	13.0
3	연어	33.0	8	고등어	2.1
4	오징어	6.0	9	두유	1.0
5	조기	8.4	10	넙치(광어)	4.3

* 2017년 국민건강영양조사의 식품별 섭취량과 식품별 비타민 D 함량(국가표준식품성분표 DB 9.1) 자료를 활용하여 비타민 D 주요 급원식품 산출

4. 비타민 E(tocopherol)

(1) 비타민 E의 구조 및 성질

토코페롤(tocopherol)은 그리스어의 'tokos(어린아이)'와 'pherein(낳다)'에서 유래되었다. 지용성 비타민 중에서 공기 중의 산소에 의해 가장 산화되기 쉬우며 광선이 비치면 더욱 빠르게 분해된다. 이와 같이 자신은 산화되기 쉬운 반면 공존하는 다른 유지류의 자동산화를 방지하는 작용이 있다.

그림 9-7 토코페롤의 구조

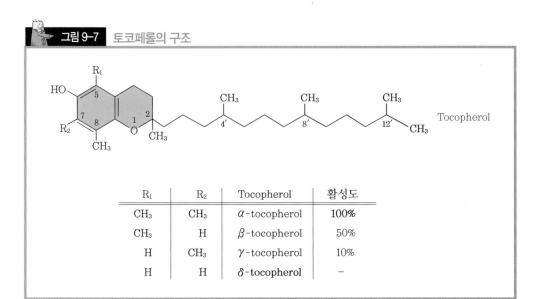

(2) 비타민 E의 흡수 및 대사

비타민 E는 지방산이나 중성지방과 함께 흡수된다. 따라서 비타민 E는 담즙과 췌장액의 도움으로 소장에 흡수된 후 소장의 상피세포에서 카일로마이크론(chylomicron)에 함유되어 림프계와 흉관을 거쳐 흡수된다. 비타민 E는 섭취량의 30~50%가 흡수되며, 섭취량이 증가할수록 흡수율은 감소한다. 비타민 E는 퀴논(quinone)으로 산화되어 주로 담즙을 통해 배설되고 소량은 소변으로 배설된다.

(3) 비타민 E의 생리적 기능

비타민 E의 주된 기능은 항산화작용을 하여 세포막의 불포화지방산들의 과산화작용이 진전되는 것을 막아주는 역할을 한다. 또한 지질의 산화반응의 원인이 되는 활성산소를 제거하기 위해 셀레늄과 함께 항산화작용을 한다. 이 외에도 비타민 E는 면역기능, 특히 T림프구 기능을 정상화하는 데 필요하며 이러한 면역증강 효과는 항암효과와도 관련이 있다.

(4) 비타민 E 섭취 관련 문제

1) 비타민 E 결핍증

비타민 E 섭취 부족 시 나타나는 체내 증상의 경우 사람에게서는 거의 발견되지 않았다. 비타민 E 결핍 및 그에 따른 질환의 주요 원인은 식사 부족보다는 지단백질대사이상(abetalipoproteinemia)이나 α-토코페롤 수송단백질 유전자 결함 때문으로 알려져 있다. 최근 들어 비타민 E가 부족한 사람과 동물에서 노화증상이 빨리 나타난다는 보고도 있는데, 이는 비타민 E의 항산화작용과 면역반응의 역할과 관계가 있는 것으로 더 많은 연구가 필요하다.

2) 비타민 E 과잉증

비타민 E는 독성이 낮아서 하루에 100~800mg의 비타민 E 보충제를 섭취해도 독성효과가 없는 것으로 알려져 있으나 과잉 섭취하면 혈중 중성지방의 증가, 혈장 티록신 수준이 감소되며 갑상샘 호르몬의 저하, 위장질환이 일어나 심한 설사와 구토감이 생기고, 두통, 피로감, 흐린 시력, 비타민 K 흡수를 방해하여 출혈을 초래할 수 있다.

(5) 비타민 E 섭취기준

비타민 E는 다양한 활성형이 있어 권장량은 mg α-TE(tocopherol equivalent)로 정하고 있다. 비타민 E의 필요량은 체내에서 산화되기 쉬운 다가불포화지방산(PUFA)의 섭취량과 밀접한 연관성을 가진다고 할 수 있다. 서구에서는 다가불포화지방산 섭취량에 대한 비타민 E의 적합한 섭취 비율로 최소 0.4~0.6mg α-토코페롤/g PUFA가 제안되었다. 비타민 E의 충분섭취량은 성인 남자는 12mg α-TE/일, 여자는 12mg α-TE/일로 정하고 있다.

(6) 비타민 E 급원식품

비타민 E는 콩기름, 참기름, 유채씨기름 등의 식물성 기름과 씨눈에 함유되어 있다. 육류, 생선, 동물성 기름 그리고 대부분의 채소에는 거의 들어 있지 않으나 녹색 채소에는 소량의 비타민 E가 함유되어 있다[표 9-6].

표 9-6 비타민 E의 주요 급원식품(100g당 함량)*

순위	식품명	함량(mg α-TE/100g)	순위	식품명	함량(mg α-TE/100g)
1	고춧가루	27.6	6	마요네즈	10.2
2	배추김치	0.8	7	돼지고기(살코기)	0.4
3	콩기름	9.6	8	고추장	2.6
4	달걀	1.3	9	과일음료	0.6
5	과자	4.1	10	백미	0.1

* 2017년 국민건강영양조사의 식품별 섭취량과 식품별 α-, β-, γ-, δ- 토코페롤과 α-, β-, γ-, δ- 토코트리에놀 함량(국가표준 식품성분표 DB 9.1) 자료를 활용하여 비타민 E 주요 급원식품 산출

5. 비타민 K(menaquinone)

비타민 K는 혈액응고에 필수적인 비타민이다. 부족하면 출혈이 멈추지 않아 독일어의 'koagulation(응고)'의 첫 글자를 따서 vitamin K라고 명명하였다.

(1) 비타민 K의 구조 및 성질

비타민 K는 퀴논류에 속하는 화합물이다[그림 9-8]. 식물성 식품에 존재하는 필로퀴논(phylloquinone)을 비타민 K_1, 동물성 식품에 함유되어 있으며 사람

의 장내 박테리아에 의해서 합성이 가능한 메나퀴논(menaquinone)을 비타민 K_2, 수용성 합성물질로 비타민 K의 전구체인 메나디온(menadione)을 비타민 K_3라고 한다. 비타민 K_1은 담황색의 유상물질이며, 비타민 K_2는 담황색결정으로 얻어진다. 다른 지용성 비타민에 비해 공기 중에서 안정하지만 광선에 의해 분해되기 쉽다.

그림 9-8 비타민 K의 종류와 구조

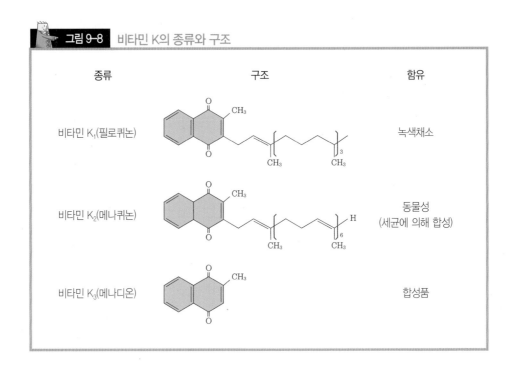

(2) 비타민 K의 흡수 및 대사

식품을 통하여 섭취한 비타민 K는 담즙과 췌장액의 도움으로 공장과 회장에서 흡수되며, 흡수율은 40~80% 정도이다. 흡수된 비타민 K는 림프계를 통해 이동하여 간에 축적된 후 각 신체조직에 분산 저장되나 체내저장량은 적고 대사율은 빠르다. 비타민 K는 담즙으로 배설되나 일부는 소변으로 배설된다.

(3) 비타민 K의 생리적 기능

1) 혈액응고에 관여

비타민 K의 가장 주요한 기능은 간에서 혈액응고에 필요한 인자 합성에 관여한다는 것이다. 즉, 간에서 불활성형 단백질 형태로 존재하는 혈액응고

인자들을 활성화하기 위해서 비타민 K가 필요하다. 이는 비타민 K가 카복실화(carboxylation) 효소의 조효소로 작용하기 때문이다.

혈액응고와 관련하여 비타민 K는 혈액응고인자 전구체 단백질인 글루탐산(glutamic acid)을 간에서 카복실화하여 감마 카복실 글루탐산(γ-carboxyl glutamic acid)으로 전환시키고, 이를 통해 프로트롬빈(prothronbin)을 생성시켜 정상적인 혈액응고를 돕는다. 이후 혈장에서 혈소판과 칼슘이온 등의 작용으로 트롬빈(thrombin)으로 활성화되고, 이는 다시 혈장단백질인 피브리노겐에 작용하여 피브린(fibrin)을 만들어 혈액을 응고시킨다[그림 9-9].

잠깐!

혈액응고인자 (blood clotting factor)
여러 단계를 거쳐서 일어나는 극히 복합적인 과정으로 네단계로 나누어지며 적어도 12가지 인자가 관여한다.

그림 9-9 혈액응고 과정

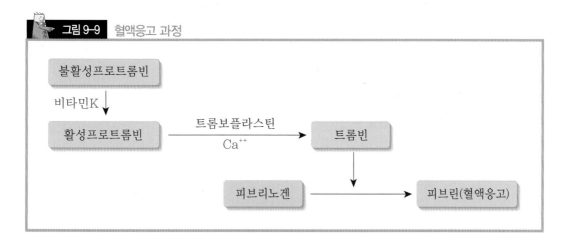

2) 뼈 대사에 관여

비타민 K는 뼈단백질인 오스테오칼신(osteocalcin)의 합성에 관여하여 뼈 대사에 작용한다. 활성형의 비타민 D는 조골세포를 자극하고 오스테오칼신의 형성과 분비를 촉진시키며 이렇게 형성된 오스테오칼신은 칼슘과 결합하여 뼈 형성 및 발달에 관여한다. 비타민 K는 장벽세포에 존재하는 칼슘 단백질의 형성에 관여한다.

(4) 비타민 K 섭취 관련 문제

1) 비타민 K 결핍증

비타민 K는 대부분의 식품에 다량 함유되어 있고 장내세균에 의해 합성되므로 성인에게는 결핍증이 거의 없으나, 담즙 생성이 불가능할 경우, 설사 등으로 지방 흡수가 감소되는 경우, 모유 영양아의 경우 발생할 수 있다.

신생아의 경우는 간 기능 미숙으로 비타민 K 합성이 부족하면 신생아 출혈이 일어날 수 있다.

2) 비타민 K 과잉증

식품 형태의 비타민 K 섭취로는 과잉증이 나타나지 않으나 메나디온을 영유아에게 주었을 때 용혈성 빈혈과 황달, 뇌손상 등이 나타날 수 있다.

(5) 비타민 K 섭취기준

비타민 K는 식이를 통하여 하루에 1μg/체중 kg을 섭취하면 혈액응고시간을 정상으로 유지하는 데 충분하다고 하여, 성인 남녀의 충분섭취량은 남자 75μg, 여자 65μg이다.

(6) 비타민 K 급원식품

비타민 K는 배추김치, 시금치, 들깻잎, 무시래기, 상추 등에 많이 함유되어 있다[표 9-7].

표 9-7	비타민 K의 주요 급원식품(100g당 함량)*				
순위	식품명	함량(μg/100g)	순위	식품명	함량(μg/100g)
1	배추김치	75	6	건미역	1543
2	시금치	450	7	채소음료	158
3	들깻잎	787	8	파	88
4	무시래기	461	9	열무김치	123
5	상추	209	10	콩나물	93

* 2017년 국민건강영양조사의 식품별 섭취량과 식품별 비타민 K 함량(국가표준식품성분표 DB 9.1) 자료를 활용하여 비타민 K 주요 급원식품 산출

표 9-8 지용성 비타민의 요약

비타민	화학물질명	대사	생리적 기능	결핍증	과잉증	섭취량(1일)
비타민 A	retinol	• 흡수: 약 80~90%, 담즙의 유화작용으로 지방과 함께 림프관에서 흡수 • 이동: 레티놀결합단백질 (RBP)과함께 이동 • 저장: 간	• 시각작용 • 면역기능 • 세포분화와 상피조기의 유지 • 항산화 및 항암 효과	• 야맹증 • 각막건조증 • 비토반점 • 각막연화증 • 실명 • 상피세포의 각질화	두통 탈모 안면창백	• 성인(남) 800μg RAE • 성인(여) 650μg RAE
비타민 D 비타민 D$_2$ 비타민 D$_3$	calciferol ergocalciferol cholecalciferol	• 흡수: 약 80%, 담즙의 유화작용으로 지방과 함께 림프관에서 흡수 • 이동: 비타민 D 결합단백질 (DBP)과 함께 이동 • 저장: 간, 지방조직, 근육	• 칼슘의 흡수 • 뼈의 석회화	• 구루병(소아) • 골연화증(성인) • 골다공증(노인)	구토 피로 신장결손	• 성인(남녀) 10μg • 65세 이후 15μg
비타민 E	tocopherol ($\alpha, \beta, \gamma, \delta$)	• 흡수: 약 20~40%, 담즙의 유화작용으로 지방과 함께 림프관에서 흡수 • 이동: 지단백과 결합하여 이동 • 저장: 간, 지방조직, 근육	• 항산화작용 • 지질의 과산화방지 • 면역기능	• 신경기능 손상 • 불임 • 적혈구 파괴 (용혈성 빈혈)	–	• 성인(남녀) 12mg α-TE
비타민 K$_1$ 비타민 K$_2$ 비타민 K$_3$	phylloquinone menaquinone menadione	• 흡수: 약 10~70%, 담즙의 유화작용으로 지방과 함께 림프관에서 흡수 • 이동: 지단백과 결합하여 이동 • 저장: 간	• 혈액응고 • 뼈 대사 관여	• 신생아 출혈	–	• 성인(남) 75μg • 성인(여) 65μg

배운 것을 확인할까요?

01 비타민 A의 생리적 기능을 설명하세요.

02 어떤 사람이 비타민 D가 결핍되기 쉬운가요?

03 비타민 E의 주된 기능은 무엇일까요?

04 비타민 K의 급원식품에는 어떤 것이 있을까요?

Chapter **10**

수용성 비타민

Chapter 10

수용성 비타민

잠깐!

조효소(coenzyme)
효소를 활성화하는데 필요하고 일반적으로 그 구조에 비타민을 함유하며 전자 및 기능을 띠는 기의 수용체로서 작용한다.

신체 세포의 대사와 성장, 유지를 위하여 그 필요량이 매우 소량이나 필수적인 유기물질인 수용성 비타민은 여덟 종류의 비타민 B군(vitamin B groups)과 비타민 C로 분류된다. 비타민 B군은 특수한 효소들의 기능을 수행할 수 있게 하는 조효소들의 구성성분이다.

수용성 비타민의 가장 중요한 체내 기능은 조효소로 기능하는 것이다. 조효소는 효소 단백질과 밀접한 관계를 맺고 있는 비단백물질(비타민이나 금속이온)로 효소의 촉매활성을 돕는다. [그림 10-1]은 수용성 비타민의 조효소들을 필요로 하는 신체의 대사과정을 나타내고 있다.

비타민 B군 중에서 에너지를 생산하는 영양소부터 에너지의 방출과정에 꼭 필요한 조효소의 기능을 가진 비타민은 티아민(thiamin), 리보플라빈(riboflavin), 니아신(niacin), 판토텐산(pantothenic acid), 비오틴(biotin) 등 다섯 종류이다. 엽산(folate)과 비타민 B_{12}는 적혈구 형성에 필요한 조혈 비타민이며, 비타민 B_6는 에너지 생성 반응에 참여하지는 않으나 단백질 대사, 즉 아미노산 대사 반응에 조효소로 작용한다. 비타민 C는 조효소의 형태는 아니지만 체세포 내에서 산화·환원 반응에 참여하면서 다양한 대사과정에 관여한다.

수용성 비타민은 지용성 비타민보다는 더 쉽게 체외로 배설된다. 일반적으로 여분의 수용성 비타민은 주로 소변으로 배설되므로 정기적으로 섭취하는 것이 중요하다. 또한 물에 용해되기 때문에 식품 가공과 조리 과정 중 다량의 수용성 비타민이 손실될 수 있다.

그림 10-1 비타민 B군을 필요로 하는 신체 대사과정

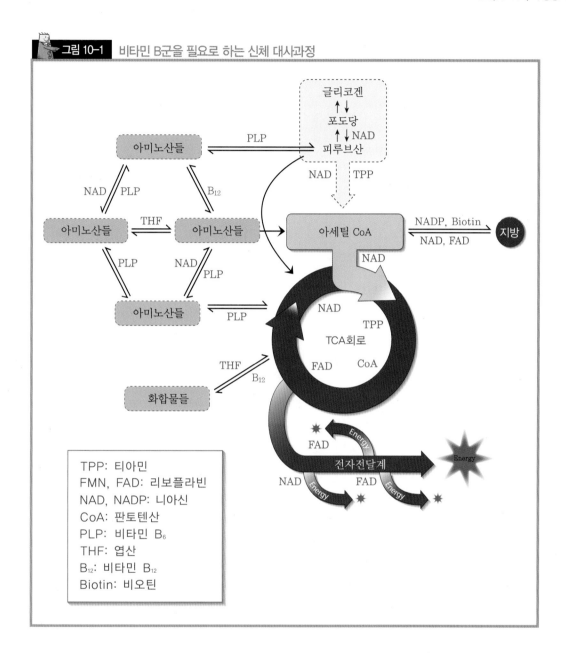

TPP: 티아민
FMN, FAD: 리보플라빈
NAD, NADP: 니아신
CoA: 판토텐산
PLP: 비타민 B₆
THF: 엽산
B₁₂: 비타민 B₁₂
Biotin: 비오틴

1. 티아민(thiamin, 비타민 B₁)

(1) 티아민의 구조 및 성질

티아민의 구조는 피리미딘(pyrimidine)과 티아졸 환(thiazole ring)이 연결되어 있다[그림 10-2].

그림 10-2 티아민과 티아민 피로인산(thiamine pyrophosphate, TPP)의 구조

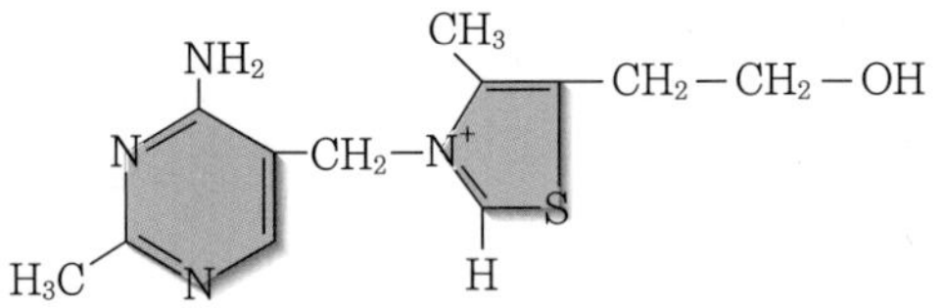

티아민이라는 이름은 유황을 함유하고 있는 질소화합물이라는 의미에서 붙여졌다. 유황을 의미하는 thi(o)와 분자 내에 들어있는 질소 그룹인 아민 (amine, $-NH_2$), 즉 thiamin이 된 것이다. 티아민은 수용성이며, 백색 결정형 물질로서 산성 용액에서는 안정하다.

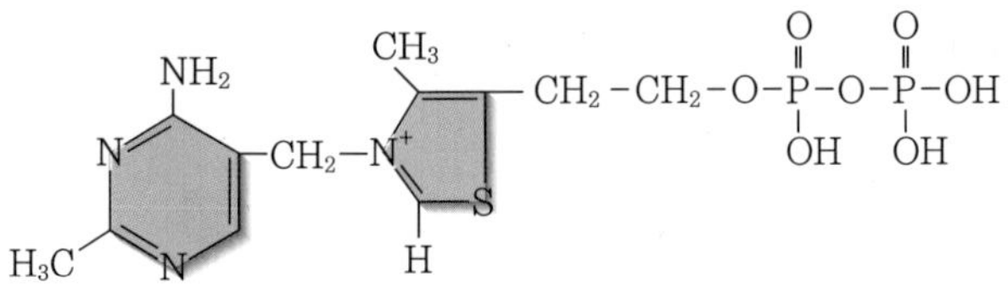

(2) 티아민의 흡수와 대사

티아민은 소장상부에서 적당량(5mg 이하/일)을 섭취할 때는 능동적인 운반에 의하여 완전 흡수가 되지만, 지나치게 다량(20mg/일)을 섭취하게 되면 단순확산에 의하여 하루 5mg 정도만 흡수되고, 나머지는 신장을 통하여 배설된다. 흡수된 티아민은 장의 점막세포에서 바로 인산화반응을 일으켜 활성조효소 형태로 전환되며, 문맥과 간을 통과하여 순환계로 들어간다.

$$\text{티아민} + \text{ATP} \xrightarrow{\text{Mg}^{++}} \text{TPP} + \text{AMP}$$

(3) 티아민의 생리적 기능

1) 에너지 대사

티아민은 TPP(thiamin pyrophosphate)로 전환된 후 당질, 지질, 단백질로 에너지를 생성하는 과정에서 중요한 역할을 한다. TPP는 산화적 탈탄산 반응(oxidative decarboxylation)과 케톨 전이반응(transketolation)에서 조효소로 작용한다. TPP는 탈탄산효소(decarboxylase)의 조효소로서 이산화탄소를 제거하는 데 관여하는데, 당질 대사과정 중 피루브산(pyruvate)이 아세틸 CoA(acetyl CoA)로 전환될 때 그리고 α-케토글루탐산(α-ketoglutarate)이 숙시닐 CoA(succinyl CoA)로 전환될 때 필요하다.

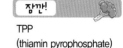

TPP
(thiamin pyrophosphate)
비타민 B_1의 조효소

$$pyruvate \xrightarrow[CO_2]{TPP,\ CoA} acetyl\ CoA$$

$$\alpha\text{-ketoglutarate} \xrightarrow[CO_2]{TPP,\ CoA} succinyl\ CoA$$

그러므로 티아민이 부족하게 되면 포도당의 해당과정에 장애가 발생하여 피루브산이 아세틸 CoA로 전환되지 못하고 혈액과 조직 내에 쌓이게 되며, 과량의 피루브산이 젖산으로 전환되어 인체에 유해한 수준에 도달할 수 있다.

2) 오탄당 인산회로(hexose monophosphate shunt, HMPS)

TPP는 HMPS(hexose monophosphate shunt)에서 케톨기 전이효소(transketolase)의 조효소로서 작용한다. 이 대사경로는 생체에서 DNA와 RNA를 합성하는 데 사용되는 리보오스(ribose)와 디옥시리보오스(deoxyribose), 지방산이 합성될 때 필요한 조효소 NADPH를 제공한다. 성인의 뇌에서 HMPS는 오직 소량의 포도당을 대사하지만, 성장하고 있는 어린이의 발달하는 뇌에서는 포도당 대사의 약 50% 정도가 이 대사경로를 따른다.

3) 신경자극 전달

TPP는 신경세포와 신경세포 사이에서 신경자극을 전달하는 아세틸콜린(acetylcholine) 합성과정의 조효소로 작용하여 정상적인 신경자극 전달이 이루어지도록 한다.

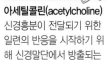

잠깐!

아세틸콜린(acetylcholine)
신경흥분이 전달되기 위한 일련의 반응을 시작하기 위해 신경말단에서 방출되는 신경전달물질

(4) 티아민 섭취 관련 문제

1) 각기병(beriberi)

잠깐!

각기병(beriberi)
티아민의 결핍으로 생기는 영양성질병으로 식욕감퇴, 전신 무력감, 점진적인 부종, 다발성신경염의 증세를 가진다.

티아민 결핍증세인 각기병(beriberi)은 도정된 쌀을 주식으로 하는 동남아지역에 거주하는 사람들에게 많이 발생한다. 베리베리(beriberi)는 스리랑카 말로서, 영어의 "I can't, I can't."라는 의미를 갖고 있다. 각기병은 뇌와 신경세포의 주요 연료인 포도당이 제대로 대사되지 못할 때 발생한다.

각기병에는 습성 각기병(wet beriberi), 건성 각기병(dry beriberi) 등 두 가지 형태가 있다[그림 10-3]. 습성 각기병은 사지에 부종현상이 나타나고 보행이 어려우며, 심장근육이 수분 축적으로 인해 심장이 비대해지고, 호흡곤란 등의 증세가 악화되어 사망하게 된다. 건성 각기병은 체조직의 점차적인 손실로 환자는 마르고 쇠약해진다. 두 가지 경우 모두 다리의 무감각, 흥분, 정신의 혼란, 메스꺼움 등의 증상이 나타난다.

그림 10-3   **각기병**

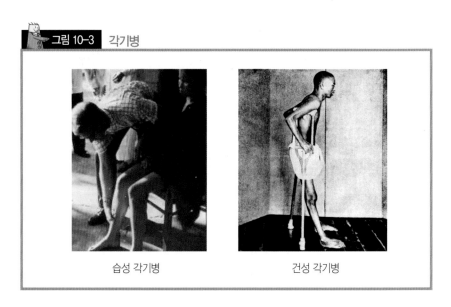

| 습성 각기병 | 건성 각기병 |

2) 베르니케-코르사코프(Wernike-Korsakoff) 증후군

주로 알코올 중독 증세를 가진 사람들에게 나타나는 티아민 만성 결핍증을 베르니케-코르사코프(Wernike-Korsakoff) 증후군이라고 부르는데, 기억력 감소, 근육 실조, 안근육의 마비, 정신이상 등의 증세를 나타낸다. 알코올 중독자들은 알코올 섭취로 티아민의 흡수와 이용이 현저하게 감소되기 때문에 티아민 결핍증의 위험이 굉장히 높다.

(5) 티아민 섭취기준

티아민 평균필요량은 성인 남자 1.0mg/일, 성인 여자 0.9mg/일이며 권장섭취량은 성인 남자 1.2mg/일, 성인 여자 1.1mg/일로 설정하였다.

(6) 티아민 급원식품

티아민은 다양한 식품에 널리 분포되어 있다. 특히 돼지고기, 닭고기, 백미 등은 티아민 함량이 높으며, 배추김치, 햄, 고추장, 빵, 된장 등도 좋은 급원식품이다[표 10-1].

표 10-1 티아민 주요 급원식품(100g당 함량)*

순위	식품명	함량(mg/100g)	순위	식품명	함량(mg/100g)
1	돼지고기(살코기)	0.66	6	고추장	0.53
2	백미	0.08	7	빵	0.17
3	닭고기	0.20	8	된장	0.59
4	배추김치	0.08	9	시리얼	1.85
5	햄/소시지/베이컨	0.49	10	만두	0.45

* 2017년 국민건강영양조사의 식품별 섭취량과 식품별 티아민 함량(국가표준식품성분표 DB 9.1) 자료를 활용하여 티아민 주요 급원식품 산출

2. 리보플라빈(riboflavin, 비타민 B_2)

(1) 리보플라빈의 구조 및 성질

리보플라빈은 당알코올인 5탄당 리비톨(ribitol)이 플라빈(flavin)과 연결된 구조이며, 라틴어의 'flavus'는 노란색을 뜻하는 것으로 리보플라빈(riboflavin)이란 화학명을 갖게 된 것이다[그림 10-4]. 리보플라빈은 조효소인 FMN(flavin mononucleotide)과 FAD(flavin adenine dinucleotide)의 구성성분이다.

그림 10-4 리보플라빈, FMN, FAD의 구조

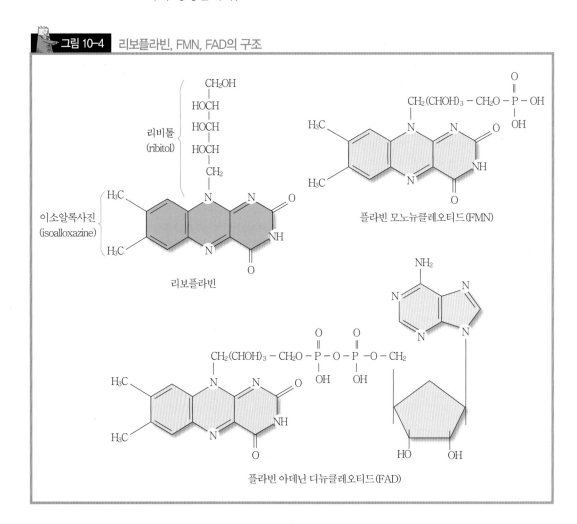

(2) 리보플라빈의 흡수와 대사

식사로 섭취한 리보플라빈은 소장의 상부에서 약 70%가 흡수되며, FMN

과 FAD는 소장에서 흡수되기 전에 단백질 분해효소나 인산분해효소에 의해 리보플라빈으로 유리된다. 장세포로 들어간 리보플라빈은 인산염과 결합하여 FMN을 형성하고, 대부분의 FMN은 간으로 운반되며 간에서 ATP와 결합하여 FAD로 전환된다. 일부는 간, 신장, 심장 등의 조직 내에 저장되며 과잉의 리보플라빈은 소변으로 배설된다.

(3) 리보플라빈의 생리적 기능

리보플라빈은 FMN과 FAD의 두 가지 조효소를 생산하는 데 사용된다.

1) 에너지 생성에 관여

FMN과 FAD는 수소이온을 쉽게 받아들이고 쉽게 내어 주는 성질 때문에 수소 운반체(hydrogen carrier)로서 세포 중에서 일어나고 있는 산화, 환원작용에 관여한다. 따라서 리보플라빈은 포도당, 지방산, 아미노산의 에너지 산화과정에 모두 참여하므로 에너지를 생성하는 과정에 매우 중요한 역할을 한다.

FAD는 피루브산이 아세틸 CoA로 산화될 때, 지방산의 β-산화과정과 아미노산의 탈아미노 반응에서 조효소로 작용하며, 전자전달계에서 수소 운반체로 작용한다. FAD가 관여하는 반응의 예를 들면, TCA 회로에서 숙신산(succinate)이 푸마르산(fumarate)으로 전환하는 과정에 관여한다.

$$\text{succinate} \xrightarrow{\text{FAD} \quad \text{FADH}_2} \text{fumarate}$$

2) 니아신의 합성

리보플라빈은 아미노산인 트립토판(tryptophan)을 비타민인 니아신(niacin)으로 전환시키고, 비타민 B_6와 엽산을 활성형 조효소와 저장 형태로 전환시키는 데도 필요하다. 비타민 B_6와 엽산은 DNA 합성에 필요한 비타민이므로 리보플라빈은 세포 분열과 성장에 간접적으로 영향을 미치게 된다.

$$\text{트립토판(60mg)} \longrightarrow \text{니아신(1mg)}$$

(4) 리보플라빈 섭취 관련 문제

1) 니아신 결핍증

리보플라빈의 결핍증이 가장 먼저 나타나는 곳은 입과 혀의 염증이다. 입 가장자리의 조직이 부풀고 갈라져서 염증이 생기는 구순구각염, 혀가 붉어지고 쓰라린 증세가 나타나는 설염[그림 10-5], 입안의 염증인 구내염, 안면, 코, 귀 등에 기름기 있는 피부질환인 지루성 피부염, 광선에 눈이 부시는 증세 등이 나타난다.

그림 10-5 리보플라빈의 결핍 증세인 설염(glossitis)의 모습

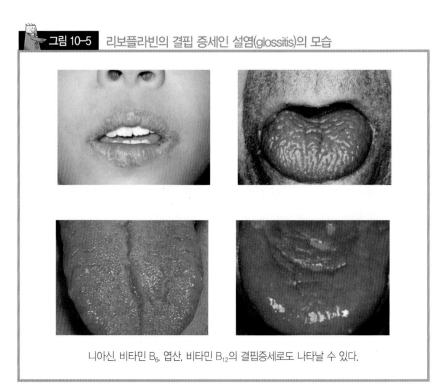

니아신, 비타민 B_6, 엽산, 비타민 B_{12}의 결핍증세로도 나타날 수 있다.

(5) 리보플라빈 섭취기준

한국인 영양소 섭취기준(2020)에서 리보플라빈 섭취기준은 성인 남자 1.3mg/일, 성인 여자 1.0mg/일로 평균필요량을 설정하였으며 권장섭취량은 평균필요량의 120% 수준인 성인 남자 1.5mg/일, 성인 여자 1.2mg/일로 설정하였다.

(6) 리보플라빈 급원식품

리보플라빈의 가장 좋은 급원식품은 간, 돼지고기, 닭고기, 생선과 같은 동물성 식품과 우유 및 유제품이다. 그리고 배추김치, 시금치, 열무김치, 깻잎 등도 리보플라빈의 좋은 급원이다[표 10-2].

표 10-2 리보플라빈의 주요 급원식품(100g당 함량)*

순위	식품명	함량(mg/100g)	순위	식품명	함량(mg/100g)
1	달걀	0.47	6	빵	0.33
2	우유	0.16	7	소 부산물(간)	3.43
3	라면(건면, 스프포함)	0.72	8	배추김치	0.07
4	돼지 부산물(간)	2.20	9	고춧가루	2.16
5	닭고기	0.21	10	돼지고기(살코기)	0.09

* 2017년 국민건강영양조사의 식품별 섭취량과 식품별 리보플라빈 함량(국가표준식품성분표 DB 9.1) 자료를 활용하여 리보플라빈 주요 급원식품 산출

3. 니아신(niacin, 비타민 B₃)

(1) 니아신의 구조 및 성질

니아신의 기능을 가진 물질은 니코틴산(nicotinic acid)과 니코틴아미드(nicotinamide)로서 구조는 [그림 10-6]에서 보는 바와 같이 니코틴산은 피리딘(pyridine) 고리에 카복실기($-COOH$)를 가지고 있으며, 니코틴아미드는 피리딘 고리에 아미드기($-CONH_2$)가 부착되어 있다. 신체는 니코틴산을 쉽게 니코틴아미드로 전환시킬 수 있으며, 혈액에 들어 있는 니아신의 주요 형태는 니코틴아미드이다. 니아신의 조효소 형태는 NAD(nicotinamide adenine dinucleotide)와 NADP(nicotinamide adenine dinucleotide phosphate)이다.

(2) 니아신의 흡수와 대사

니아신은 위와 소장에서 쉽게 흡수된다. 세포 내에서 조효소인 NAD와 NADP로 전환되고 이 조효소들은 제한된 양이 신장, 간, 뇌에 저장된다.

여분의 니아신은 최종 대사산물로 전환되어 소변으로 배설된다. 니아신은 아미노산인 트립토판으로부터 생성되기도 한다. 트립토판 60mg이 니아신 1mg으로 전환되며 이 과정에서 티아민, 리보플라빈과 피리독신의 조효소가 함께 관여한다.

(3) 니아신의 생리적 기능

니아신의 조효소 형태인 NAD와 NADP는 탈수소효소(dehydrogenase)의 조효소로서 산화환원반응에 활발하게 참여하며, 전자전달계에서 수소 운반체로 작용한다. 특히 포도당, 지질, 알코올 대사에서 중심이 된다. NAD는 해당과정 중 피루브산(pyruvate)이 아세틸 CoA로 전환될 때, TCA 회로와 전자전달계, 지방산의 β-산화, 아미노산들의 분해와 합성에 관여하며, NADP는 오탄당인산경로에서 리보오스와 함께 생성되어 지방산의 합성, 스테로이드의 합성 등에 관여한다.

그림 10-6 니아신과 조효소 형태인 NAD, NADP의 구조

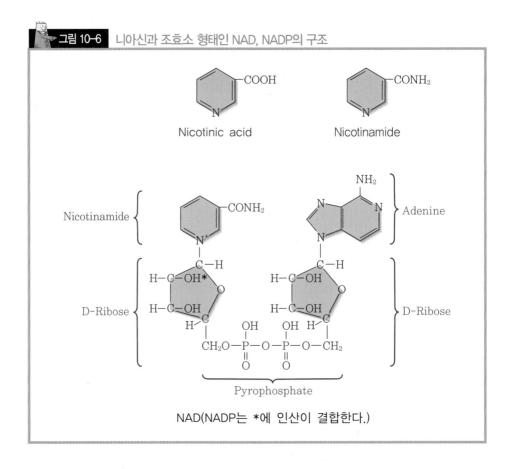

Nicotinic acid

Nicotinamide

Nicotinamide

Adenine

D-Ribose

D-Ribose

Pyrophosphate

NAD(NADP는 *에 인산이 결합한다.)

(4) 니아신 섭취 관련 문제

1) 니아신 결핍증

니아신이 결핍되면 초기에는 식욕감소, 체중손실, 허약증이 나타나다 증세가 심해지면 혀나 위 점막에 염증이 생기고 피로, 불면, 우울, 환각, 기억상실 등을 초래한다. 펠라그라는 이탈리아어인 pell(피부, skin), agra(거친, rough) 에서 나온 것으로 거칠고 고통스런 피부를 의미한다[그림 10-7]. 펠라그라의 결핍 증세는 피부병(dermatitis), 설사(diarrhea), 정신이상(dementia), 사망(death)으로 '4D 증세'로 설명하고 있다.

펠라그라는 오늘날에도 동남아시아와 아프리카에 걸쳐 니아신이 부족한 식사를 하는 인구 집단에 나타나고 있다.

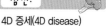

4D 증세(4D disease)
니아신 결핍으로 나타나는 질병이다. 피부병(dermatitis), 설사(diarrhea), 정신이상(dementia) 증상이 나타나며 심하면 사망(death)에 이를 수 있다.

그림 10-7 니아신의 결핍증인 펠라그라로 인한 피부염

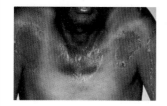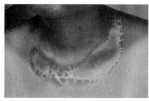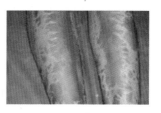

신체의 양쪽에 대칭으로 나타나는 피부염이 전형적인 펠라그라 증세이며 햇볕에 노출되었을 때 상태를 악화시킨다.

더 알아보기

옥수수와 펠라그라
펠라그라는 니아신의 성분이 적은 옥수수를 주식으로 하는 아프리카, 유럽, 이집트에서 많이 발병하였으나 니아신이 풍부한 곡식과 단백질 공급이 많아지면서 빠른 속도로 펠라그라가 사라졌다. 또한 볶은 커피에 니코틴산이 많이 함유되어 있어서 커피의 소비량이 많은 지역에서는 펠라그라 발생률이 낮게 나타난다.

2) 니아신 과잉증

자연식품을 통한 니아신의 섭취 부작용은 없으며, 니아신의 유해영향이나 독성은 강화식품이나 보충제를 통해 니아신을 과량으로 섭취하거나 고지혈증의 치료를 위해 니코틴산을 과량으로 복용할 때 나타난다. 고콜레스테롤혈증의 치료목적으로 사용하는 니코틴산은 하루 50mg NE/일의 낮은 용량 섭취 시에도 홍조, 피부 가려움증, 구역질, 구토, 위장장애 등이 나타난다.

간 기능 장애나 간 질환, 당뇨병, 소화성 궤양 질환, 통풍, 심장부정맥 질환, 편두통, 알코올 중독 등의 병력이 있는 사람들은 특히 니코틴산의 독성이 쉽게 나타날 수 있다.

(5) 니아신 섭취기준

신체가 니아신을 아미노산인 트립토판으로 만들 수 있다는 점에서 니아신의 필요량은 '니아신 당량(niacin equivalent)'으로 설명하고 있다. 즉, 니아신 당량(niacin equivalent, NE)은 니아신 1mg이나 트립토판 60mg을 의미한다.

> 니아신 당량(niacin equivalent, NE)
> 1mg NE = 1mg 니아신
> 1mg NE = 60mg 트립토판

성인의 니아신 평균필요량은 성인 남자 12mg NE/일, 성인 여자 11mg NE/일이며 권장섭취량은 평균필요량의 130%에 해당하는 값으로 남자 16mg NE/일, 여자의 경우 14mg NE/일이다.

(6) 니아신 급원식품

니아신의 급원식품은 육류(특히 간), 고등어, 가다랑어, 새우 등이다. 우유나 난류는 니아신이 거의 들어 있지 않으나 이에 상당하는 트립토판을 충분히 함유하고 있다[표 10-3].

표 10-3 니아신 주요 급원식품(100g당 함량)*

순위	식품명	함량(mg/100g)	순위	식품명	함량(mg/100g)
1	닭고기	10.82	6	햄/소시지/베이컨	5.16
2	돼지고기(살코기)	4.90	7	돼지 부산물(간)	8.44
3	백미	1.20	8	고등어	8.20
4	소고기(살코기)	2.38	9	빵	1.61
5	배추김치	0.71	10	소 부산물(간)	17.53

* 2017년 국민건강영양조사의 식품별 섭취량과 식품별 니아신 함량(국가표준식품성분표 DB 9.1) 자료를 활용하여 니아신 주요 급원식품 산출

4. 비타민 B$_6$

(1) 비타민 B$_6$의 구조 및 성질

비타민 B$_6$의 기능을 갖고 자연계에 존재하는 물질은 피리독살, 피리독신, 피리독사민 등 3가지로 구성되어 있으며 모두 간에서 인산화 과정을 거쳐 피리독살 인산(pyridoxal phosphate, PLP)라는 조효소 형태가 되어 주로 단백질 대사에 관여한다. 혈장 내 PLP의 함량은 비타민 B$_6$의 영양상태를 평가하는 가장 일반적인 지표로 사용되고 있다[그림 10-8].

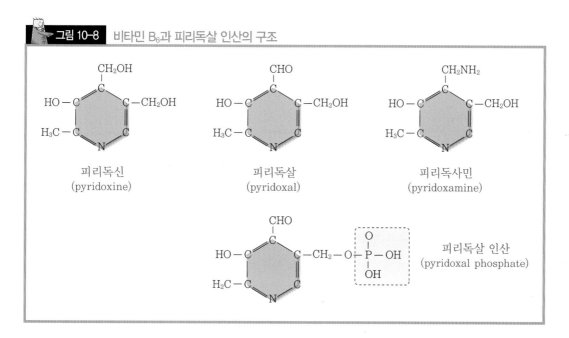

그림 10-8 　비타민 B$_6$과 피리독살 인산의 구조

피리독신
(pyridoxine)

피리독살
(pyridoxal)

피리독사민
(pyridoxamine)

피리독살 인산
(pyridoxal phosphate)

(2) 비타민 B$_6$의 흡수와 대사

식품 중에 들어 있는 비타민 B$_6$는 인산과 결합된 형태로 존재하며 수동적 확산에 의해 흡수된다. 흡수된 후 곧 PLP로 전환된다. 열대성 흡수불량증, 만성 알코올 중독증이 있을 때에는 흡수가 현저히 감소된다. 비타민 B$_6$는 혈장 단백질인 알부민과 결합하여 순환하며 모든 세포에 이용된다. 근육은 비타민 B$_6$의 주된 저장소이며 과량으로 섭취한 경우 신장을 통하여 소변으로 배설된다.

(3) 비타민 B$_6$의 생리적 기능

비타민 B$_6$는 주로 조효소 형태인 PLP가 당질, 지질, 특히 단백질 대사에서 매우 중요한 기능을 갖고 있다[그림 10-9].

1) 단백질 대사

비타민 B$_6$의 조효소 형태인 PLP는 아미노기 전이 반응, 탈아미노 반응, 탈탄산 반응에 관여한다.

① 아미노기 전이 반응

아미노산에서 아미노기를 제거하여 케토산을 만들거나 또는 제거한 아미노기를 다른 케토산에 붙여 주어 비필수아미노산을 합성한다.

② 탈아미노 반응

세린, 호모세린, 트레오닌의 탈아미노 반응에 관여한다.

③ 탈탄산 반응

노르에피네프린, 에피네프린, 세로토닌 합성을 위한 탈탄산 반응에 관여한다.

2) 탄수화물 대사

글리코겐이 분해되어 포도당으로 전환되는 과정에 글리코겐 가인산분해효소(glycogen phosphorylase)의 조효소로서 PLP가 관여하며 아미노기를 전이시키고 남은 아미노산의 탄소골격에서 포도당이 생성되는 당신생 합성에 관여한다.

3) 지질 대사

필수지방산인 리놀레산(linoleic acid)이 아라키돈산(arachidonic acid)으로 전환되는 과정에 PLP가 관여하며 신경계를 덮어 절연체 역할을 하는 미엘린(myelin)을 합성하는 데 관여한다.

4) 혈액 세포(blood cells) 합성

비타민 B$_6$는 헤모글로빈 고리(hemoglobin ring) 구조를 합성하는 데 필요하며 PLP는 헤모글로빈에 산소를 결합하도록 돕는다. 비타민 B$_6$가 결핍될 때는 헤모글로빈 함량이 부족하고 크기가 작은 적혈구를 형성하는 철 결핍성 빈혈과 유사한 소구성 저색소성 빈혈(microcytic hypochromic anemia)이 발생한다.

잠깐!

**소구성 저색소성 빈혈
(microcytic hypochromic anemia)**
헤모글로빈 함량이 부족하고 크기가 작은 적혈구를 형성하여 산소운반능력이 감소되었을 때 나타나는 빈혈 증세

5) 신경전달물질(neurotransmitter)의 합성

주요 신경전달물질들[serotonin, γ-aminobutyric acid(GABA), dopa-min(DOPA), norepinephrine] 합성은 PLP의 작용을 필요로 한다. 이 신경전달물질들은 신경세포들이 서로 상호작용할 수 있도록 하기 때문에 비타민 B_6가 결핍되면 우울증, 두통, 혼란, 발작 등과 같은 신경기능의 장애를 일으킨다.

또한 비타민 B_6의 섭취는 월경전 증후군(premenstrual syndrome, PMS)에 도움이 된다고 생각되고 있다. 월경전 며칠 동안 나타나는 PMS의 증세는 우울증, 흥분, 근심, 두통 등이 있으며, 비타민 B_6를 섭취하면 뇌에서 세로토닌의 합성이 증가하여 증상을 완화할 수 있다.

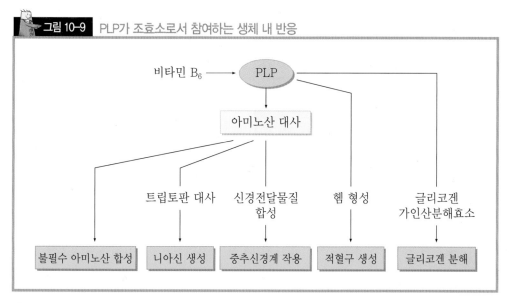

그림 10-9 PLP가 조효소로서 참여하는 생체 내 반응

더 알아보기

PMS(premenstrual syndrome, 월경전 증후군)
월경 시작 2~3일 전에 나타나는 증세로 비타민 B_6를 섭취하면 감소되었다는 보고가 있다. 과용 시 초기에는 우울증, 두통, 피로, 민감성 등 증상이 나타나며 후기에는 마비 증상이 나타나기도 하며, 팔다리가 쑤시고 근육이 무력해진다.

세로토닌과 우울증
세로토닌(serotonin)은 트립토판 유도체로 강력한 혈관수축제이며 뇌와 신경기능, 위액분비 및 장의 연동운동에 관여하고 식욕조절, 수면 조절 등의 역할을 하는 신경전달물질로, 긴장하면 많이 분비되어 흥분상태를 만드는 아드레날린과 기분을 일시적으로 유쾌하게 하는 엔돌핀 등의 신경전달물질을 가라앉히는 역할도 한다. 세로토닌이 충분히 분비되면 스트레스, 불안, 우울증이 사라진다. 우울증도 세로토닌 수치가 떨어져 생기는 현상 중 하나이다.

(4) 비타민 B₆ 섭취 관련 문제

비타민 B₆는 거의 모든 식품에 들어 있으므로 영양적 결핍 증상은 드물지만 구토, 빈혈, 피부염, 신경과민, 허약, 불면증이며 증세가 심해지면 성장부진, 경련, 흥분 등을 나타낸다. 또한 비타민 B₆가 부족하게 되면 소구성 저색소성 빈혈(microcytic hypochromic anemia)이 생기는데, 산소를 운반하는 헤모글로빈(hemoglobin)의 합성에 PLP가 관여하지 못하는 것이 원인이 된다[그림 10-10].

그림 10-10 비타민 B₆ 결핍증인 소구성 저색소성 빈혈

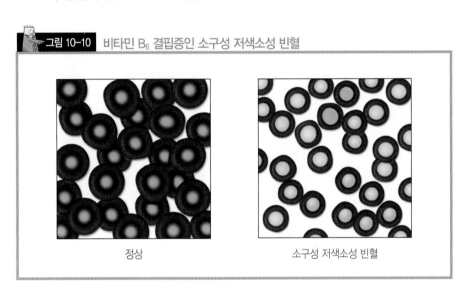

정상

소구성 저색소성 빈혈

(5) 비타민 B₆ 섭취기준

비타민 B₆ 섭취기준은 영양상태 양호수준인 혈장 PLP 농도가 30nmol/L을 기준으로 하여 설정하였으며, 권장섭취량은 평균필요량의 120% 수준으로 성인 남자 1.5mg/일, 성인 여자 1.4mg/일로 설정하였다.

운동선수들은 효과적 에너지원으로 글리코겐을 이용하며, 고단백 식사도 하므로 비타민 B₆ 요구량이 더 증가하게 된다.

(6) 비타민 B₆ 급원식품

비타민 B₆의 좋은 급원식품은 육류, 꽁치, 연어 등 동물성 식품과 백미, 해바라기씨, 무화과, 아보카도 등 식물성 식품이다. 동물성 식품의 비타민 B₆가 식물성 식품의 비타민 B₆보다 더 쉽게 흡수된다[표 10-4].

순위	식품명	함량(mg/100g)	순위	식품명	함량(mg/100g)
1	백미	0.12	6	닭 부산물(간)	0.76
2	돼지 부산물(간)	0.57	7	칠면조고기	0.60
3	소 부산물(간)	1.02	8	새우	0.08
4	꽁치	0.42	9	돔	0.32
5	연어	0.41	10	방어	0.38

표 10-4 비타민 B₆ 주요 급원식품(100g당 함량)*

* 2017년 국민건강영양조사의 식품별 섭취량과 식품별 비타민 B₆ 함량(국가표준식품성분표 DB 9.1) 자료를 활용하여 비타민 B₆ 주요 급원식품 산출

5. 엽산(folate)

(1) 엽산의 구조 및 성질

엽산은 프테리딘(pteridine), 아미노벤조산(para aminobenzoic acid, PABA), 글루탐산(glutamate)이 결합된 구조를 갖는 화합물이다[그림 10-11]. 엽산은 체세포 내에서 조효소인 테트라하이드로 엽산(tetrahydrofolic acid, THF)형태로 존재한다. 건조 상태의 엽산은 빛에 의해 파괴되며, 가열조리 시 엽산의 손실이 매우 크다.

그림 10-11 엽산(folic acid)의 구조

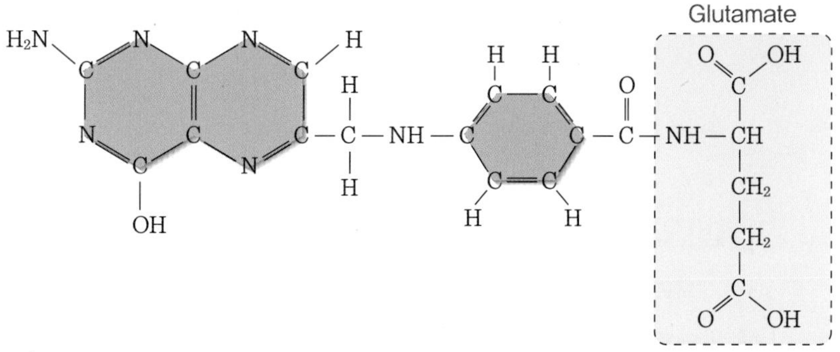

(2) 엽산의 흡수와 대사

식품에 들어 있는 엽산은 흡수되기 전에 글루탐산이 가수분해 되어 모노글루타메이트 형태로 되어야 하는데 이 전환은 소장의 내강에서 융모세포 내에 있는 엽산 가수분해효소(folate hydrolase)인 접합효소(conjugase)에 의해 이루어진다. 일단 소장 세포벽으로 흡수된 엽산은 혈액으로 수송되어 신체의 각 세포로 운반되며 간에 50%가 저장된다. 대부분의 성인은 소변으로 매일 $40\mu g$의 엽산을 배설하며, 변으로 손실되는 양은 약 $200\mu g$/일에 해당한다. 요와 변으로 배설되는 전체 배설량은 엽산이 대장에서 박테리아에 의해 합성되기 때문에 식이로 섭취한 엽산보다 때로는 더 많을 수 있다.

(3) 엽산의 생리적 기능

엽산의 가장 중요한 생리적 기능은 조효소인 THF(tetrahydrofolic acid)로 전환되어 메틸기($-CH_3$)와 같은 단일탄소단위를 수송하는 것이다. 이들 단일탄소단위의 수송과정은 DNA 합성, 여러 종류의 아미노산과 그 유도체의 대사, 세포 분열, 적혈구 세포와 다른 세포들의 성숙에 이용된다.

THF를 필요로 하는 생체 내 중요한 반응과정은 다음과 같다.

1) DNA의 염기합성

DNA(deoxyribonucleic acid), RNA(ribonucleic acid) 합성에 필요한 염기인 퓨린(purine, 구아닌, 아데닌)과 피리미딘(pyrimidine, 티민)의 합성에 필요하다.

2) 메티오닌(methionine)의 합성

메틸 THF가 메틸기를 호모시스테인으로 전해주어 메티오닌을 생성하며 이 때 비타민 B_{12}와 밀접하게 연관되어 있다.

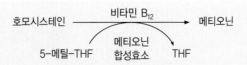

잠깐!

호모시스테인
(homocysteine)
동맥경화 유발물질로 비타민 B_6, 엽산, 비타민 B_{12} 등이 부족한 식사를 할 경우 과호모시스테인혈증으로 인해 심장병에 걸릴 확률이 높아진다.

고지혈증
엽산은 고호모시스테인혈증을 방지한다. 호모시스테인은 동맥경화 유발물질로서 비타민 B_6, 엽산, 비타민 B_{12}가 결핍되면 메티오닌으로 전환되지 못하고, 과잉의 호모시스테인은 혈액 속에 순환하게 되어 혈관벽을 손상시킨다.

3) 포르피린, 콜린의 합성

헤모글로빈의 헴그룹(heme group, porphyrin)의 합성과 에탄올아민(ethanolamine)에서 생성되는 콜린(choline)의 합성에 관여한다.

(4) 엽산 섭취 관련 문제

엽산 섭취량이 부족하면 적혈구가 DNA를 합성할 수 없기에 성숙한 적혈구로 분열되지 못한다. 따라서 비정상적으로 크고 미성숙한 거대적아구 세포(megaloblasts) 형태가 되어 거대적아구성 빈혈(megaloblastic anemia)이 나타나며[그림 10-12], 허약, 피로, 불안정, 가슴 두근거림 등의 증세를 보인다.

> **잠깐!**
>
> **거대적아구성 빈혈**
> **(megaloblastic anemia)**
> 엽산 섭취량이 부족하여 적혈구가 DNA를 합성할 수 없기에 성숙한 적혈구로 분열되지 못한, 비정상적으로 크고 미성숙한 형태를 가진 거대적아구성 세포 형태로 인한 빈혈을 말한다.

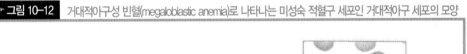

그림 10-12 거대적아구성 빈혈(megaloblastic anemia)로 나타나는 미성숙 적혈구 세포인 거대적아구 세포의 모양

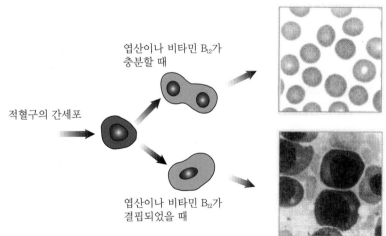

엽산이나 비타민 B_{12}가
충분할 때

적혈구의 간세포

엽산이나 비타민 B_{12}가
결핍되었을 때

엽산이나 비타민 B_{12} 결핍에 의해 정상적인 성숙 적혈구의 형성이 어려우며, 혈청 중의 두 비타민의 농도를 측정하여 빈혈의 원인을 확인할 수 있다.

　　또한 임신 초기에 엽산이 부족하면 태아의 신경관 형성에 장애가 생겨 신경관결손증의 기형아[그림 10-13]를 출산할 확률이 높으며, 조산, 사산, 저체중아 등 임신에 나쁜 영향을 미치며, 엽산 결핍으로 인한 고호모시스테인혈증은 심혈관계 질환의 위험요인이 되는 것으로 밝혀졌다.

그림 10-13 태아의 신경관 손상

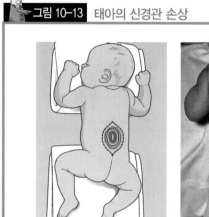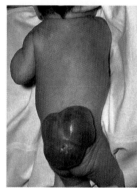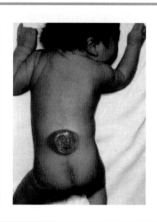

(5) 엽산 섭취기준

잠깐

DFE
(dietary folate equivalent)
식품 중 체내 이용 가능한
엽산의 양을 표현하는 단위

　　적혈구 엽산, 혈장호모시스테인, 혈청엽산 등의 혈중 농도를 정상으로 유지하는데 필요한 성인 남녀의 1일 평균필요량은 320μg DFE이며, 1일 권장섭취량은 400μg DFE이다.

엽산 흡수율과 식이엽산당량

엽산의 흡수율은 섭취하는 엽산의 형태와 다른 음식의 섭취여부에 따라 차이가 있다. 자연 식품에 존재하는 엽산의 흡수율은 약 50%이지만, 엽산 보충제를 공복에 먹으면 흡수율이 100%이며, 보충제를 다른 음식과 함께 섭취하면 흡수율은 85%이다. 이와 같이 식품에 첨가된 folic acid는 식품 중의 folate에 비해 1.7배(85/50) 이용률이 높다. 이를 이용하여 식이엽산당량(dietary folate equivalent, DFE)을 만들었다.

식품 중 엽산 1.0μg = 1.0μg DFE
강화식품 또는 식품과 함께 섭취한 보충제 중의 엽산 1μg = 1.7μg DFE
공복에 섭취한 보충제 중의 엽산 1μg = 2.0μg DFE

일반적으로 식이엽산당량을 계산하기 위해서는 다음의 식을 이용한다.

$$\mu g \ DFEs = \mu g \ of \ food \ folate + (1.7 \times \mu g \ of \ folic \ acid)$$

(6) 엽산 급원식품

엽산의 어원은 잎을 의미하는 folium으로 엽산의 가장 좋은 급원은 시금
치, 브로콜리, 배추, 파 같은 엽채류, 대두, 달걀에 많이 들어있다[표 10-5].

표 10-5 엽산 주요 급원식품(100g당 함량)*

순위	식품명	함량(μg DFE/100g)	순위	식품명	함량(μg DFE/100g)
1	대두	755	6	배추김치	15
2	달걀	81	7	파 김치	449
3	시금치	272	8	오이 소박이	584
4	백미	12	9	돼지 부산물(간)	163
5	총각김치	257	10	빵	35

* 2017년 국민건강영양조사의 식품별 섭취량과 식품별 엽산 함량(국가표준식품성분표 DB 9.1) 자료를 활용하여 엽산 주요 급원
식품 산출

6. 비타민 B₁₂(cyanocobalamin)

(1) 비타민 B₁₂의 구조 및 성질

비타민 B_{12}의 구조는 다른 비타민에 비해 매우 복잡하며 중심에 코발트
를 함유하고 있는 코린 고리(corrin ring)가 있다. 이 화합물은 헤모글로
빈(hemoglobin)이나 클로로필(chlorophyll)이 철이나 마그네슘을 함유하
고 있는 구조와 유사하다. 비타민 B_{12}의 중심에 코발트가 들어 있기 때문
에 코발라민(cobalamin)이란 이름이 붙여졌다[그림 10-14].

(2) 비타민 B₁₂의 흡수와 대사

식품에 들어 있는 비타민 B_{12}는 위로 들어가서 위액의 소화 작용에 의해
유리되어 R-단백질(구강 내의 타액선에서 생성)이라는 물질과 결합하고
복합체를 형성하여 소장으로 이동한다. 소장에서 단백질 분해효소인 트
립신(trypsin)이 R-단백질로부터 비타민 B_{12}를 분리시킨다. 분리된 유리
형 비타민 B_{12}는 위의 점막세포에서 생성되는 일종의 당단백질인 내적인
자(intrinsic factor, IF)와 결합한다. 이 내적 인자와 비타민 B_{12} 복합체는
회장에 있는 수용체까지 이동하여 회장점막 표면에 있는 수용체에 접착한

잠깐!

내적인자(intrinsic factor, IF)
위의 벽세포에서 분비되는
당단백질로 비타민 B_{12}를 회
장까지 안전하게 도달하도록
보호하는 물질

후 회장세포에서 비타민 B_{12}를 흡수하여 특정한 비타민 B_{12} 수송 단백질
인 트랜스코발라민 Ⅱ(transcobalamin Ⅱ)에 의하여 비타민 B_{12}를 간과 다
른 조직으로 운반한다. 혈장과 간에는 트랜스코발라민 Ⅰ(transcobalamin
Ⅰ)과 같은 또 다른 비타민 B_{12} 결합 단백질들이 존재하는데, 이것이 수용성
비타민 중에서는 유일하게 비타민 B_{12}를 간에 효율적으로 저장시키는 수단
이 된다[그림 10-15].

그림 10-14 비타민 B_{12}(시아노코발라민)의 구조

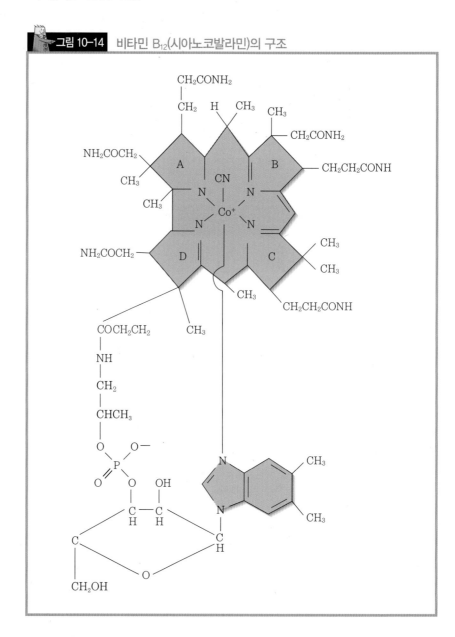

그림 10-15 비타민 B$_{12}$의 흡수경로

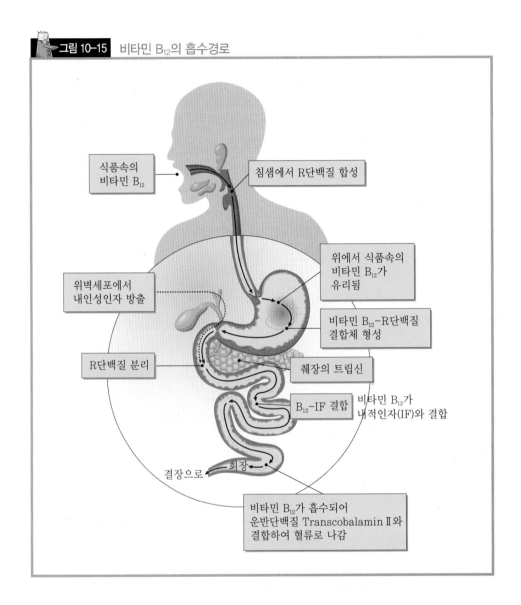

식품속의 비타민 B$_{12}$

침샘에서 R단백질 합성

위벽세포에서 내인성인자 방출

위에서 식품속의 비타민 B$_{12}$가 유리됨

비타민 B$_{12}$-R단백질 결합체 형성

R단백질 분리

췌장의 트립신

B$_{12}$-IF 결합   비타민 B$_{12}$가 내적인자(IF)와 결합

결장으로   회장

비타민 B$_{12}$가 흡수되어 운반단백질 Transcobalamin II와 결합하여 혈류로 나감

(3) 비타민 B$_{12}$의 생리적 기능

인체 내에서 활성을 나타내는 비타민 B$_{12}$의 조효소는 두 가지가 있다. 그 중 하나는 아데노실코발라민(adenosylcobalamin)으로, 체세포에서 수소 운반체로 작용하며, 또 다른 하나는 메틸코발라민(methylcobalamin)으로 메틸기의 운반체로서 작용한다.

1) 메티오닌 합성

비타민 B$_{12}$가 조효소로 작용하는 가장 중요한 반응은 호모시스테인으로 메티오닌을 합성하는 반응이며 엽산(folate) 대사와 밀접하게 관련되어 있다.

2) 세포분열에 관여

비타민 B_{12}는 엽산 조효소(THF)를 DNA 합성과 같은 중요한 대사 작용에 필요한 활성형으로 전환시키는 데 필요하다. 엽산과 비타민 B_{12} 중 하나라도 부족하게 되면 정상적인 DNA 합성이 어렵게 되어 세포분열이 이루어지지 않으므로 세포증식이 활발한 적혈구 발달에 커다란 장애가 나타나 거대적 아구성 빈혈(megaloblastic anemia)이 된다.

3) 신경세포 정상유지

비타민 B_{12}는 신경세포의 축삭돌기를 감싸고 있는 미엘린(수초)을 형성하고 신경계를 정상적으로 유지시키는 데 필요하다.

4) 홀수 지방산 산화 대사

비타민 B_{12}는 메틸말로닐 CoA를 숙시닐 CoA로 전환시키는 반응의 조효소로 작용한다. 홀수 지방산의 산화 시 생성되는 프로피오닐 CoA(propionyl CoA)는 메틸말로닐 CoA(methylmalonyl CoA)로 전환되고, 다시 메틸말로닐 CoA가 숙시닐 CoA(succinyl CoA)로 전환되어 TCA 회로에 의해 대사된다.

(4) 비타민 B_{12} 섭취 관련 문제

잠깐!

악성빈혈
(pernicious anemia)
거대 적혈구가 혈액 내에 나타나고 적혈구 수의 감소로 인해 헤모글로빈 함량이 부족하게 되어 나타나는 빈혈

비타민 B_{12} 결핍의 악성빈혈은 일반적으로 비타민의 섭취 부족이라기보다는 잘 흡수하지 못할 때 발생하며, 식사로 충분히 섭취하였다 하더라도 유전적인 결함으로 내적인자가 합성되지 않거나 위절제 수술로 내적인자가 분비되지 않을 경우에 나타난다. 그러나 일단 악성빈혈로 진단되었을 때 비타민 B_{12}를 주사하면 1~2일 이내에 적혈구 세포의 성숙을 촉진시켜 증세가 호전된다.

악성빈혈의 특징은 거대 적혈구가 혈액 내에 나타나고, 적혈구 수의 감소로 인한 헤모글로빈 함량이 부족하게 되어 빈혈이 된다. 이 외에도 허약증, 설염, 체중손실, 식욕감퇴, 소화불량, 설사, 사지의 통증과 마비 등이 나타나며 보행의 어려움과 가벼운 치매증, 기억력 상실증을 수반한 증세를 보인다.

악성빈혈로 인한 빈혈 증세와 신경손상은 노인들에게 많이 발생한다. 노인이 되면 위벽세포에서 비타민 B_{12} 흡수에 필요한 내적인자(IF)를 합성하는 능력이 감소되기 때문이다. 위벽세포는 내적인자뿐만 아니라 위산을

분비하므로 악성빈혈 환자들 가운데 위산분비가 부족한 증세가 동시에 나
타나는 경우가 많다.

더 알아보기

악성빈혈과 거대적 아구성 빈혈

악성빈혈은 거대적 아구성 빈혈에 신경장애가 나타나는 빈혈로, 비타민 B_{12} 부족에 의한 악성빈혈은 엽산결핍증과 같은 거대적 아구성 빈혈이 발생한다. 이를 단순히 엽산결핍증으로 여기고 엽산만 보충할 경우 빈혈은 치유되지만 신경계 손상은 치유되지 않으므로 영구적인 신경손상을 초래할 수 있다. 거대적 아구성 빈혈은 비타민 B_{12} 결핍이나 엽산 결핍 및 그 외의 원인으로 세포 내 DNA 합성에 장애가 발생하여 세포질은 정상적으로 합성되지만 핵의 세포분열이 정지하거나 지연되어 적혈구 세포의 거대화로 인해 초래되는 빈혈이다.

(5) 비타민 B_{12} 섭취기준

우리나라를 대상으로 한 연구 자료가 부족하여 미국·캐나다 섭취기준 설정방법을 참고하였다. 성인 남녀의 평균필요량을 $2\mu g$/일로 설정하였으며, 권장섭취량은 평균필요량의 120% 수준인 $2.4\mu g$/일로 설정하였다.

(6) 비타민 B_{12} 급원식품

비타민 B_{12}가 함유되어 있는 중요한 급원은 바지락, 멸치, 굴, 육류(내장육), 달걀, 우유 및 유제품 등이다[표 10-6]. 모든 비타민 B_{12} 복합체들은 박테리아, 곰팡이, 조류에 의해 합성된다. 비타민 B_{12}의 유일한 급원식품은 동물성 식품으로 주로 박테리아에 의해 합성된 것이다.

육류를 섭취하는 사람들은 결핍의 우려가 없으며, 철저한 채식주의자들에게는 비타민 B_{12}가 강화된 식품이나 비타민 B_{12} 제제 등이 필요하다.

표 10-6 비타민 B_{12}의 주요 급원식품(100g당 함량)*

순위	식품명	함량(μg/100g)	순위	식품명	함량(μg/100g)
1	소 부산물(간)	70.6	6	소고기(살코기)	2.0
2	바지락	74.0	7	고등어	11.0
3	멸치	24.2	8	빵	2.0
4	돼지 부산물(간)	18.7	9	굴	28.4
5	김	66.2	10	라면(건면, 스프포함)	2.0

* 2017년 국민건강영양조사의 식품별 섭취량과 식품별 비타민 B_{12} 함량(국가표준식품성분표 DB 9.1) 자료를 활용하여 비타민 B_{12} 주요 급원식품 산출

7. 판토텐산(pantothenic acid, 비타민 B₅)

판토텐산은 그리스어의 'panthos'(영어의 everywhere, 어디에나)에서 유래된 것으로 모든 동물성, 식물성 식품에 널리 분포되어 있다.

(1) 판토텐산의 구조 및 성질

판토텐산의 화학적 구조는 [그림 10-16]에서 보는 바와 같이 CoA의 구성 성분으로 에너지 대사에 필수적이다.

그림 10-16 판토텐산과 CoA의 구조

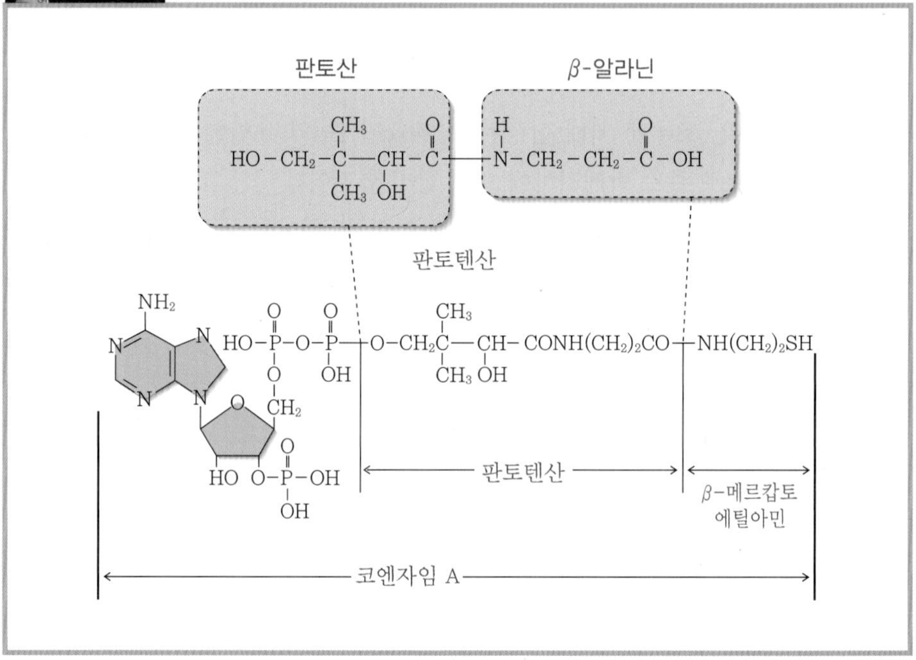

판토산   β-알라닌

판토텐산

판토텐산

β-메르캅토 에틸아민

코엔자임 A

(2) 판토텐산의 흡수와 대사

판토텐산은 소장의 점막을 통하여 능동수송이나 단순확산에 의해 쉽게 흡수되어 문맥으로 들어가고 혈장 내에서는 유리상태로 존재하며 특히 적혈구, 간과 신장에 많이 존재하고 과잉 섭취 시 소변을 통해 배설된다.

(3) 판토텐산의 생리적 기능

판토텐산은 체내에서 CoA와 아실기운반 단백질(acyl carrier protein, ACP)의 구성 성분으로 여러 대사에 관여한다[그림 10-17].

> **잠깐!**
>
> **아실기운반 단백질**
> **(acyl carrier protein, ACP)**
> 체내에서 아실기를 활성화하는 운반체로서 지방산의 합성과 콜레스테롤, 스테로이드 호르몬 합성, 피루브산의 산화작용에 관여한다.

그림 10-17 아세틸 CoA의 체내 대사 기능

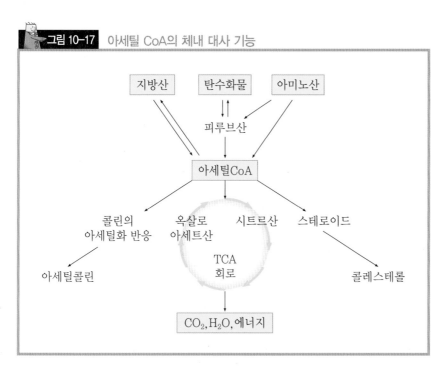

1) 에너지 생성

판토텐산은 CoA의 구성성분으로 탄수화물, 단백질, 지방대사로부터 ATP를 생성하는 데 필수적이다. CoA는 아세테이트와 결합하여 활성형 아세테이트인 아세틸 CoA를 형성한다. 아세틸 CoA는 옥살로아세트산(oxaloacetate)과 결합하여 시트르산(citrate)을 형성하여 TCA 회로로 들어갈 수 있도록 작용한다.

$$\text{oxaloacetate} \xrightarrow[\text{H}_2\text{O}]{\text{acetyl CoA} \quad \text{CoA} \cdot \text{SH}} \text{citrate}$$

2) 지방산, 콜레스테롤, 스테로이드 호르몬 합성

판토텐산은 아실기 운반단백질(acyl carrier protein, ACP)의 구성 성분으로서 지방산의 합성, 콜레스테롤과 다른 스테로이드 화합물의 합성, 헤모글로빈의 색소물질인 포르피린(porphyrin)의 합성에 관여한다.

3) 아세틸콜린 합성

판토텐산은 CoA의 형태로 아세틸기를 운반하는 운반체로서 신경자극 전달 물질인 아세틸콜린(acetylcholine)의 합성에 관여한다.

(4) 판토텐산 섭취 관련 문제

판토텐산은 식품에 널리 분포되어 있어서 다양한 식사를 하는 사람들에게 결핍증은 유발되지 않는다. 임상적으로 판토텐산의 결핍증이 사람에게 나타났다는 보고는 없으나 실험적인 결핍증세로는 무관심, 피로, 두통, 수면장애, 메스꺼움, 손 통증, 복부 통증 등이 있다.

(5) 판토텐산 섭취기준

한국인에 관한 자료가 전혀 없는 실정이므로 미국의 영양섭취기준 자료를 이용하였다. 성인에게 필요한 1일 충분섭취량은 5mg/일이다.

(6) 판토텐산 급원식품

판토텐산은 거의 모든 식품 속에 존재하며, 백미, 배추김치, 돼지고기, 소고기, 닭고기, 달걀은 특히 좋은 급원이다[표 10-7].

표 10-7 판토텐산의 주요 급원식품(100g당 함량)*

순위	식품명	함량(mg/100g)	순위	식품명	함량(mg/100g)
1	백미	0.66	6	닭고기	0.80
2	맥주	0.89	7	달걀	0.91
3	배추김치	0.83	8	우유	0.30
4	돼지고기(살코기)	0.86	9	돼지 부산물(간)	4.77
5	소고기(살코기)	1.63	10	소 부산물(간)	7.11

* 2017년 국민건강영양조사의 식품별 섭취량과 식품별 판토텐산 함량(국가표준식품성분표 DB 9.1) 자료를 활용하여 판토텐산 주요 급원식품 산출

8. 비오틴(biotin, 비타민 B_7)

(1) 비오틴의 구조 및 성질

비오틴의 화학적 구조는 [그림 10-18]에서 보는 바와 같다. 비오틴은 식
품에 유리형 비오틴(biotin)과 비오시틴(biocytin)의 두 가지 형태로 존재
한다. 생물학적으로 비오틴의 활성형 유도체인 비오시틴은 비오틴의 카복
실기(-COOH)에 아미노산인 라이신(lysine)이 결합되어 있다.

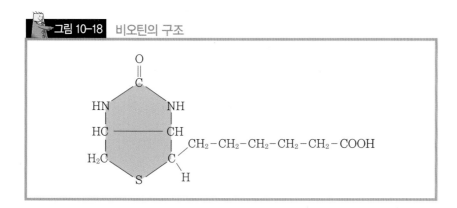

그림 10-18 비오틴의 구조

(2) 비오틴의 흡수와 대사

비오틴은 식품에 유리 형태로 존재하거나 라이신과 결합된 비오시틴으
로 존재한다. 비오틴은 소장에서 흡수되는 반면, 비오시틴은 소장 내에 존
재하는 비오틴 분해효소(biotinidase)에 의해 유리된 후 소장세포로 흡수
되어 문맥을 통하여 혈액으로 들어간다. 섭취량이 적을 때는 촉진확산으
로, 많을 때는 단순확산으로 흡수된다. 그러나 생난백을 다량 섭취한 경우
에는 난백의 아비딘과 결합하여 흡수가 방해된다. 일단 체내에서 사용되
던 비오틴은 소변을 통하여 배설된다.

(3) 비오틴의 생리적 기능

비오틴은 체내에서 여러 가지 효소의 조효소로서 역할을 하며 어떤 화합
물에 CO_2를 첨가하는 카복실화 반응(carboxylation)에 관여한다. 카복실
화 반응에 관여하는 비오틴은 탄수화물, 지방, 단백질의 대사를 정상적으
로 유지시키는 데 매우 중요한 역할을 한다.

1) 옥살로아세트산 생성

비오틴은 피루브산 카복실라아제(pyruvate carboxylase)의 조효소로 작용하여 피루브산을 카복실화시켜 옥살로아세트산(oxaloacetate)으로 전환한다. 옥살로아세트산은 TCA 회로의 첫 단계에 관여하는 중요한 물질이며, 당신생 과정에서도 중요하다.

$$pyruvate \xrightarrow[\text{카복실화 반응}]{CO_2} oxaloacetate$$

2) 말로닐 CoA 생성

비오틴은 아세틸 CoA 카복실화효소(acetyl CoA carboxylase)의 조효소로 작용하여 아세틸 CoA를 카복실화시켜 말로닐 CoA를 생성한다.

$$acetyl\ CoA \xrightarrow[\text{카복실화 반응}]{CO_2} malonyl\ CoA \longrightarrow fatty\ acid$$

(4) 비오틴 섭취 관련 문제

성인에게 나타나는 비오틴의 결핍 증세는 원형탈모, 탈색, 지루성피부염, 결막염, 코와 입 주위의 습진증세 등이 발생한다.

비오틴 결핍증은 오랫동안 관 급식(total parental nutrition, TPN)을 지속하는 경우나 선천적으로 비오틴 분해효소(biotinidase) 또는 카복실화효소(carboxylase)가 부족한 결함을 가지고 태어난 유아에게 발생할 수 있다[그림 10-19].

(5) 비오틴 섭취기준

건강한 사람들에서 비오틴 결핍증에 대한 자료가 거의 보고되지 않았고, 한국인의 비오틴 섭취량을 보고한 충분한 근거자료가 부족하므로 미국/캐나다에서 사용한 영양소 섭취기준 자료로 성인의 충분섭취량을 30μg/일로 설정하였다.

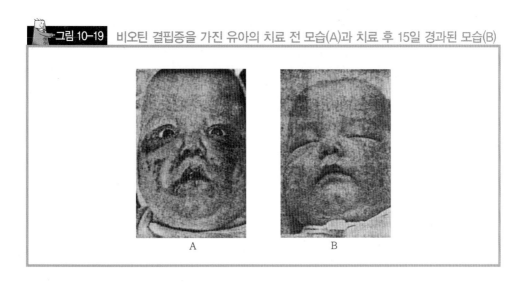
그림 10-19 비오틴 결핍증을 가진 유아의 치료 전 모습(A)과 치료 후 15일 경과된 모습(B)

(6) 비오틴 급원식품

비오틴의 급원식품으로는 달걀, 우유, 닭고기, 돼지고기, 세발나물 등이다[표 10-8].

표 10-8　비오틴 주요 급원식품(100g당 함량)*

순위	식품명	함량(μg/100g)	순위	식품명	함량(μg/100g)
1	달걀	21.0	6	고추장	19.2
2	맥주	4.1	7	닭고기	3.8
3	우유	2.3	8	돼지고기(살코기)	2.3
4	고춧가루	75.2	9	세발나물	537.1
5	게	98.2	10	케이크	12.4

* 2017년 국민건강영양조사의 식품별 섭취량과 식품별 비오틴 함량(국가표준식품성분표 DB 9.1) 자료를 활용하여 비오틴 주요 급원식품 산출

9. 비타민 C(ascorbic acid)

'ascorbic acid'란 명칭은 항괴혈성 성질 때문에 붙여진 것으로 없음을 의미하는 접두어 'a'와 괴혈병을 의미하는 라틴어 'scorbutus'가 결합되어 만들어진 것이다.

(1) 비타민 C의 구조 및 성질

비타민 C는 단당류의 구조와 유사한 6개의 탄소를 갖고 있는 간단한 화합물로서 식품을 통해 섭취해야 한다. 체내에서 비타민 C의 활성을 나타내는 물질에는 환원형인 아스코르빈산(ascorbic acid)과 산화형인 디하이드로아스코르빈산(dehydroascorbic acid)이 있다.

비타민 C의 두 가지 형태는 체내에서 항산화제로서의 기능을 갖는 환원제이기 때문에 산화에 매우 민감하다[그림 10-20].

그림 10-20 아스코르빈산의 구조

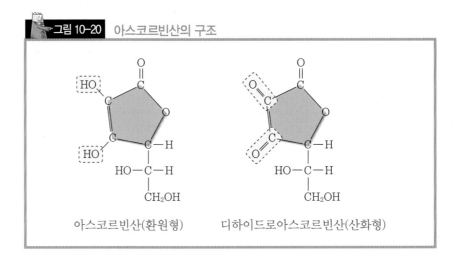

아스코르빈산(환원형) 디하이드로아스코르빈산(산화형)

(2) 비타민 C의 흡수와 대사

비타민 C는 소장 상부의 점막에서 쉽게 흡수되어 문맥을 통해 간으로 가서 각 조직으로 운반된다. 비타민 C의 흡수율은 섭취량에 따라 달라져서 하루에 30~180mg의 비타민 C를 섭취할 때 약 70~90%의 비타민 C가 흡수되지만, 하루에 1g 이상 섭취 시 흡수율은 50% 이하로 떨어지고 대사되지 않은 비타민 C가 소변으로 배설된다. 하루 약 80mg까지 비타민 C를 섭취해도 대사되지 않은 형태로 배설되는 비타민 C는 거의 없지만, 정상

상태에서 섭취량이 약 100mg/일을 넘으면 흡수된 비타민 C 중 소변으로 배설되는 양이 증가하고, 섭취량이 1,000mg/일이면 흡수된 비타민은 거의 다 배설된다.

(3) 비타민 C의 생리적 기능

1) 콜라겐(collagen)의 합성

비타민 C는 세포들과 조직들을 서로 결합시키는 결체조직의 주요 성분인 콜라겐 형성에 필요하다. 콜라겐은 결체조직, 골격, 치아, 연골, 피부, 상처 조직의 주요한 구조단백질로 콜라겐 합성에 필요한 효소인 수산화효소를 활성화하는 작용을 한다. 아미노산인 프롤린과 라이신이 수산화되어서 하이드록시프롤린(콜라겐 세 개의 나선구조 안정화), 하이드록시 라이신(콜라겐 섬유를 안정화시키는 상호결합 형성)을 형성하는데 이 과정에서 비타민 C가 수산화 반응에 관여한다[그림 10-21].

2) 카르니틴(carnitine)의 합성

비타민 C는 카르니틴이 생합성되는 데 필요하다. 카르니틴은 에너지 생산을 위해서 지방산을 세포질로부터 미토콘드리아로 운반하는 역할을 하며 카르니틴의 생합성이 저하되면 혈액에 중성지방이 축적된다.

3) 신경전달물질의 합성

비타민 C는 뇌 중추신경에서 티로신(tyrosine)으로 형성된 도파민(dopamine)이 수산화 반응을 거쳐서 노르에피네프린(norepinephrine)이 되는 과정과 트립토판이 수산화 반응에 의해 신경전달물질인 세로토닌(serotonin)으로 생합성하는 과정에서 필요하다.

4) 항산화작용

비타민 C는 쉽게 산화되는 성질이 있기 때문에 항산화제로서 작용할 수 있다. 항산화제는 산화될 수 있는 조직에서 자신이 먼저 산화하여 다른 물질의 산화를 방지하고 억제하는 물질이다. 따라서 세포 내에서 생성되는 활성산소를 제거하여 세포를 보호해 주는 역할을 한다. 또한 비타민 C는 비타민 E, β-카로틴, 리놀레산 등이 산화되는 것을 막는다. 특히 비타민 E나 다가불포화지방산은 세포막의 정상적인 유지에 필수적인 성분이므로 비타민 C의 항산화기능은 생리적으로 매우 중요하다.

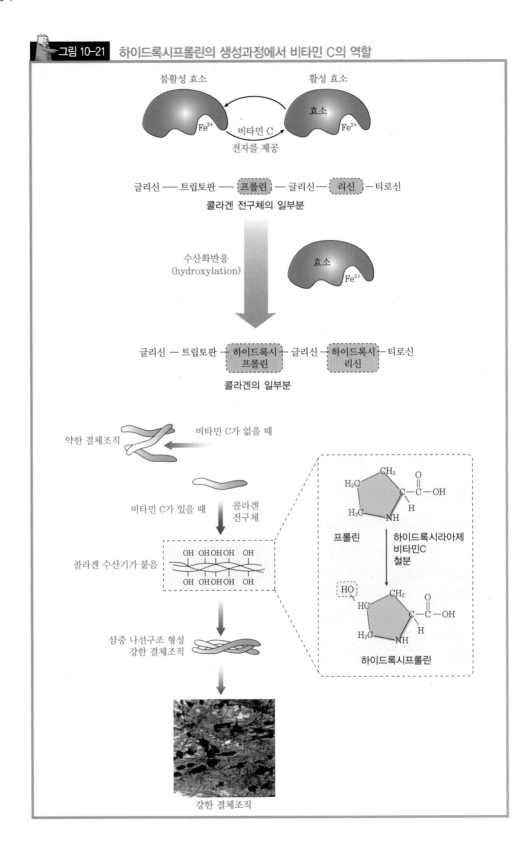

그림 10–21 하이드록시프롤린의 생성과정에서 비타민 C의 역할

5) 철, 칼슘의 흡수

비타민 C는 철이 소장벽에서 흡수될 때 산화형인 제2철(Fe^{+++})이 환원형인 제1철(Fe^{++})로 환원되어 흡수되는 과정을 돕는다. 또한 칼슘이 불용성염을 형성하는 것을 방지하여 칼슘 흡수를 돕는다. 엽산이 활성 형태인 THF (tetrahydrofolic acid)로 전환하는 과정에서도 비타민 C가 필요하다.

(4) 비타민 C 섭취 관련 문제

비타민 C가 결핍되면 세포 간 물질과 콜라겐의 합성이 부족하게 되어 모세혈관이 쉽게 파열되고 피부, 점막, 내장기관, 근육에서 출혈이 생긴다[그림 10-22]. 그리고 체중감소, 면역기능감소, 상처회복지연, 고지혈증, 빈혈 등이 나타나며, 심리적 증세로 히스테리와 우울증도 나타난다.

그림 10-22 비타민 C 결핍증

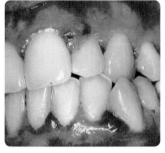 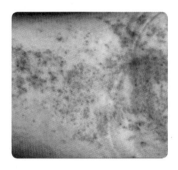

(5) 비타민 C 섭취기준

성인 남녀의 비타민 C의 평균필요량은 75mg/일, 권장섭취량은 100mg/일이다. 비타민 C의 요구량을 증가시키는 것으로는 감염, 화상, 납·수은·카드뮴 같은 독성 중금속의 섭취, 아스피린, 경구피임약, 흡연 등이 있다.

더알아보기

흡연과 비타민 C
흡연 시 담배에 함유되어 있는 니코틴이 혈액 내에서 비타민 C를 소비하기 때문에 손실된 비타민 C를 보충하기 위해 비흡연자보다 2배 이상의 비타민 C가 필요하나 비타민 C를 많이 섭취한다 해도 흡연으로 인한 해를 막을 수 없다.

(6) 비타민 C 급원식품

비타민 C가 풍부한 식품에는 시금치, 고구마, 무, 양배추, 풋고추 등의
채소와 딸기, 오렌지, 귤, 토마토 등의 과일이 있다[표 10-9].

표 10-9 비타민 C의 주요 급원식품(100g당 함량)*

순위	식품명	함량(mg/100g)	순위	식품명	함량(mg/100g)
1	가당음료(오렌지주스)	44.1	6	오렌지	43.0
2	귤	29.1	7	햄/소시지/베이컨	28.1
3	딸기	67.1	8	배추김치	3.2
4	시금치	50.4	9	토마토	14.2
5	시리얼	190.9	10	고구마	14.5

* 2017년 국민건강영양조사의 식품별 섭취량과 식품별 비타민 C 함량(국가표준식품성분표 DB 9.1) 자료를 활용하여 비타민 C
주요 급원식품 산출

더 알아보기

비타민 C의 과잉섭취

비타민 C의 과잉섭취는 메스꺼움, 복부경련, 설사 등을 초래하고 혈액응고방지제의 약효를 감소시키며, 유전적으로 비
타민 C의 분해가 안 되는 환자나 통풍환자의 경우 신장 결석이 나타난다.

더 알아보기

비타민의 생리적 기능

생리적 기능	요구되는 비타민
에너지 대사경로	티아민, 리보플라빈, 니아신, 비오틴, 판토텐산
혈액 형성(응고 포함)	비타민 B_6, 비타민 B_{12}, 엽산, 비타민 K
콜라겐 형성	비타민 C
항산화 및 방어 기능	비타민 C, 비타민 E, 비타민 A(카로티노이드 포함), 리보플라빈(간접작용)
호모시스테인 대사	엽산, 비타민 B_{12}, 비타민 B_6
단백질 전사	비타민 A, 비타민 D
단백질 대사	비타민 B_6, 비타민 C, 엽산
뼈의 건강	비타민 D, 비타민 K, 비타민 C, 비타민 A,
시각 기능에 관여	비타민 A

배운 것을 확인할까요?

01 에너지생성과정에 관여하는 비타민은 어떤 것이 있나요?

02 니아신 결핍증에 설명하세요.

03 동맥경화증을 예방할 수 있는 비타민은 어떤 것이 있나요?

04 가임기 여성의 경우 엽산 섭취가 중요합니다. 그 이유는 무엇일까요?

05 콜라겐 형성과 상처치유에서의 비타민 C의 역할에 대해 설명하세요.

다량무기질

Chapter 11

다량무기질

1. 무기질의 개요

무기질은 신체를 구성하고 있는 성분이며, 체내에서 유기물질이 완전히 산화된 후에도 남아 있는 광물질(ash)로 탄소(C), 수소(H), 산소(O) 및 질소(N) 이외의 원소를 말하는데 성인 체중의 약 4%에 해당한다[그림 11-1].

그림 11-1 체내 무기질의 함량

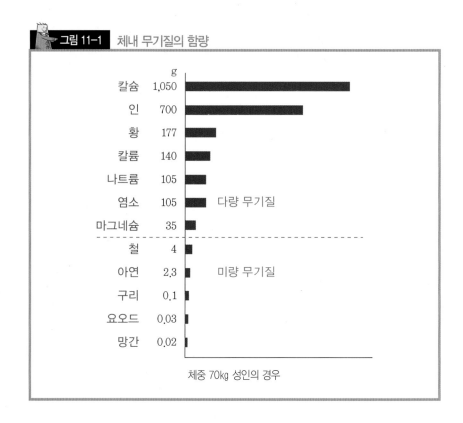

체중 70kg 성인의 경우

인체를 구성하는 무기질은 최소한 20가지이며, 신체 안에 있는 함량 및 필요량에 따라 두 가지로 나뉜다. 체중의 0.01% 이상 존재하거나 1일 식사에서 100mg이나 그 이상 섭취하는 것을 다량 무기질(macrominerals)이라 하며, 칼슘, 인, 나트륨, 칼륨, 염소, 마그네슘, 황이 해당된다. 체중의 0.01%보다 더 적은 양이 존재하는 것을 미량 무기질(microminerals or trace elements)이라 하며, 철, 아연, 구리, 불소, 망간, 요오드, 셀레늄, 몰리브덴, 크롬 등이 포함된다.

무기질은 체내에서 뼈와 치아 등 신체의 구성성분과 산·알칼리 균형 및 삼투압 조절, 여러 금속효소, 호르몬, 비타민 등의 구성성분으로, 또한 대사의 촉매작용 및 근육과 신경의 정상적인 기능의 조절소로서 역할을 한다.

무기질은 식품 내에 함유된 양뿐만 아니라 생체이용률(bioavailability)에 의해 체내로 흡수되고 이용되는 정도가 다르다.

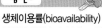

생체이용률(bioavailability)
섭취한 영양소가 실제로 체내에 흡수되어서 이용될 수 있는 정도이다.

더 알아보기

무기질의 생체이용률에 영향을 주는 요인

① **무기질에 대한 생리적 요구**
성인의 경우 칼슘은 섭취량의 30% 정도가 흡수되나 골격 발달이 왕성한 성장기 어린이의 흡수율은 75%까지 증가하기도 하며 임신 기간 동안의 흡수율도 60%까지 증가된다.

② **무기질과 무기질 간의 상호 작용**
마그네슘, 철분, 구리 등의 2가 이온은 크기나 전하가 비슷해서 흡수 시 서로 경쟁적이다.

③ **비타민과 무기질 간의 상호 작용**
비타민 D는 칼슘의 흡수를 돕고 비타민 C는 철분의 흡수를 증가시킨다.

④ **식이섬유와 무기질 간의 상호 작용**
고식이섬유는 칼슘, 철분, 아연 등의 흡수를 낮추므로 식이섬유를 35g 이상 섭취하면 무기질 흡수와 관련된 문제가 생길 수 있다.

---

2. 칼슘(calcium, Ca)

(1) 칼슘의 체내 분포

인체 내에서 가장 풍부한 무기질로 체중의 약 1~2%를 차지하고 있다. 체내 칼슘의 99%는 경조직, 즉 골격과 치아를 이루고 있고 약 1%는 세포 내·외액에 존재하며 세포의 생명기능에 관여하고 있다.

(2) 칼슘의 흡수 및 대사

보통 식사 중 칼슘의 10~30%가 장을 통하여 흡수되는데 칼슘섭취량이 적을 경우에는 주로 능동 수송으로 운반 흡수되며, 많을 때는 주로 수동 확산에 의해 소장의 모든 부위에서 칼슘이 흡수된다.

칼슘의 흡수는 여러 요인에 의해 영향을 받는데 흡수를 촉진시키는 요인과 흡수를 저해시키는 요인이 있다.

1) 칼슘의 흡수를 촉진시키는 인자

① 신체의 요구도

성장기 아동이나 임신, 수유기와 같이 체내 요구량이 증가하면 흡수율이 증가하는 반면 폐경기 이후의 여자는 칼슘 흡수율이 감소한다.

② 혈액 내 칼슘이온의 농도

혈액 중의 칼슘이온 농도가 감소하면 부갑상샘 호르몬이 분비되는데 이 부갑상샘 호르몬은 비타민 D를 활성형으로 전환하여 칼슘의 흡수율을 높인다.

③ 장내의 산도

장내의 산도가 높은 경우 칼슘의 흡수율이 높아져 칼슘의 흡수를 증가시킨다.

④ 유당

유당은 유산균의 작용으로 젖산을 생성하여 장내의 산도를 낮추어 칼슘의 용해성을 증가시켜 칼슘의 흡수를 돕는다.

⑤ 염기성 아미노산

라이신(lysine)과 아르기닌(arginine) 같은 염기성 아미노산도 칼슘의 용해성을 증가시켜 칼슘의 흡수를 돕는다.

⑥ 비타민 D

비타민 D는 소장에서 칼슘결합단백질(calcium binding protein)의 합성을 촉진하여 칼슘의 흡수를 돕는다.

⑦ 비타민 C

비타민 C는 칼슘의 흡수율을 증가시킨다.

능동수송
에너지를 필요로 하며, 농도 기울기에 역행하여 생체막을 통과하는 물질 이동이다.

수동수송
에너지를 필요로 하지 않으며, 농도 기울기에 따라서 생체막을 통과하는 물질 이동이다.

부갑상샘
갑상샘 뒤쪽에 상하 각 1쌍씩 4개가 있는 쌀알 크기의 내분비선이며, 펩티드계 호르몬인 부갑상샘 호르몬(PTH)이 분비된다.

⑧ 식이 중 칼슘과 인의 비율

식이 중 칼슘과 인의 비율도 흡수에 큰 영향을 미치는데 가장 좋은 구성 비율은 1:1~2:1 수준이다. 이 비율이 알맞게 들어 있는 식품은 우유 및 유제품이다. 대개의 식품은 칼슘보다 인이 더 많은데 인이 칼슘에 비해 과량으로 존재하면 많은 양의 불용성 인산칼슘이 형성되어 칼슘이 흡수되지 않고 대변으로 배설된다.

2) 칼슘의 흡수를 저해하는 인자

① 과량의 지방섭취

많은 양의 지방을 섭취하면 장내에 머무는 유리지방산의 양이 많아져 칼슘과 결합하여 불용성염을 형성하여 배설되므로 흡수율이 저하된다.

② 식이섬유와 기타 요인

식사 중의 식이섬유는 칼슘과 결합하여 칼슘의 흡수를 감소시킨다. 수산(oxalates)이 함유된 시금치, 무청, 근대 등의 채소와 피틴산(phytates)을 함유한 밀기울, 밀, 콩류 등을 섭취하면 소화기관 내에서 칼슘과 결합하며 불용성 수산칼슘염 또는 불용성 피틴산칼슘염을 형성하여 칼슘의 흡수를 저해한다.

(3) 칼슘의 생리적 기능

칼슘은 체내에서 골격과 치아조직의 형성 및 신체조절작용 등의 중요한 기능을 가지고 있다.

1) 골격과 치아조직의 형성

골격은 칼슘을 함유하고 있는 무기염이 연골인 유기질 기질에 침착되어 형성된다. 무기염은 수산화인회석[하이드록시아파타이트, hydroxyapatite, $Ca_{10}(PO_4)_6(OH)_2$]으로 알려져 있는 물질로서 주로 칼슘, 인, 수산기로 형성되어 있으며 그 외 나트륨, 마그네슘, 탄산염 이온들도 소량 존재하고 있다. 연골인 유기질 기질은 주로 콜라겐(collagen)과 점성다당류(mucopoly-saccharide)로 구성되어 있다. 골격은 인체 내 칼슘 저장 장소인데 저장되어 있는 칼슘 중 쉽게 사용할 수 있는 것은 [그림 11-2]에서 보는 바와 같이 긴 뼈의 끝인 골단의 내부에 해면골(섬유주, trabeculae)에 저장된다.

잠깐!

**수산화인회석
(하이드록시아파타이트,
hydroxyapatite)**
칼슘과 인산으로 만들어진 염으로 골격의 단백질기질에 침착되어 뼈에 강도와 경도를 주는 물질이다.

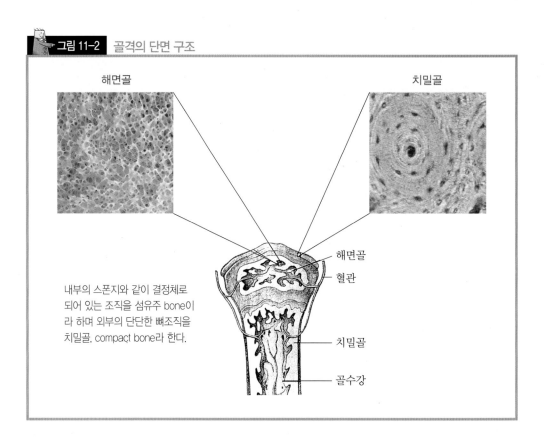

그림 11-2 골격의 단면 구조

해면골

치밀골

내부의 스폰지와 같이 결정체로 되어 있는 조직을 섬유주 bone이라 하며 외부의 단단한 뼈조직을 치밀골, compact bone라 한다.

해면골
혈관
치밀골
골수강

잠깐!

해면골(섬유주)
장골의 끝이나 등뼈, 골반 등의 안쪽을 구성하는 뼈다.

치밀골
뼈의 주로 겉 부분을 구성하는 것으로 치밀하고 단단한 뼈다.

칼슘은 조골세포에 의한 골형성과 파골세포에 의한 분해가 지속적으로 일어나는 과정에서 뼈를 단단하게 만드는 역할을 한다. 성장기에는 골형성이 골용출보다 활발히 일어나며, 성인기에는 골생성량과 골용출량이 비교적 평형상태가 되지만, 노인기나 폐경기에는 골용출량이 골생성량보다 많아지게 되어 골질량(bonemass)이 많이 감소하게 된다[그림 11-3].

치아조직도 골격과 같이 수산화인회석(하이드록시아파타이트)으로 되어 있으나 골격보다 더 치밀한 결정체를 지니고 있으며 수분 함량이 낮다. 치아의 제일 외부는 에나멜층으로 가장 단단하며 그 안에 상아질층, 치수 등으로 되어 있다.

어린이의 유치는 보통 5~6개월에 나기 시작하여 만 2세경에 완성되며 만 6~7세가 되면 영구치로 교환되기 시작한다. 에나멜층은 인체에서 가장 단단한 조직이며 97% 가량이 무기질로 칼슘, 인, 마그네슘, 불소 등으로 구성되어 있다. 뼈와 달리 치아에 일단 축적되었던 칼슘은 다른 것으로 대치되지 않으며 영구치가 한 번 손상되면 교체되지 않으므로 특별히 치아관리에 주의하여야 한다.

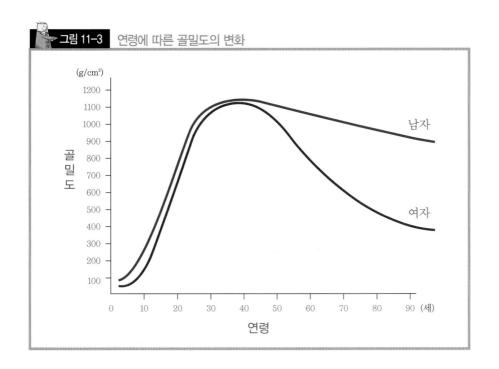

그림 11-3 연령에 따른 골밀도의 변화

2) 체내 대사작용의 조절

골격과 치아 이외의 체액에 존재하는 칼슘은 극히 소량이나 매우 중요한 조절작용을 한다. 우선 칼슘은 세포막의 투과성을 조절하여 세포막을 통한 영양소의 이동에 관여하고 있다. 또한 칼슘은 신경세포 내부와 외부에 이온을 흘려보내 충동을 전달하는 데 필요한 아세틸콜린(acetylcholine)과 같은 신경전달물질(neurotransmitter)의 분비를 촉진시켜 신경충동의 전달을 원활하게 한다. 근육의 수축과 이완에 관여하는 단백질로는 액틴(actin)과 미오신(myosin)이 있는데 근육이 수축할 때는 액토미오신(actomyosin)을 형성하게 되며 이 과정에 칼슘이 필요하게 된다.

따라서 골격근육뿐만 아니라 심장근육의 수축에도 칼슘이 중요한 기능을 하고 있으며 혈중 칼슘 수준이 떨어지면 근육 강직 증세를 보인다. 칼슘은 프로트롬빈을 트롬빈으로 전환시키는데 작용하여 트롬빈이 피브리노겐을 피브린으로 전환시킴으로써 혈액을 응고시키는 작용을 한다[그림 11-4].

잠깐!

신경전달물질
(neurotransmitter)
뉴런의 축삭말단에서 분비되는 화학적 전달체다.

잠깐!

피브린(섬유소)
피브리노겐의 전달에 의해 생성되는 단백질 중합체로, 혈액을 응고시키는 물질이다.

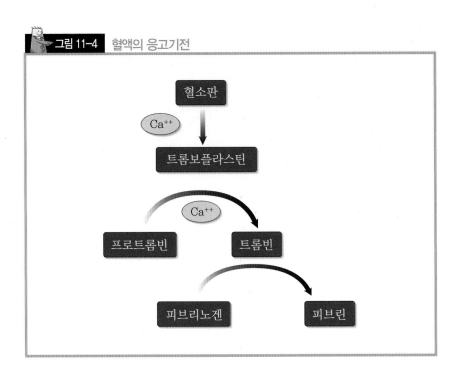

그림 11-4 혈액의 응고기전

(4) 칼슘의 항상성

혈액의 칼슘 농도는 9~11mg/100mL로 항상 유지되고 있는데, 이러한 칼슘의 항상성은 소장에서의 칼슘 흡수, 뼈에서의 칼슘 용출, 신장에서의 칼슘 재흡수와 배설 과정을 통해 조절된다. 이때에는 부갑상샘호르몬(parathyroid hormone), 칼시토닌(calcitonin), 비타민 D가 관여한다. [그림 11-5]에서와 같이 혈액의 칼슘농도가 정상수준 이하로 떨어지는 경우 부갑상샘 호르몬이 부갑상샘에서 분비된다. 이 호르몬은 비타민 D를 활성형의 $1,25-(OH)_2-$비타민 D_3로 바꾸기 위하여 신장을 자극한다. 활성형 비타민 D는 장의 칼슘흡수를 증가시킨다. 또한 부갑상샘 호르몬은 혈액의 칼슘농도를 정상수준으로 유지하기 위하여 뼈에서 칼슘을 용출시키며 신장에서 칼슘 재흡수를 촉진한다. 만약 혈액 내 칼슘수준이 너무 높으면 칼시토닌이 갑상샘에서 분비되어 부갑상샘 호르몬과는 반대 작용을 하여 혈액 내 칼슘수준을 정상이 되게 한다.

잠깐!

갑상샘
목의 후두와 기관지 사이에 위치하고 있는 나비 모양의 내분비선으로 무게가 약 20g이다. 갑상샘에는 신진대사를 조절하는 호르몬인 티록신과 혈청 칼슘 농도를 조절하는 칼시토닌이 분비된다.

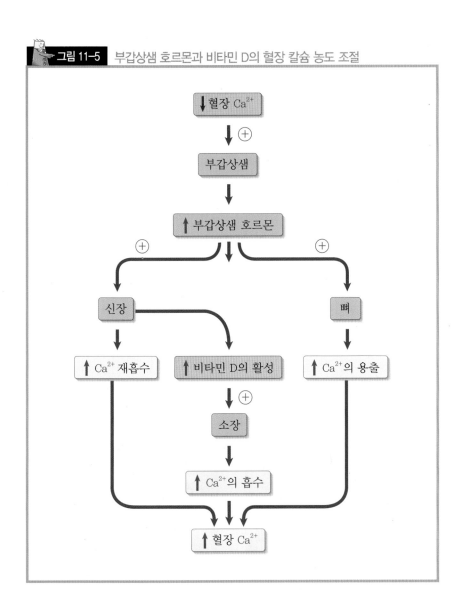

그림 11-5 부갑상샘 호르몬과 비타민 D의 혈장 칼슘 농도 조절

(5) 칼슘 섭취 관련 문제

1) 구루병(rickets)

성장기에 칼슘의 섭취가 불충분하면 성장이 저지되고, 뼈가 기형이 되며, 구루병이 나타난다. 칼슘 섭취가 부족하게 되면 뼈의 석회화가 충분히 이루어지지 않아 조그만 사고에도 쉽게 뼈가 부러지는 경향이 있다. 오랜 기간 동안 심한 칼슘 결핍으로 구루병에 걸린 아동은 뼈가 단단하지 못해 체중을 지탱할 수 없기 때문에 다리가 휘거나 관절부위가 확대되어 굵어지고 앞가슴 뼈가 튀어나오는 등 기형의 모습을 보이게 된다.

2) 골연화증(osteomalacia)

골연화증은 성인형 구루병으로 아기를 많이 낳고 칼슘이 부족한 식사를 하는 여성에게 많이 발생한다.

3) 골다공증(osteoporosis)

골다공증은 골연화증과는 다른 형태로서 뼈의 석회화 감소뿐만 아니라 뼈의 군데군데 구멍이 뚫려 있는 증세를 말하는데[그림 11-6], 골다공증 환자는 조그마한 사고에도 골절이 되는 수가 많다. 골다공증의 원인은 여러 가지가 있는데 칼슘의 부족도 그 하나가 될 수 있다. 특히 폐경기 이후의 여성은 에스트로겐(estrogen)의 분비 감소로 인하여 뼈의 칼슘 손실이 증가되어 골다공증에 걸릴 확률이 높아지고 신장이 감소한다[그림 11-7]. 노화에 따른 신체 움직임의 부족은 뼈의 무기질 손실(demineralization)을 증가시키므로 노인들이나 폐경기 이후의 여성은 특히 칼슘의 섭취가 강조된다.

그림 11-6 골다공증

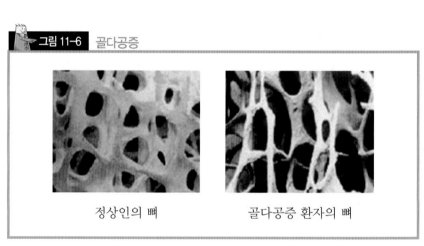

정상인의 뼈 　　　　　 골다공증 환자의 뼈

4) 테타니(tetany)

근육이 계속적인 신경 자극을 받아 근육 경련을 일으켜 테타니가 생길 수 있다.

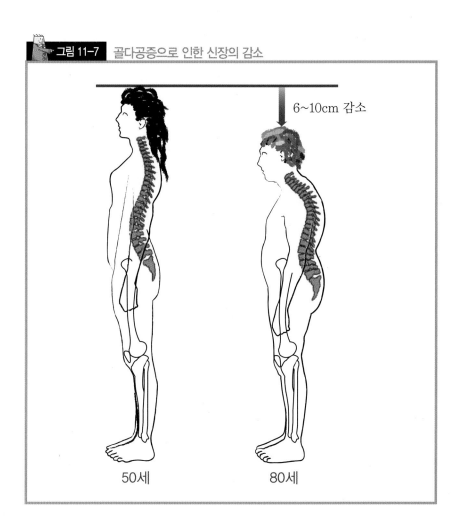

그림 11-7 골다공증으로 인한 신장의 감소

6~10cm 감소

50세   80세

(6) 칼슘 섭취기준

체내 칼슘 대사에는 여러 가지 식이인자 외에도 유전적, 생리적 및 환경적 인자들이 복잡하게 영향을 미치기 때문에 칼슘의 필요량을 정확히 말하기는 어렵다. 우리나라 칼슘 섭취기준은 칼슘 평형 연구 결과와 요인 가산법, 퇴행성 골질량 감소 등을 다양하게 적용하여 평균필요량과 권장섭취량을 제정하였고 상한섭취량도 설정하였다. 연령별 칼슘 섭취기준은 [표 11-1]과 같다.

표 11-1 칼슘 섭취기준(mg/일)

성별	연령	평균필요량	권장섭취량	충분섭취량	상한섭취량
영아	0~5(개월)	–	–	250	1,000
	6~11	–	–	300	1,500
유아	1~2(세)	400	500	–	2,500
	3~5	500	600	–	2,500
남자	6~8(세)	600	700	–	2,500
	9~11	650	800	–	3,000
	12~14	800	1,000	–	3,000
	15~18	750	900	–	3,000
	19~29	650	800	–	2,500
	30~49	650	800	–	2,500
	50~64	600	750	–	2,000
	65~74	600	700	–	2,000
	75 이상	600	700	–	2,000
여자	6~8(세)	600	700	–	2,500
	9~11	650	800	–	3,000
	12~14	750	900	–	3,000
	15~18	700	800	–	3,000
	19~29	550	700	–	2,500
	30~49	550	700	–	2,500
	50~64	600	800	–	2,000
	65~74	600	800	–	2,000
	75 이상	600	800	–	2,000
임신부		+0	+0	–	2,500
수유부		+0	+0	–	2,500

※ 자료: 보건복지부·한국영양학회, 2020 한국인 영양소 섭취기준, 2020

(7) 칼슘 급원식품

칼슘은 다른 영양소와 달리 자연계에 널리 분포되어 있지 않고 몇몇 식품에만 함유되어 있으므로 칼슘이 함유되어 있는 식품을 섭취하지 않는 식습관은 칼슘부족과 결핍증을 쉽게 초래할 수 있다. [표 11-2]에서 보는 바와 같이 우리나라 사람들이 일상 섭취하는 음식 중에는 녹색 채소와 해조류 그리고 뼈째 먹는 생선 등에 칼슘 함량이 높다. 그러나 칼슘의 흡수에서 언급한 바와 같이 녹색 채소에는 상당한 양의 칼슘이 함유되어 있으나 흡수되기 어려운 형태로 존재하기 때문에 이용되는 양이 적다. 우유 및 유제품은 칼슘을 다량 함유하고 있을 뿐 아니라 흡수되기 쉬운 형태로 함유되어 있다.

순위	식품명	함량(mg/100g)	순위	식품명	함량(mg/100g)
1	멸치	2,486	6	두부	64
2	우유	113	7	미꾸라지	1,200
3	배추김치	50	8	치즈	626
4	요구르트	141	9	과자	137
5	달걀	52	10	열무김치	134

표 11-2 칼슘의 주요 급원식품(100g당 함량)*

* 2017년 국민건강영양조사의 식품별 섭취량과 식품별 칼슘 함량(국가표준식품성분표 DB 9.1) 자료를 활용하여 칼슘 주요 급원 식품 산출

3. 인(phosphorus, P)

(1) 인의 체내 분포

인은 신체 내의 모든 조직에 존재하는 무기질로서 성인체중의 0.8~ 1.1%를 차지하고 있다. 체내 인의 85%는 골격에서 칼슘과 결합하여 신체의 구조를 유지하는 데 기여하고 나머지는 근육, 뇌, 신경, 간, 폐 및 체액 등 여러 장기에 있다. 체내의 인은 인단백질, 인지질 등을 형성하고 있다.

(2) 인의 흡수 및 대사

식품 내에서 다른 물질과 ester 결합을 하고 있던 인은 가수분해되어 유리된 무기 인산염의 형태로 수동적 확산에 의해 쉽게 흡수된다. 알칼리 조건에서는 인산염이 불용성이므로 산성인 소장 상부가 흡수과정에 중요한 역할을 한다. 인의 흡수율은 70% 정도이며 생리적 요구량이 많아지는 성장기, 임신기, 수유기 등에 증가한다. 칼슘과 인의 함량이 비슷하면 흡수가 잘되지만 칼슘이 지나치게 많으면 불용성의 인산칼슘염을 만들기 때문에 흡수가 나빠진다. 또한 마그네슘이나 철, 칼슘 등의 무기질을 다량 섭취했을 때도 인이 이들과 불용성의 염을 만들기 때문에 인의 흡수가 방해받는다. 피틴산도 인의 흡수를 방해한다. 체내 인의 양을 조절하는 것은 흡수율에 의하는 것보다 신장을 통해 배설되면서 일어난다. 즉, 신장은 인의 재흡수를 조절하며 인의 항상성을 유지하는 주요 기관이다. 이때 신장에서 인의 재흡수는 비타민 D와 부갑상샘 호르몬(PTH)이 관여하는데 비타민 D는 재흡수를 높여주고 부갑상샘 호르몬은 재흡수를 억제한다.

잠깐!

인지질
글리세롤 뼈대에 2개의 지방산이 결합되고 3번째 수산기(-OH)에 인과 염기가 붙은 지질로, 주로 세포막을 구성하는 성분이다.

(3) 인의 생리적 기능

인은 칼슘과 함께 인산 칼슘염 형태로 뼈의 형성과정에 필수적이며 칼슘과 별도로 다른 많은 기능을 갖고 있다. 인은 ATP를 구성하는 요소이며 근육의 수축과 이완의 대사작용에도 필요하다. 신체조직은 인을 이용하여 티아민, 리보플라빈, 니아신, 비타민 B_{12}와 판토텐산 등의 비타민의 조효소를 생산한다. 인은 세포의 재생산과 단백질의 합성에 필요한 DNA와 RNA의 구성성분이며 인지질의 형태로 세포막과 혈중지질에 필요한 지단백질(lipoprotein)의 중요한 성분이기도 하다. 또한 혈액과 세포 내에서 인산으로 산과 염기의 평형을 조절하는 중요한 완충작용을 한다.

(4) 인 섭취 관련 문제

일상 식품에 다량의 인이 함유되어 있기 때문에 인 결핍증은 잘 일어나지 않는다. 인이 결핍되거나 칼슘과 인 섭취량 사이의 불균형은 어린이의 경우 성장이 위축되거나 뼈가 기형이 되고, 성인의 경우 골연화증이나 골다공증을 일으킬 수 있다.

(5) 인 섭취기준

인은 자연계에 널리 분포되어 있기 때문에 특수한 경우가 아니면 인의 결핍증은 드물다. 인과 칼슘은 체내에서 기능과 대사적으로 밀접한 관계를 맺고 있어서 비슷한 수준으로 섭취하도록 권장되고 있다. 동물실험에서 인의 섭취량이 칼슘 섭취량에 비하여 너무 높으면 칼슘 흡수를 저해하며, 칼슘:인의 섭취비율이 2:1일 때 칼슘의 이용 및 뼈의 형성이 가장 좋았다. 그러나 사람의 경우 이러한 효과가 확실하지 않아 칼슘:인의 섭취 비율은 1:1로 권장하고 있다. 현재 우리나라의 식생활에서 인의 섭취량은 충분하다고 생각되며 오히려 인의 섭취가 칼슘에 비해 너무 높아서 이에 대한 주의가 요구되고 있는데 최근 가공식품과 탄산음료수의 소비가 증가하고 있어서 인의 과잉 섭취가 우려되고 있다.

인도 칼슘과 같이 평균권장량, 권장섭취량 및 상한섭취량을 설정하였으며, 영아만 충분섭취량을 설정하였다.

(6) 인 급원식품

인은 자연계에 널리 분포되어 있으며 특히 우유 및 유제품, 육류 등의 동물성 식품은 인의 좋은 급원이다. 현미나 전곡에는 인이 많으나 대부분 피틴산(phytates)의 형태로 존재하기 때문에 흡수율은 낮은 편이다.

4. 마그네슘(magnesium, Mg)

(1) 마그네슘의 체내 분포

성인의 체내에는 약 20~35g의 마그네슘이 함유되어 있는데 그중 60%가 골격에, 나머지는 주로 근육과 간의 연조직 및 세포간액에 존재한다. 뼈에 존재하는 마그네슘은 다른 조직으로 쉽게 옮겨가서 사용되지 못한다. 근육 중에는 마그네슘이 칼슘보다 많고 반대로 혈액에는 칼슘이 마그네슘보다 더 많이 함유되어 있다.

(2) 마그네슘의 흡수 및 대사

마그네슘의 흡수는 대부분 소장에서 일어나며 흡수율은 45% 정도다. 곡류의 외피에 많은 피틴산이나 칼슘을 다량 섭취할 경우 마그네슘의 흡수는 방해받는다. 골격의 마그네슘은 칼슘과 달리 혈액으로 유출되는 비율이 낮기 때문에 혈중 마그네슘의 농도는 주로 신장에 의하여 유지된다.

(3) 마그네슘의 생리적 기능

마그네슘은 골격과 치아구성에 필수적이며 탄수화물, 지질, 단백질 및 핵산대사의 여러 과정에 필요한 효소를 활성화하는 보조인자(cofactor)로서 작용한다. 또한 신경전달물질인 아세틸콜린(acetylcholine)의 분비를 감소시키고, 분해를 촉진하여 신경을 안정시키며, 근육을 이완시키는 등 근육을 긴장시켜, 신경을 흥분시키는 칼슘과 상반된 작용을 한다. 따라서 마그네슘은 마취제나 항경련제의 성분으로 이용되기도 한다.

(4) 마그네슘 섭취 관련 문제

마그네슘은 자연계에 널리 분포되어 있고 신체 내에서는 골격에 함유되어 있어 골격에서 서서히 혈액으로 이동되면서 마그네슘 결핍증은 잘 나타나지 않는다. 그러나 만성설사나 구토 등으로 체액이 많이 손실되거나 알코올 중독과 콰시오커(kwashiorkor) 등으로 마그네슘의 흡수가 극히 불량할 때 발생한다. 혈중 마그네슘이 감소되면 세포외액의 다른 무기질과 균형이 깨지며 신경의 자극전달이나 근육의 수축, 이완에 이상이 와서 근육과 신경이 떨리게 되는 마그네슘 테타니(magnesium tetany)증상을 일으킨다.

(5) 마그네슘 섭취기준

영아에서는 충분섭취량을 기준으로 하며 그 외 연령에서는 평균필요량, 권장섭취량, 상한섭취량을 설정하였다.

(6) 마그네슘 급원식품

마그네슘 함량이 높은 식품으로는 코코아, 견과류, 두류 등이고, 마그네슘은 녹색 채소인 엽록소(chlorophyll)의 한 성분으로 존재하므로 대부분의 녹색 채소에 풍부하게 함유되어 있다.

5. 황(sulfur, S)

(1) 황의 체내 분포

인체 내 유황의 함량은 체중의 0.25% 정도(175g)이며 우리 신체의 모든 세포 내에서 발견된다. 황은 체내에서 설프하이드릴기(-SH기)나 이황화결합(-S-S-)의 형태로 여러 물질을 구성하고 있다. 황은 함황아미노산인 메티오닌, 시스테인, 시스틴에 존재하므로 결체조직, 피부, 손톱, 모발 등에 풍부하게 존재한다. 또한 티아민(thiamin)과 비오틴(biotin) 같은 비타민의 구성분이며 코엔자임 A(coenzyme A)와 호르몬인 인슐린에도 존재한다.

(2) 황의 흡수 및 대사

소장벽을 통해 흡수되는 황은 전적으로 유기물의 상태로 흡수·이용되며 식품 중에는 소량의 무기형태로 존재하는데 이는 거의 흡수되지 않는다.

세포 내에서 함황아미노산은 황산을 생산하는데 이는 신속히 중화되어 무기염의 형태로 체외에 방출된다. 황은 소변을 통해 배설된다.

황은 주로 단백질로서 체내에 들어가므로 배설되는 양은 단백질의 섭취량과 조직 단백질이 분해되는 양과 직접적인 관련이 있다.

(3) 황의 생리적 기능

유황은 연골, 건, 골격, 피부 그리고 심장판막에서 발견되는 콘드로이틴 황산염(chondroitin sulfate)과 같은 점성다당류(mucopolysaccharide)의 구성성분이다. 또한 뇌, 신경조직에 풍부하게 들어있는 황지질의 구성성분이다. 이 외에도 티아민피로인산[thiamin pyrophosphate(TPP)], 코엔자임 A, 리포산(lipoic acid), 판토텐산(pantothenic acid) 등 조효소의 구성성분이며, 생체 내의 산화, 환원 작용에 중요한 역할을 하는 글루타티온(glutathione)의 성분이다. 타액과 세포 외액에 존재하는 황의 이온화 형태인 황산염(SO_4^{2-})은 체내에서 산과 염기 평형에 관여한다. 한편 활성형의 황산염은 페놀류나 크레졸류 등과 같이 독성을 가진 물질이 있을 때 그 물질과 결합하여 비독성물질로 전환시켜 소변으로 배설하게 하는 해독작용이 있다.

글루타티온(glutathione)
함황아미노산인 시스테인 외에 글라이신과 글루탐산을 함유하는 트리펩티드로적혈구내에 다량 들어 있으며, 산화·환원작용에 필수적이다.

(4) 황 섭취 관련 문제

유황의 결핍증은 메티오닌(methionine)의 결핍으로 인한 것이며 빈혈, 저단백혈증, 내출혈, 간세포의 괴사, 성장의 저지 및 음의 질소평형 등이다.

(5) 황 급원식품

유황은 함황아미노산에서 얻을 수 있으므로 함황아미노산이 많은 단백질을 충분히 섭취하면 자연히 충족된다. 유황이 풍부한 식품으로는 육류, 우유, 달걀 및 두유 등이 있다.

6. 나트륨(sodium, Na)

(1) 나트륨의 체내 분포

나트륨은 세포외액에 가장 많이 존재하는 양이온으로 체중의 0.15%(체중이 70kg인 경우 약 105g)를 차지하고 있으며 50%는 세포외액에, 40%는 골격에 그리고 나머지 10%는 세포액 내에 함유되어 있다. 나트륨은 염소와 결합하여 주로 체액 속에 존재한다.

세포외액
혈장과 세포 사이에 있는 간질액을 합한 것으로 세포의 내부 환경 역할을 하는 부분이다.

(2) 나트륨의 흡수 및 대사

섭취한 나트륨은 아주 소량만이 위에서 흡수되고 나머지 대부분은 소장에서 흡수되며 포도당, 염소와 함께 흡수될 때 흡수가 촉진된다. 나트륨의 주요 배설원은 소변으로 총 배설량의 95%를 차지하고 소량은 땀을 통해서도 이루어진다[그림 11-8]. 땀을 통한 배설량은 발한의 정도와 관련이 있다.

그림 11-8 혈중 나트륨의 항상성

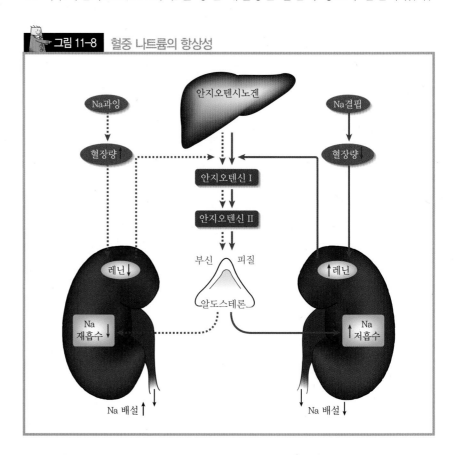

(3) 나트륨의 생리적 기능

나트륨이온은 체내에서 염소이온(Cl^-), 중탄산이온(HCO_3^-) 등의 전해질과 함께 체내 산·알칼리 평형유지에 관여하여 체액에 알칼리도를 유지시켜 준다. 또한 나트륨이온의 농도에 따라 세포 내외의 삼투압에 의해 수분의 이동이 일어난다. 정상적인 근육의 수축과 신경자극전달은 나트륨이온(Na^+)과 칼륨이온(K^+)이 세포막을 통과할 때 생기는 전위차에 의해 조절된다. 세포외액의 나트륨과 칼륨이온의 비율은 28:1, 세포내액의 나트

륨과 칼륨이온의 비율이 1:10으로 유지될 때, 혈장 및 세포 내의 삼투압은
정상으로 유지된다. 또한, Na-K pump 작용을 통하여 포도당이나 아미노
산과 같은 영양소의 세포막을 통한 능동적 수송을 돕기도 한다[그림11-9].

그림 11-9 나트륨-칼륨 펌프

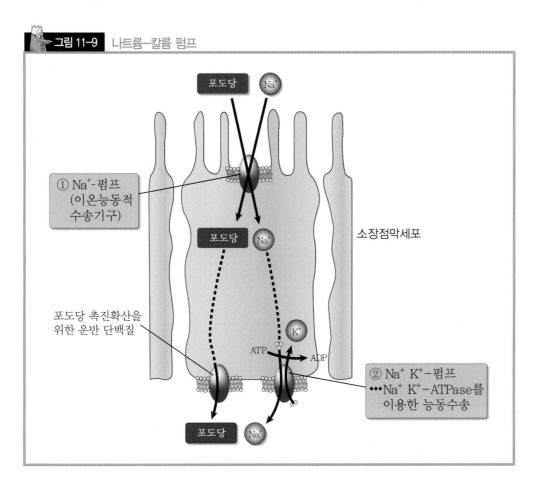

(4) 나트륨 섭취 관련 문제

1) 나트륨 결핍증

평상시 나트륨의 결핍증은 거의 찾아볼 수 없으나 오랫동안 심한 구토,
설사, 땀, 부신피질 기능 부전 등에 의해 일시적 결핍증세가 올 수 있다.
체내 나트륨 함량이 낮아지면 세포외액에 나트륨 농도가 낮아져 세포외액
이 세포 내로 이동하고 혈액량이 감소하며 혈압이 낮아진다. 열사병의 경
우 지나치게 많은 땀 배출이 일어나므로 이때 충분한 물과 함께 소금을 섭
취해 주어야 한다.

2) 나트륨 과잉증

일반적으로 나트륨은 결핍보다는 과잉되기가 훨씬 쉽다. 나트륨의 과잉섭취는 레닌-안지오텐신-알도스테론을 증가시켜 고혈압을 유발하고[그림 11-8] 직·간접적으로 심뇌혈관질환의 발생을 증가시킨다. 또한, 나트륨 과잉섭취는 소변으로 배설되는 칼슘의 양을 증가시켜 요로결석을 유발하거나, 뼈의 칼슘 감소를 가져와 골다공증을 유발하기도 한다.

(5) 나트륨 섭취기준

건강한 성인의 나트륨 충분섭취량은 1일 1,500mg이다. 2018년 한국인의 나트륨 일일 평균섭취량은 3,255mg으로 매우 높은 편이기 때문에 한국의 건강한 사람들의 평균섭취량 자료를 활용하는데 제약점이 있다.

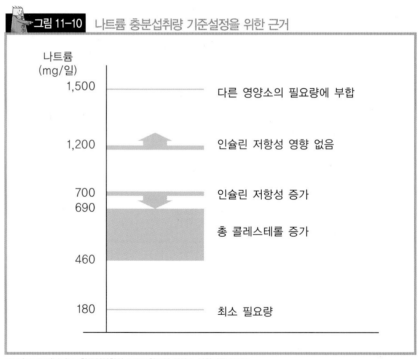

그림 11-10 나트륨 충분섭취량 기준설정을 위한 근거

※ 자료: 보건복지부·한국영양학회, 2020 한국인 영양소 섭취기준, 2020

따라서 2020 한국인 영양소 섭취기준에서는 체계적 문헌고찰 결과와 미국의 만성질환위험감소를 위한 나트륨 섭취기준, 최근 우리나라의 현황을 근거로 하여 한국인의 만성질환 위험감소를 위한 나트륨 섭취기준을 성인 기준 일일 2,300mg으로 설정하였다. 만성질환 위험감소를 위한 나트륨

섭취기준을 해석함에 있어 주의할 점은, 나트륨 섭취량을 일일 2,300mg 이하로 감소시키라는 의미가 아님을 명확히 해야 한다. 다시 말해, 나트륨 섭취량이 일일 2,300mg보다 높을 경우, 전반적으로 섭취량을 줄이면 만성질환 위험을 감소시킬 수 있다는 근거를 중심으로 도출된 섭취기준이다.

나트륨 충분섭취량과 만성질환위험 감소섭취량 [표 11-3]과 같다.

표 11-3 나트륨 섭취기준(mg/일)

성별	연령	평균필요량	권장섭취량	충분섭취량	만성질환위험 감소섭취량
영아	0~5(개월)			110	
	6~11			370	
유아	1~2(세)			810	1,200
	3~5			1,000	1,600
남자	6~8(세)			1,200	1,900
	9~11			1,500	2,300
	12~14			1,500	2,300
	15~18			1,500	2,300
	19~29			1,500	2,300
	30~49			1,500	2,300
	50~64			1,500	2,300
	65~74			1,300	2,100
	75 이상			1,100	1,700
여자	6~8(세)			1,200	1,900
	9~11			1,500	2,300
	12~14			1,500	2,300
	15~18			1,500	2,300
	19~29			1,500	2,300
	30~49			1,500	2,300
	50~64			1,500	2,300
	65~74			1,300	2,100
	75 이상			1,100	1,700
	임신부			1,500	2,300
	수유부			1,500	2,300

※ 자료: 보건복지부·한국영양학회, 2020 한국인 영양소 섭취기준, 2020

(6) 나트륨 급원식품

자연식품 중 육류는 나트륨 함량이 높은 편이고 채소와 과일은 낮은 편이다. 그러나 자연식품을 통하여 섭취되는 나트륨의 양은 전체의 10%에 지나지 않고 약 15%는 조리과정에 짠맛을 내기 위해 첨가되는 나트륨이며 나머지 75% 정도가 식품의 가공공정 중에 첨가되는 나트륨이다. 점차 가공식품의 이용이 높아지므로 이들의 섭취 시 유의하여야 한다.

나트륨의 주요 급원식품은 [표 11-4]와 같다.

표 11-4	나트륨의 주요 급원식품(100g당 함량)*				
순위	식품명	함량(mg/100g)	순위	식품명	함량(mg/100g)
1	소금	33,417	6	고추장	2,486
2	간장	5,476	7	빵	516
3	배추김치	548	8	어패류젓	11,826
4	라면(건면, 스프포함)	1,338	9	멸치	2,377
5	된장	4,339	10	국수	395

* 2017년 국민건강영양조사의 식품별 섭취량과 식품별 나트륨 함량(국가표준식품성분표 DB 9.1) 자료를 활용하여 나트륨 주요 급원식품 산출

7. 칼륨(potassium, K)

(1) 칼륨의 체내 분포

성인의 체내에는 약 123g(70kg 성인의 경우)이 함유되어 있는데 이 중 약 98%가 세포 내에 양이온 상태로 있다. 칼륨은 세포 속에 들어 있고 체액 속에는 매우 적다. 또한 대부분의 칼륨은 무지방조직(lean body tissue)의 세포 내에 존재하고 신체 내 칼륨량이 일정하기 때문에 체내 칼륨의 양을 측정하여 무지방조직의 함량을 측정할 수 있다.

잠깐!

세포내액
세포 내에 존재하는 수분으로 모든 생화학적 반응이 일어나는 장소이다.

무지방조직
체중에서 체지방량을 뺀 신체질량이다.

(2) 칼륨의 흡수 및 대사

섭취한 칼륨은 90% 이상이 소장 내에서 수동 확산을 통해 흡수되며 주로 소변을 통하여 배설된다. 신장은 칼륨의 균형을 유지시키는 주된 조절기구이며 부신피질 호르몬인 알도스테론(aldosterone)은 신장에서 칼륨 배설을 증가시켜 세포 내외에서 Na과 K의 비율이 일정하게 유지되도록 생리적 상태를 조절하고 있다.

(3) 칼륨의 생리적 기능

칼륨은 세포 내의 주된 양이온으로 세포외액의 주된 양이온인 나트륨과

함께 체액의 삼투압과 수분 평형 유지에 관여한다. 칼륨이온은 체액에 알칼리도를 유지해줘서 산과 염기의 평형에 관여한다. 칼륨은 또한 글리코겐(glycogen) 및 단백질의 합성에 관여한다. 즉, 혈당이 글리코겐으로 전환될 때 칼륨을 저장한다. 글리코겐이 생성되고 저장될 때 혈장으로 칼륨이 유입되므로 이때 칼륨이 필요하다. 또한 근육단백질과 세포단백질에 질소를 저장하기 위해 필요하며 조직이 파괴될 때 칼륨은 질소와 함께 상실된다. 칼륨이온은 나트륨, 칼슘과 함께 골격근과 심근의 활동에 중요한 역할을 담당한다.

(4) 칼륨 섭취 관련 문제

칼륨은 모든 동식물성 식품 내에 널리 분포되어 있어 식사 내 칼륨의 섭취부족으로 인한 결핍증은 흔하지 않다. 그러나 기아, 만성 알코올 중독증 등으로 오랫동안 칼륨의 섭취가 불량했을 경우나 심한 구토, 설사 등으로 영양소 흡수가 방해를 받는 경우에 일어날 수 있다. 한편 당뇨병 환자나 체단백의 손실로 인한 음의 질소평형 상태인 경우 부신피질의 기능이 항진되어 알도스테론(aldosterone)의 분비가 증가되었을 때 그리고 알칼리 중독증(alkalosis)의 경우 요 중 칼륨의 배설량이 증가하고 체내 칼륨의 양이 저하된다. 칼륨이 결핍되면 구토, 무기력, 근육의 연약 등이 나타나며 특히 심장근육이 영향을 많이 받아 심장박동 리듬이 변화되고 경우에 따라서는 근육마비가 일어나기도 한다.

(5) 칼륨 섭취기준

칼륨은 모든 동식물성 식품 내에 널리 보존되어 있어 정상적인 식사를 할 경우 충분량이 섭취된다.

칼륨은 나트륨과 반대로 혈압을 강하시키는 작용이 있기 때문에 식사 중의 칼륨과 나트륨의 비율에는 밀접한 관계가 있어서 K:Na=1:1이 이상적이다.

칼륨의 충분섭취량은 성인(20세 이상) 남녀 3,500mg/일이다.

(6) 칼륨 급원식품

칼륨은 거의 모든 식품에 골고루 분포되어 있으며 특히 주로 두류와 견과류, 채소류와 과일류에 많이 함유되어있다.

8. 염소(chlorine, Cl)

(1) 염소의 체내 분포

염소는 체중의 약 0.15%(약 100g) 정도로 혈장과 세포외액 등에 많이 존재하는 음이온이며, 비교적 많은 양의 염소는 위액 내 위산(HCl)을 구성하는 성분으로 작용한다.

(2) 염소의 흡수 및 대사

염소는 거의 대부분이 소장에서 흡수되고 주로 신장을 통해 배설되며 나트륨과 마찬가지로 알도스테론에 의해 조절된다.

(3) 염소의 생리적 기능

염소는 체액의 수분 평형과 삼투압을 조절하는 데 관여할 뿐 아니라 위 점막에서 분비되는 위산의 성분으로 위 내에서 효소를 활성화하고 위 내용물의 정상적인 산도를 유지시켜 준다. 또한 산 형성 원소로서 체액의 산·염기의 균형 유지에 큰 역할을 한다.

(4) 염소의 섭취 관련 문제

1) 염소의 결핍증

염소의 결핍은 거의 드물지만 극도로 소금의 섭취를 제한하거나 장기간의 구토 및 설사 시에 일어날 수 있다. 염소가 부족하면 가벼운 청각자극에도 경련이 일어나게 된다. 또한 소화불량, 식욕부진을 일으키고 위 내 세균의 억제력이 감소된다.

2) 염소 과잉증

염소는 그 자체가 나트륨이온의 작용을 증가시키므로 염소의 과잉섭취는 고혈압의 원인으로 작용할 수 있다.

(5) 염소 섭취기준

염소의 충분섭취량은 성인(20~64세) 남녀 2,300mg/일이다.

(6) 염소 급원식품

염소는 소금 100g에 60.6g 함유되어 있다. 달걀, 육류, 치즈 등에는 염소가 풍부하나 과일과 채소 등에는 소량 함유되어 있다.

배운 것을 확인할까요?

01 혈중 칼슘의 항상성에 대해 설명하세요.

02 칼슘의 기능은 무엇일까요?

03 칼슘의 흡수 촉진·저해인자를 요약하세요.

04 칼슘의 결핍증에 대해 설명하세요.

05 마그네슘 테타니에 대해 설명하세요.

06 혈중 나트륨의 항상성을 설명하세요.

Chapter **12**

미량무기질

Chapter 12

미량무기질

1. 철(iron, Fe)

(1) 철의 체내 분포

인체에 함유된 철 함량은 불과 0.004% 정도로 성인은 약 3~4g의 철을 보유하는데, 거의 대부분이 헤모글로빈에 들어있다. 나머지는 페리틴(ferritin)이나 헤모시더린(hemosiderin) 형태로 간, 비장, 골수에 저장되거나 근육조직에 미오글로빈 형태로 들어있다. 이 중 페리틴이 헤모시더린보다 저장 및 이용이 쉽다. 체내 철의 나머지는 근육 중에 효소의 성분으로 활성을 지니고 있다.

(2) 철의 흡수 및 대사

철의 흡수는 주로 소장의 상부에서 이루어지는데 모든 영양소 중에서 흡수율이 가장 낮다. 동물성 식품 중에 함유되어 있는 철은 헴철 형태로 10~30%의 흡수율을 보이지만 식물성 식품 내의 철은 비헴철 형태로서 2~10%의 낮은 흡수율을 보인다. 철은 무기철의 상태나 유기철의 상태로 모두 흡수되어 이용되는데, 환원형인 제1철 ferrous iron(Fe^{+2})은 산화형인 제2철 ferric iron(Fe^{+3})보다 흡수가 더 잘된다. 흡수된 철은 소장 융모에서 트랜스페린(transferrin)과 결합하여 간에 일시적으로 저장된다.

1) 철의 흡수를 촉진하는 인자

생리적 요인과 식품 중 철 이용에 영향을 주는 요인에 따라 철의 흡수 정도가 달라진다. 생리적인 요인으로 체내의 저장량이 낮거나 임신기, 수유기 및 성장기 아동의 경우처럼 철의 요구량이 증가될 때는 흡수율이 50%

이상 증가한다. 식품 중 철의 이용에 영향을 주는 요인으로 비타민 C는 제
2철(Fe^{+3})을 제1철(Fe^{+2})로 환원시키는 데 관여하고, 위산은 철의 용해성
을 높여 흡수를 촉진한다. 동물성 식품에 많이 들어 있는 헴철은 식물성
식품에 존재하는 비헴철보다 흡수율이 높고, 그 밖에 동물성 단백질과 아
르기닌(arginine), 트립토판(tryptophan)과 같은 아미노산도 철의 흡수를
촉진시킨다.

2) 철의 흡수를 방해하는 인자

인산, 수산, 피트산, 탄닌 및 식이섬유 등은 철과 불용성의 복합체를 만
들어 철의 흡수를 방해한다. 또한 소장 내에 아연과 칼슘 함량이 높거나
체내 저장 철분이 충분하면 철의 흡수가 저해된다.

철은 간장, 비장, 골수에 저장되는데 그 양은 1~2g 정도이며, 저장된
철의 90%는 여러 번 재이용된다. 식품에서 흡수된 철은 극소량만이 배설
되며, 파괴된 적혈구의 철 중 90%는 재흡수되고, 10%는 대변, 출혈 및 월
경에 의한 혈액 손실로 배설된다[그림 12-1].

그림 12-1 철의 대사과정

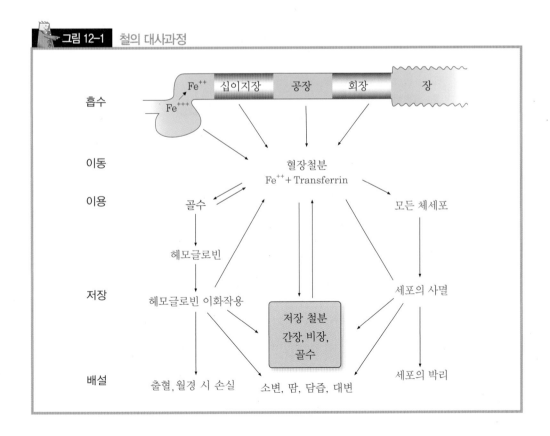

(3) 철의 생리적 기능

철의 가장 중요한 기능은 헤모글로빈(hemoglobin)이라는 혈색소를 구성하여 조직 내로 산소를 운반하는 것이다. 헤모글로빈은 1개의 글로빈 단백질과 4분자의 헴이 결합된 복합단백질로 적혈구 전 용적의 약 33%를 차지하고 있다. 헴은 4분자의 피롤(pyrrole) 핵이 결합된 포르피린(porphyrin)에 Fe이 결합된 것이다. Fe^{+2}에 산소가 결합되어 옥시헤모글로빈(oxyhemoglobin)이 되어서 산소를 운반한다.

적혈구의 형성은 태생기에 주로 간과 비장에서 이루어지나 출생 후 골수에서 만들어진다. 적혈구가 골수에서 합성될 때 엽산, 비타민 B_{12} 및 Cu 이온에 의해서 촉진된다. 근육조직에도 헤모글로빈과 비슷한 미오글로빈이라는 근육색소가 있는데 근육에 산소를 저장하였다가 다음 근육수축에 사용할 수 있게 한다.

또한 철은 다른 원소처럼 많은 효소의 구성분 역할을 한다. 근육세포 속에 있는 시토크롬(cytochrome)은 철을 함유하는 색소단백질로서 호흡계열에서 전자를 전달하며 카탈라아제(catalase), 페록시다아제(peroxidase) 등의 산화효소는 세포 내에서 과산화물을 제거하여 활성산소로부터 우리 몸을 보호해 준다.

잠깐!

시토크롬(cytochrome)
미토콘드리아 내막의 전자전달계에서 전자를 전달하는 헴 단백질이다.

그림 12-2 Heme의 구조

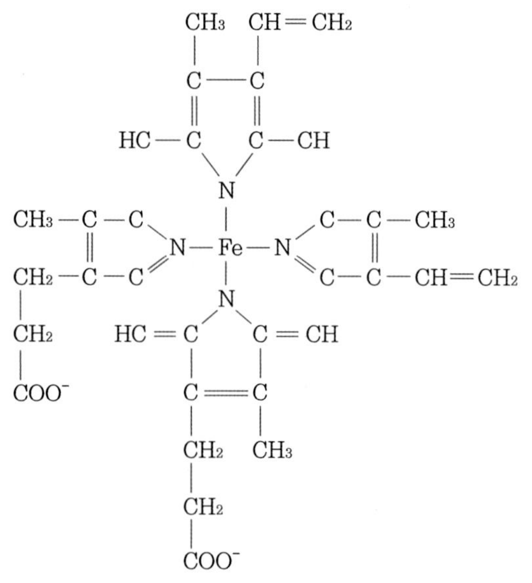

(4) 철 섭취 관련 문제

1) 철 결핍증

철 영양상태는 혈청 페리틴 농도, 총철결합능, 트랜스페린 포화도, 적혈구 프로토포피린 농도, 혈청 트랜스페린 수용체 농도, 헤모글로빈 농도와 헤마토크릿, 적혈구 지수를 이용하여 판정한다. 빈혈이란 철의 결핍증세로, 식이 중 철만이 결핍되었다고 빈혈이 유발되는 것은 아니다. 혈액 중의 헤모글로빈 수치나 헤마토크릿(hematocrit) 수치가 정상수치보다 낮은 경우를 빈혈이라 한다. 이러한 경우에 산소의 결합능력이 떨어지고 대사산물인 이산화탄소가 효율적으로 제거되지 못한다. 빈혈의 원인으로는 수술이나 사고로 인한 출혈, 위 및 십이지장 궤양, 암을 포함한 질병 등으로 인한 혈액의 손실이나 유전적인 이유 및 여러 가지 비타민이나 무기질의 결핍 등이 있다. 결핍 해소를 위해 식품 또는 영양보충제의 형태로 철을 섭취한다.

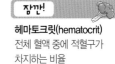

잠깐!

헤마토크릿(hematocrit)
전체 혈액 중에 적혈구가 차지하는 비율

그림 12–3 철 평균필요량 설정을 위한 분석틀

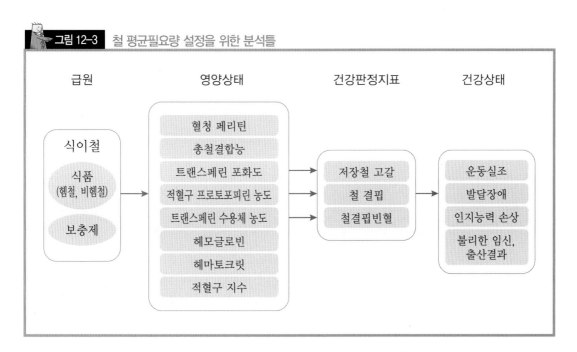

빈혈증세 중 가장 많은 것이 철결핍성 빈혈이며, 철 결핍의 정도는 3단계로 분류한다.

① 저장철의 고갈 단계로 철의 기능이 나타나는 요소에 제공되는 철의 공급은 제한적이지 않다.

② 초기 철결핍 단계(철결핍 조혈단계)로 철의 기능이 나타나는 요소에 제공되는 철의 양은 부족하지만 임상적으로 빈혈이 측정될 만큼 부족하지 않다.

③ 철결핍 빈혈 단계로 가장 쉽게 접근할 수 있는 기능적 요소인 적혈구에 명백한 결함이 나타난다. 조직에서는 비정상적인 효소기능과 운동 시 산소 공급이 충분하지 못하므로 생리기능의 손상이 초래된다.

철 결핍의 다른 증세는 철 함유 효소가 감소되어 노동효율과 체온유지 능력이 떨어지고 면역기능도 감소된다. 따라서, 철이 부족하면 운동실조, 영아의 발달장애, 성장장애, 인지능력 손상, 행동문제, 불리한 임신과 출산 등의 위험요인으로 작용할 수 있다.

그림 12-4 철 결핍단계별 체내 철 분포와 생화학적 분석치의 변화

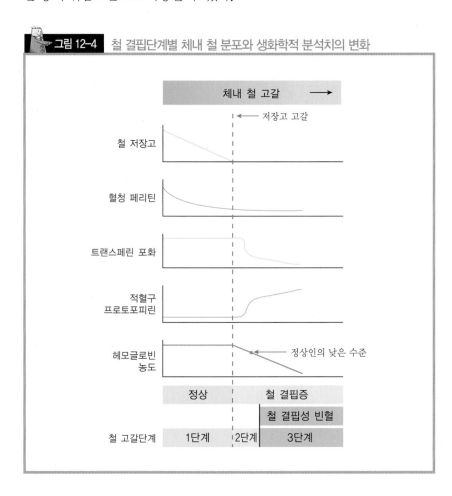

2) 철 과잉증(철의 독성)

임신부가 철을 많이 섭취했을 때 태어난 영아는 급성 철중독으로 사망한다. 철을 과잉 섭취하면 간의 손상을 초래하며, 심부전을 일으키기도 한다.

지나친 음주도 이러한 현상을 악화시킨다.

(5) 철 섭취기준

한국인 권장섭취량 중에 철은 유일하게 남자보다 여자에게 더 높다. 성인남자의 1일 권장섭취량은 10mg이나 여성의 경우는 14mg이다. 여성들은 월경과 출산 중에 철이 손실되기 때문에 철의 요구량이 더 크다. 임신기간 동안 철의 권장섭취량은 24mg으로 태아의 성장과 태반 및 모체조직의 증식에 철이 요구되기 때문이다[표 12-1].

표 12-1 철 섭취기준(mg/일)

	연령	평균필요량	권장섭취량	충분섭취량	상한섭취량
영아	0~5(개월)			0.3	40
	6~11	4	6		40
유아	1~2(세)	4.5	6		40
	3~5	5	7		40
남자	6~8(세)	7	9		40
	9~11	8	11		40
	12~14	11	14		40
	15~18	11	14		45
	19~29	8	10		45
	30~49	8	10		45
	50~64	8	10		45
	65~74	7	9		45
	75 이상	7	9		45
여자	6~8(세)	7	9		40
	9~11	8	10		40
	12~14	12	16		40
	15~18	11	14		45
	19~29	11	14		45
	30~49	11	14		45
	50~64	6	8		45
	65~74	6	8		45
	75 이상	5	7		45
임신부		+8	+10		45
수유부		+0	+0		45

※ 자료: 보건복지부·한국영양학회, 2020 한국인 영양소 섭취기준, 2020

(6) 철 급원식품

육류, 가금류, 동물의 내장 및 어패류 등의 헴철은 흡수율이 높기 때문에 철 급원으로 우수한 식품이며, 달걀, 두부 등도 철의 함량이 비교적 높다. 한국인 영양소 섭취기준에 따른 철 주요 급원식품은 [표 12-2]와 같다.

표 12-2 철 주요 급원식품(100g당 함량)*

순위	식품명	함량(mg/100g)	순위	식품명	함량(mg/100g)
1	백미	0.80	6	배추김치	0.51
2	돼지 부산물(간)	17.92	7	두부	1.54
3	소고기(살코기)	2.12	8	돼지고기(살코기)	0.65
4	달걀	1.80	9	대두	7.68
5	멸치	12.00	10	시금치	2.73

* 2017년 국민건강영양조사의 식품별 섭취량과 식품별 철 함량(국가표준식품성분표 DB 9.1) 자료를 활용하여 철 주요 급원식품 산출

2. 아연(zinc, Zn)

(1) 아연의 체내 분포

성인의 체내에는 약 2~3g의 아연이 함유되어 있으며 주로 간장, 신장, 췌장, 뇌, 모발, 골격, 안구, 피부, 손톱 및 남자의 성선 등에 분포되어 있다.

(2) 아연의 생리적 기능

잠깐!

금속효소(metalloenzyme)
금속 이온이 효소에 단단히 결합되어 있는 효소로 말단 카복실기 분해효소 시토크롬 등이 있다.

아연은 100여 종류 효소계의 구성분으로 건강을 유지하는 데 기여하며 또한 면역기능에 필수적이다. 즉 아연은 금속효소의 구성분으로 효소나 호르몬의 보조인자(cofactor) 역할을 한다. 대표적인 금속효소는 탄산탈수효소(carbonic anhydrase), 카복실 말단 펩티드 가수분해효소(carboxypeptidase), 젖산 탈수소효소(lactate dehydrogenase), 알코올 탈수소효소(alcohol dehydrogenase) 등이 있다. 또한 아연은 인슐린(insulin)의 작용을 지속적으로 활발히 하게 하며 인슐린 합성에 필요한 요소이다.

(3) 아연 섭취 관련 문제

1) 아연의 결핍증

아연 부족 시에는 성장 지연, 설사, 염증, 식욕 감퇴, 탈모, 면역 능력 감소, 신경장애 등이 나타난다. 인체에서 아연의 결핍증은 드문 일이나 이란과 이집트 마을의 성인들에게 나타난 결핍증이 보고되었는데 성장장애, 성기 능 부전, 식욕부진, 미각의 감퇴, 피부염, 탈모증 및 간장과 비장의 비대가 나타났다. 또한 자연유산, 체중미달아의 출산과 태아 기형률이 높은 사람 을 조사해 보니 혈액 내 아연의 함량이 정상인에 비하여 낮게 나왔다.

아연의 결핍은 흔하지는 않지만 토양 중 아연 함량이 낮은 지역에서 자 란 곡식을 먹고 사는 사람들의 경우와 인산을 과다하게 섭취하여 흡수가 저해되었을 때, 그리고 비경장영양을 하는 경우 및 페니실린(penicillin) 등의 아연 흡수를 저해하는 약을 복용하는 경우에 발생할 수 있다. 철은 잠재적인 결핍상태에서도 그 증세가 나타나지만 아연은 잠재적인 결핍상 태가 오랫동안 지속되어도 그 결핍증세는 쉽게 나타나지 않는다. 또한 임 신 시 칼슘이 결핍되더라도 모체로부터 태아 쪽으로 이동이 되나 아연은 모체에서 쉽게 유출이 되지 않아 태아에게 치명적이 될 수 있다.

2) 아연 과잉증

아연 과잉 섭취 시 구리 등 다른 무기질 흡수 저해와 소화관 과민증 및 면역기능의 감소가 일어난다.

(4) 아연 섭취기준

현재 국내에서 수행된 아연의 결핍증을 예방할 수 있는 섭취량에 관한 연구자료가 부족하여 미국의 아연 필요량 추정법에 한국인 기준 체중을 대 입하여 산출하였다. 아연의 권장섭취량은 성인 남자(19~29세) 10mg/일, 성인 여자(19~29세) 8mg/일이다.

(5) 아연 급원식품

아연의 주요 급원식품은 해산물(생굴), 붉은 살코기, 전곡류, 콩류 등이 며, 동물성 급원식품이 식물성 급원식품에 비해 체내 아연의 흡수율이 높 다. 전곡과 콩에 들어 있는 피틴산이 아연과 불용성 화합물을 만들어 장내 아연 흡수를 방해한다.

3. 구리(copper, Cu)

(1) 구리의 체내 분포

성인 체내에는 약 50~120mg 정도의 구리가 함유되어 있으며 뇌, 간장, 신장 및 모발 등의 조직에 특히 농축되어 있다.

(2) 구리의 흡수 및 대사

구리는 주로 소장에서 흡수되며 위에서 일부 흡수되는데 흡수율은 약 30% 정도이다. 구리의 섭취량이 적을 때는 능동수송에 의하여 흡수되며, 섭취량이 많을 때는 확산에 의하여 흡수된다. 흡수된 구리는 문맥을 통해 간으로 운반되어 75%가 간에 축적된다.

혈액 내 대부분의 구리는 단백질 복합체인 세룰로플라스민(ceruloplasmin)과 결합되어 있으며, 구리와 결합된 단백질 복합체는 철의 조혈기능에 관여한다. 구리의 대부분은 담즙과 같이 대변으로 배설되는데 소변, 땀, 월경 등으로 배설되는 양은 아주 적다.

(3) 구리의 생리적 기능

구리는 많은 효소의 구성분으로 중요한 무기질이다. 구리는 철의 대사에서 헤모글로빈의 합성을 촉매하는 작용이 있기 때문에 구리가 감소하면 철이 간에 축적된 채 이용되지 않거나 적혈구의 성숙이 불완전해져서 적혈구가 감소하거나 빈혈을 초래한다. 또한 구리는 결합조직을 구성하는 콜라겐(collagen)과 엘라스틴(elastin)의 교차결합에 필요한 리실 산화효소(lysyl oxidase)를 활성화 하므로 골격의 형성과 심장순환계의 결합조직을 정상으로 유지하는 데에도 기여하고 있다. 또한 미토콘드리아 내 전자전달계의 마지막 과정에서 시토크롬 산화효소(cytochrome C oxidase)의 보조인자(cofactor)로 작용하여 ATP의 생성에 관여하고 있다. 그 밖에도 구리는 티로신(tyrosine)이 산화되어 멜라닌(melanin) 색소를 형성하는 데 관여하는 티로시나아제(tyrosinase), 아스코르빈산(ascorbic acid)을 디하이드로아스코르빈산(dehydroascorbic acid)으로 전환시키는 아스코르빈산 산화효소(ascorbic acid oxidase) 등의 구성분이거나 효소작용을 촉매하기도 한다.

잠깐!

콜라겐(collagen)
결합조직에서 세포 바깥의 구조적 요소로 기능하는 강한 섬유성 단백질이다.

구리를 가진 것으로는 무척추동물의 혈액 중에 들어있는 헤모시아닌 (hemocyanin)과 폴리페놀옥시다아제(polyphenol oxidase) 등의 효소도 있다.

(4) 구리 섭취 관련 문제

1) 구리 결핍증

구리의 결핍증은 흔하지 않으나 장기간의 설사나 소화불량 등으로 인하여 나타날 수 있다. 혈액 내 구리와 세룰로플라스민의 양이 저하되고 철 흡수 능력의 부족, 백혈구 수의 감소, 골격의 이상, 심장기능의 장애, 부종 및 저혈색소성 빈혈 등의 증세가 나타난다.

(5) 구리 섭취기준

한국인 성인 남녀의 구리 섭취량에 관한 자료가 부족하여 미국/캐나다의 자료를 활용하여 성인 남자 권장섭취량은 850㎍/일, 성인 여자 권장섭취량은 650㎍/일로 설정하였다.

(6) 구리 급원식품

구리가 가장 풍부한 식품은 간이며 굴, 꽃게 등의 해산물, 견과류, 두류 등도 구리의 좋은 급원식품이다. 우리나라 사람들의 1회 분량을 통해 섭취하는 구리 함량이 높은 식품은 소고기(간), 굴, 게, 낙지 순이었고, 특히 소고기(간)와 굴, 게의 경우 1회 분량을 섭취할 경우 성인 남자의 권장섭취기준인 850㎍/일을 충분히 충족시키는 것으로 나타났다.

4. 요오드(iodine, I)

(1) 요오드의 체내 분포

인체 내에 15~20mg 정도의 요오드가 함유되어 있는데 그중 70% 정도가 갑상샘에 있다. 갑상샘은 목의 아래쪽에 위치하며 성인의 경우 20~25g 정도 되는 내분비선으로 요오드가 40mg/100mL 정도로 농축되어 있다. 갑상샘 조직 내에서 티록신(thyroxine)이 형성되는데 티록신은 티로신(tyrosine)에 3개의 요오드(triiodothyronine, T_3) 혹은 4개의 요오드(tetraiodothyronine, T_4)가 결합하여 이루어진 티로글로불린(thyroglobulin)의 복합 단백질로 T_3가 T_4보다 생리적인 활성이 더욱 강력하다. 그 구조는 [그림 12-5]와 같다.

그림 12-5 갑상샘 호르몬의 구조

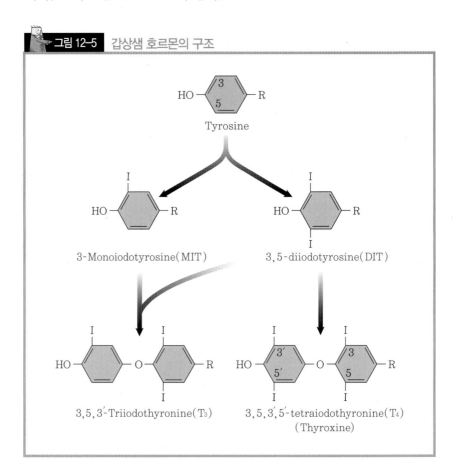

(2) 요오드의 흡수 및 대사

섭취한 요오드의 대부분은 소장에서 거의 흡수되어 갑상샘 조직으로 가나 일부는 위에서 흡수되어 직접 혈류로 옮겨지기도 한다. 요오드가 혈류를 따라서 이행될 때는 단백질과 결합된 상태(protein bound iodine, PBI)와 유리된 상태 두 가지이다. PBI와 유리된 요오드의 비율은 여러 요인에 의해 지배를 받는데 임신이나 갑상샘 기능 항진의 경우에 PBI치가 상승되며, 갑상샘 기능이 떨어지면 PBI는 저하된다. 요오드는 주로 신장을 통하여 배설되며, 수유기에는 유즙으로 분비되기도 한다.

(3) 요오드의 생리적 기능

요오드는 갑상샘 호르몬의 구성분으로 이 호르몬은 기초대사율을 결정하거나 체내 열발생, 신경계의 발달, 성장, 소화와 흡수의 조절, 키 성장 등 거의 모든 기관에 관여하기 때문에 요오드가 적절하게 공급이 되는 것이 매우 중요하다. 또한 태아와 어린이의 세포발달과 성장에 영향을 미치며, 백혈구의 구성에 관여하고, 수유부에게는 유즙의 분비를 적당히 해준다. 정상적인 티록신의 공급은 신체와 지능의 발달을 순조롭게 하는 것뿐만 아니라 신경과 근육조직, 순환기관 그리고 모든 영양소의 대사기능을 원활하게 조절한다.

(4) 요오드 섭취 관련 문제

1) 요오드 결핍증

요오드의 결핍으로 인하여 갑상샘이 비대해지는 현상을 단순 갑상샘종(simple goiter, endemic goiter)이라 한다. 이 현상은 대표적인 요오드의 결핍증세로 식이 중 요오드가 부족할 때, 갑상샘은 갑상샘 호르몬을 정상적으로 생성하지 못하기 때문에 더욱 많은 요오드를 흡수하기 위해서 갑상샘이 비대해진다. 또한 임신기 동안 요오드의 부족증이 있는 모체에서 태어난 어린이에게 크레틴병(cretinism)이 나타나는데 기초대사율이 저하되고 성장발육과 지능의 발달이 떨어지며 백치가 된다. 크레틴병은 출생 직후 치료하면 회복이 가능하다. 성장기 동안에 갑상샘 기능부전(hypothyroidism)이 계속된 사람은 점액수종(myxedema)에 의한 여러 가지 증세가 나타나는데 얼굴과 손에 부종이 생기고, 피부가 거칠어지면서 두터워지며, 목소리도 쉰듯한 음성을 내게 된다.

2) 요오드 과잉증(갑상샘기능항진증)

한편 갑상샘의 기능이 항진되어도 갑상샘이 비대해지는데 이를 안구돌출성 갑상샘종(exophthalmic goiter)이라 한다. 이러한 경우 신경과민, 허약, 빠른 심장박동과 안구의 돌출 등을 보이며, 말이 빠르고 손과 팔을 뻗었을 때 심하게 떨리는 증세가 나타나게 된다. 에너지의 소비가 항진되어 기초대사율이 10%나 증가되기도 하고 식욕이 왕성해져서 식품의 섭취는 증가하나 체중은 오히려 감소하기도 하는데 이러한 증상을 보이는 것을 바제도병(Basedow's disease)이라 부른다.

잠깐!

갑상샘종(simple goiter)
체내 요오드가 부족하여 갑상샘 호르몬인 티록신을 제대로 생성하지 못해 생기는 질병으로 갑상샘이 비대해진다. 식이 내 요오드 부족으로 유발된다.

크레틴병(cretinism)
유아기 및 그 이후에 신체의 성장과 정신적 발달이 지연되는 질병으로, 모체가 임신 중 요오드를 적절히 섭취하지 못하여 발생한다.

갑상샘 기능부전(hypothyroidism)
성인은 여성에게 많고, 기초대사율이 감소하며 권태감, 무기력, 추위에 대한 민감증, 월경불순 등의 증상을 수반한다. 영아는 중증인 상태일 때 크레틴병을 야기한다.

(5) 요오드 섭취기준

요오드의 결핍증이나 섭취량에 대한 정확한 보고는 없으나 우리나라의 경우 어패류와 해조류의 이용률이 높아 결핍될 가능성이 적다. 한국인 성인의 경우 1일 요오드 권장섭취량을 150μg으로 책정했다.

(6) 요오드 급원식품

요오드를 많이 함유하는 식품은 해조류이며 다시마나 미역, 김에 집중적으로 많이 함유되어 있기 때문에 식사를 계획할 때 한 끼에 너무 많은 해조류로 구성하지 않도록 유의하는 것이 바람직하다. 1회 섭취 분량을 기준으로 살펴보았을 때, 건미역(2,910μg), 메추리알(144μg), 달걀(39μg), 김(34μg) 순으로 요오드 함량이 높았다.

5. 셀레늄(selenium, Se)

(1) 셀레늄의 생리적 기능

셀레늄은 성인의 체내에 약 10mg 내외의 농도로 미량 존재하고, 비타민 E와 서로 의존하는 것으로 알려져 있으며 한 쪽의 함량이 낮은 경우 다른 한 쪽의 존재로 보상이 된다. 셀레늄은 비타민 E의 필요량을 절약해 준다. 셀레늄은 글루타티온 페록시다아제(glutathione peroxidase)의 구성 성분으로 세포에서 생성된 독성의 과산화수소와 유리래디칼(free radical)을 해롭지 않은 분자로 변환시켜 세포를 산화적 손상에서 보호하는 기능을 수행한다. 또한 셀레늄은 항산화 방어능과 생식, 근육 발달과 기능, 갑상샘 호르몬 대사, 면역반응에 이르는 다양한 대사와 생리 기능에 관여한다.

(2) 셀레늄 섭취 관련 문제

1) 셀레늄 결핍증

곡식 중의 셀레늄 함량은 그 곡식이 재배된 토양 중의 셀레늄 함량에 영향을 받는다. 중국의 서부지역은 토양 중 셀레늄의 함량이 낮은 곳인데 심장손상을 보이는 치명적인 케산(Keshan) 질병이 어린이와 젊은 여성에게 나타났다. 어린이에게 셀레늄을 공급한 후에는 케산 질병이 대조군에 비하여 5%로 감소되었다.

2) 셀레늄 과잉증

과잉의 셀레늄도 독성을 유발하는데 급성 독성은 타액분비의 과다, 구토, 호흡 시 마늘냄새가 나는 것이 특징이며, 심한 구토와 설사 등의 위장장애 및 머리카락 손실, 신경계 이상(경련, 빈맥)과 피로를 동반한다.

또한 셀레늄의 만성 독성인 셀레늄중독증(selenosis)의 증상은 머리카락 과 손톱의 변화, 피부의 손상, 말초감각저하 등의 임상적인 신경장애가 발 생하며, 이는 감각상실, 경련, 마비로 발전하게 된다.

(3) 셀레늄 섭취기준

셀레늄 섭취가 부족한 한국인 대상의 셀레늄 중재 연구 결과가 아직 제시 되지 않고 있으므로 우리나라의 실정과 최근의 외국 연구결과를 고려하여 성인의 1일 권장섭취량을 $60\mu g$으로 설정하였다.

(4) 셀레늄 급원식품

셀레늄은 곡류, 해산물, 육류에 함유되어 있다. 곡류의 셀레늄은 그 곡 류가 자란 토양의 셀레늄의 함량에 따라 크게 다르며 식품 중 셀레늄의 흡 수율도 각기 다른 형태에 따라 다양하다.

6. 불소(fluorine, F)

인체 내의 불소는 골격과 치아조직에서 칼슘, 인과 함께 결합하여 산에 대한 저항력이 강한 플루오르아파타이트(fluorapatite) 형태로 들어있어 골격과 치아를 강하게 한다. 불소는 칼슘과의 친화력이 매우 높아서 체내 에서 뼈와 치아 등 주로 석회화된 조직에 존재한다. 불소의 충치예방 효과 는 잘 알려져 있다. 음료수 중의 불소 함량이 적정량(약 1ppm 정도) 유지 되면 치아의 에나멜(enamel)층을 보호해 주는 역할을 하며 충치에 대한 저항력을 높여 준다. 식이 중 불소의 주요한 급원은 상수도와 차 종류 그 리고 뼈째 먹을 수 있는 생선류 등이며, 불소가 함유된 치약도 불소의 좋 은 공급원이다.

불소는 자연적으로 음료수 중에 존재하나 0.7ppm 미만인 곳에는 공중 보건 사업으로 불소를 1ppm 정도가 되게 첨가한다. 소량의 불소가 충치율을 낮추는 반면 과잉의 불소는 유익하지 않다. 불소가 권장량 이상 수준인 4배 이상으로 들어 있는 물을 상용하는 사람들에게는 반상치(mottled enamel)가 나타난다. 최근에 의사들이 골다공증인 여성들의 치료 시 다량의 불소를 공급하였을 때 척추뼈 속 칼슘 등의 무기질 양이 증가되고 척추가 골절되는 빈도가 감소되었다고 보고하였다.

불소는 식사 이외에도 불소치약이나 불소도포제 등 구강용품을 통한 체내유입이 많은 영양소이므로 정확한 섭취량과 필요량을 산출하기 힘들며, 평균필요량을 추정하기에는 아직 근거가 불충분하여 충분섭취량을 설정하였다. 성인남자(19~29세)는 3.4mg/일, 성인 여자(19~29세)는 2.8mg/일이다.

7. 크롬(chromium, Cr)

크롬은 당내성인자(glucose tolerance factor, GTF)의 성분으로 인슐린의 작용을 강화하여 포도당이 세포 내로 유입되는 것을 돕는다. 혈당량이 높은 당뇨병 환자를 염화크롬($CrCl_3$)으로 치료하여 포도당 내성(glucose tolerance)이 훨씬 좋아졌다는 보고가 있다. 한국인 크롬 1일 충분섭취량은 성인 남자 30μg, 성인 여자 20μg으로 설정하였다. 크롬의 급원식품으로는 브로콜리, 그린빈 등의 일부 채소, 포도, 오렌지, 사과, 바나나 등의 일부 과일, 적포도주, 마늘과 바질 등의 향신료, 육류 등이 있다.

8. 코발트(cobalt, Co)

코발트는 비타민 B_{12}의 구성분이기 때문에 식이 중에 꼭 필요하다. 반추동물은 장내 세균에 의하여 코발트로부터 비타민 B_{12}를 합성할 수 있다. 사람의 장내에 서식하는 미생물도 어느 정도 비타민 B_{12}를 합성하므로 정상적인 식사를 하는 사람에게는 결핍증이 거의 일어나지 않는다. 비타민 B_{12}가 부족하면 골수에서 적혈구의 형성이 장애되어 악성빈혈(pernicious anemia)이 발생된다.

9. 망간(manganese, Mn)

성인에게는 약 10mg 정도의 망간이 간장, 신장, 피부, 골격, 근육 등의 각 조직에 널리 분포되어 있다. 망간은 정상적인 골격의 형성, 생식 및 중추신경계의 기능에 관여한다. 또한 카복실라아제(carboxylase), 펩티다아제(peptidase), 지단백질 리파아제(lipoprotein lipase), 아르기나아제(arginase), 포스파타아제(phosphatase), 콜린 에스테라아제(choline esterase) 등의 효소를 활성화시켜서 항산화 반응, 영양소 대사, 골격 형성과 혈액응고, 혈당 조절, 성호르몬과 핵산 합성, 면역반응에 관여한다.

망간 결핍 증상은 사람에게 거의 나타나지 않는 것으로 알려져 있으나 실험적인 조건에서 망간이 결핍된 식사를 하는 경우 홍조, 발진, 피부 탈락, 저콜레스테롤혈증, 혈액응고 지연 등의 결핍증이 나타난다.

망간은 견과류, 전곡 및 두류에 비교적 많이 들어 있으며 과실과 채소류에도 어느 정도 함유되어 있다. 한국인 영양소 섭취기준 2020에서 1일 충분섭취량을 성인 남자 4mg, 성인 여자 3.5mg으로 설정하였다.

10. 몰리브덴(molybdeum, Mo)

몰리브덴은 크잔틴을 요산으로 산화시키는 크잔틴 산화효소(xanthine oxidase)나 알데하이드의 산화를 촉진하는 알데하이드 산화효소(aldehyde oxidase)와 같이 체내에서 산화환원 반응에 관여하는 금속효소의 구성성분으로 작용한다.

몰리브덴은 모든 식품에 골고루 분포되어 있으며 특히 콩류, 잡곡, 견과류에 많이 함유되어 있다. 권장섭취량은 성인남자(19~29세)는 30μg/일, 성인 여자(19~29세)는 25μg/일이다.

배운 것을 확인할까요?

01 철의 대사과정을 설명하세요.

02 철의 흡수촉진·저해인자는 무엇일까요?

03 철의 결핍증에 대해 설명하세요.

04 요오드와 갑상샘 호르몬의 관계를 설명하세요.

05 셀레늄의 항산화기능을 설명하세요.

06 크롬과 당뇨병의 관계를 설명하세요.

수분

Chapter 13

수분

수분은 사람의 생명을 유지하기 위한 중요한 환경 요인으로서 섭취하지 못하면 단 며칠을 살기 어렵다. 그러나 수분은 마시면서 음식을 먹지 못한 다면 몇 주일은 살 수 있다. 또한, 체내 수분의 20%를 상실하면 생명의 위험을 초래한다. 수분은 모든 조직의 기본 성분일 뿐 아니라 체조직 구성성분 중 가장 중요한 성분으로서 인체의 60% 정도를 차지한다.

1. 수분의 양과 분포

인체에 함유된 수분은 그 분포에 따라 세포막을 기준으로 세포내액과 세포외액으로 구분되며 세포 외액은 혈관벽을 기준으로 혈액과 세포간질액으로 구분된다[그림 13-1]. 체수분량 중 65%는 세포내액에 존재하고 35%는 세포외액에 존재한다.

그림 13-1 체내의 수분과 분포(70kg 성인 기준)

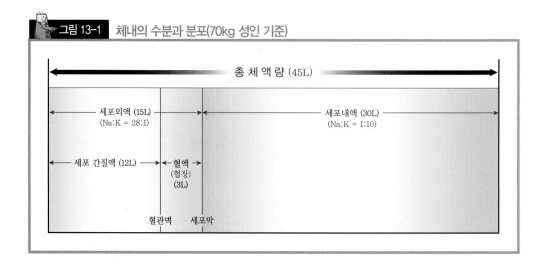

또한 체내 수분량은 연령, 성별, 체지방 함량에 따라 차이가 있다. 성인은 수분함량이 체중의 약 60~65%, 노인은 45~50% 정도이다. 신생아는 75% 이상이 수분이며 성장함에 따라 점차 감소된다. 같은 성별 및 같은 연령층이면 체지방 함량에 따라 수분의 함량이 달라지는데, 체지방 함량이 많을 경우 40% 정도의 수분만을 함유한다.

2. 수분의 생리적 기능

(1) 체조직의 구성성분

조직의 종류에 따라 수분의 함량은 차이가 커서 가장 적은 치아에는 10%, 지방조직에 20%, 골격조직에 26%, 근육에 70% 정도가 함유되어 있다.

(2) 영양소와 노폐물 운반

혈액은 소화 흡수된 영양소 중 단당류, 아미노산, 글리세롤, 무기질, 수용성 비타민 등을 소장의 모세혈관을 통하여 문맥을 거쳐 간으로 운반하고 긴사슬지방산과 지용성 비타민은 임파관을 통해 정맥으로 들어가 필요한 조직으로 운반된다. 수분은 혈액과 림프액 같은 체액의 중요한 구성 물질이 되며, 이들 체액을 통해 공급된 여러 가지 영양소는 각 세포 및 조직에 운반된다. 동시에 신진대사 과정에서 생성된 노폐물인 탄산가스, 암모니아, 요소, 요산 및 전해질 등을 운반하여 폐, 피부, 신장을 통해 체외로 배출된다.

(3) 용매

수분은 생화학적 반응의 용매로서 체내 많은 화학반응이 물을 매개로 이루어지므로 체내 화학반응이 정상적으로 진행되도록 해 준다.

(4) 윤활제

체수분으로서 간질액인 세포횡단수분은 윤활액의 역할을 하는데 타액은 음식물을 혼합하여 주고 음식이 식도를 잘 통과하게 한다. 또 인체는 많은 수분을 함유하고 있어 내장기관을 외부의 충격으로부터 보호하는 역할을 하며 안구의 수분은 안구운동을 용이하게 하고 신체관절에는 관절활액이 있어 뼈가 움직일 때 마찰을 방지하여 준다.

(5) 가수분해

수분은 음식의 소화를 돕는다. 건강한 성인은 1일 타액으로 대략 1,500 mL, 위액은 2,000mL, 담즙은 500mL, 췌장액은 1,500mL, 장액은 1,500mL 정도가 분비되며 체내에서 매일 분비되는 많은 양의 소화액은 식품이 효소에 의해 가수분해되도록 돕는다. 이 체내 화학반응은 수분 없이는 정상적으로 이루어지지 않는다.

(6) 전해질 균형

수분과 전해질은 적당량 섭취하여 체액의 pH와 삼투압을 유지하여야 한다. 따라서 건강한 사람은 섭취량과 배설량의 과부족 없이 균형을 이루므로 체액의 부피 및 성분에 변화없이 항상성을 유지한다. 수분의 섭취와 배설에 의하여 체내의 수분량이 조절되어 평형이 유지되기 위해서는 배설을 조절하는 신장이 주요 역할을 하며, 갈증에 의하여 수분의 섭취가 조절되기도 한다. 수분섭취는 시상하부에 있는 수분섭취 중추에 의해 조절된다.

(7) 체온조절

체온을 일정하게 유지하는 데는 수분이 중요한 작용을 한다. 심한 운동이나 노동으로 열이 발생하면 체온이 높아지게 되는데 이때는 급격한 체온상승을 막아 일정온도로 유지하려는 작용이 일어난다. 피부를 통해 복사와 전도로 방산되는 열보다 땀을 흘리면 수분의 기화열을 이용해 체온을 발산하기 때문에 대사로 이루어진 열의 방산이 효율적으로 이루어진다. 또 순환계를 통하여 수분이 열을 신체에 적당히 전달하여 우리 몸은 효소작용에 가장 적당한 36.5℃를 유지한다.

피부와 폐를 통하여 잃게 되는 수분량은 하루 900~1,000mL 정도로서 약 600kcal의 체열을 방산하는 데 쓰인다. 피부를 통한 수분의 증발은 체표면적과 정비례하고 피하지방이 발달한 사람은 이와 같은 열발산이 적다.

3. 인체의 수분균형

신체는 체외로부터 수분을 섭취하고 배설하면서 체내 수분은 동적 평형 상태를 유지한다. 체액량이 일정하게 유지되는 기전은 주로 수분의 배설량을 수분의 섭취량에 맞추어 조절되기 때문이다. 수분섭취량이 적을 때는 뇌하수체 후엽에서 분비되는 항이뇨 호르몬의 영향으로 신세뇨관에서 수분 재흡수가 증가한다. 이에 따라 소변량이 감소되고 총 체액량은 증가되어 체액의 균형이 유지된다[그림 13-2].

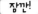

잠깐!

항이뇨 호르몬(antidiuretic hormone, ADH)
뇌하수체 후엽에서 분비되는 호르몬으로 수분섭취량이 적을 때 신세뇨관에서 수분의 재흡수를 증가시켜 체액량이 증가된다.

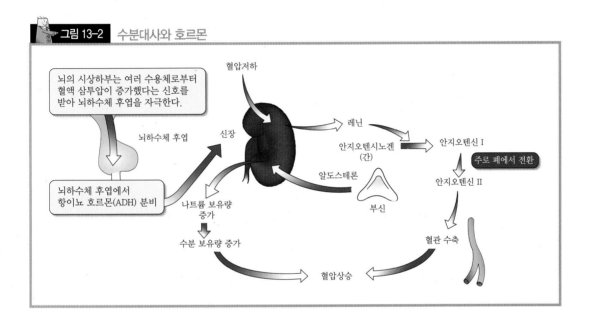

그림 13-2 수분대사와 호르몬

(1) 수분섭취

사람이 하루 동안 섭취하는 수분량은 1,600~2,400mL 정도이며, 그 중 많은 부분이 음료수를 통한 섭취이고 또한 음식물에 포함된 수분으로도 섭취된다. 그 외 신진대사에 의해 체내에서 생성되는 대사수도 소량 있어서 1일 성인이 체내에서 이용할 수 있는 물의 양은 약 2,000~2,500mL 정도이다.

수분섭취량은 연령, 염분의 섭취량, 운동량, 기후 등에 따라 차이가 있는데 신생아와 어린이의 단위 체중당 수분섭취량은 성인에 비하여 많으며 열대지방이나 여름철에 격심한 운동을 할 경우 수분섭취량이 증가된다.

1) 액체음료로부터 수분섭취

이 급원은 음료나 국 종류에 함유된 물과 정상적인 음료수의 섭취를 모두 포함한다. 성인의 경우 1일 수분섭취량은 1,200mL 정도이며 이것은 6컵의 음료수에 해당한다.

2) 고형식품으로부터 수분섭취

일상식을 섭취할 때 식품 중에 함유하고 있는 것으로 과일과 채소 중에 많은 수분을 함유하고 있고, 육류, 곡류 등의 고형식에도 상당량의 수분이 포함되어 있다. 1일 1,000mL 정도의 식품에 함유된 수분을 섭취하고 있다.

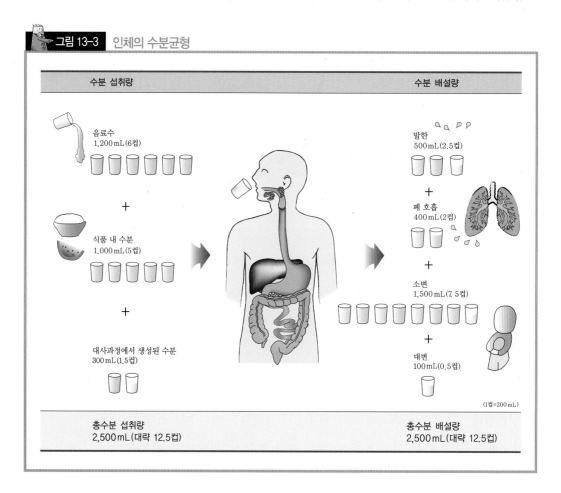

그림 13-3 인체의 수분균형

3) 에너지의 산화로 생성되는 대사수(metabolic water)

에너지를 생성하는 화학반응에서 생겨나는 수분이 대사수이다. 열량소인 탄수화물, 단백질, 지방이 체내에서 산화되면 탄산가스와 열량을 낼 뿐만 아니라 상당량의 수분을 생성한다.

식품은 약 100kcal의 열을 발생할 때 12~13mL의 물을 생성하는데 탄수화물은 15mL, 지방은 11.1mL, 단백질은 10.5mL의 수분을 각각 생성한다. 즉, 단백질 1g은 0.41mL, 당질 1g은 0.6mL, 지질 1g은 1.07mL의 대사수를 각각 생성한다. 따라서 하루 동안 섭취하는 식품에서 약 300mL 정도의 대사수를 생성하는 것으로 추정된다.

(2) 수분배설

체내수분의 균형 유지를 위해서는 1일 섭취한 수분량과 거의 같은 양이 배설되어야 한다[그림 13-3, 표 13-1].

수분의 공급과정에서 여러 경로가 있는 것과 같이 신체의 수분배설도 다양한 방법으로 이루어지는데 대부분 소변을 통해 나가며 피부를 통한 증발, 호흡 및 대변 등을 통해서도 배설된다. 또한 대장에서는 음식의 찌꺼기와 적당한 수분이 변통을 원활하게 만든다.

표 13-1 성인의 수분균형

수분의 급원	수분량(mL/일)	수분의 배설	수분량(mL/일)
액체음료	1,200	신장(소변)	1,500
고형음식	1,000	피부(땀)	500
대사수	300	폐(호흡)	400
–	–	대변	100
합계	2,500	합계	2,500

1) 소변에 의한 수분배설

정상적인 조건에서 소변은 끊임없이 신장에서 만들어져 1분에 약 1mL의 비율로 방광으로 운반되어 저장된다. 성인은 매일 1,500mL 정도의 수분을 소변으로 배설하며, 소변의 약 96%가 수분으로 구성되어 있다. 체액의 균형은 수분섭취량에 맞추어 소변의 양을 조절하면서 이루어진다. 즉, 수분섭취량이 많으면 소변량도 증가하고 섭취량이 적으면 소변의 양도 감소되어 600mL까지 감소될 수 있다. 노폐물이 체내에 보류되지 않기 위하여 매일 최소 300~500mL의 수분을 소변으로 배설시키지 않으면 안 된다.

그러나 이 양은 온도, 습도, 액체섭취량, 식이, 신체활동 정도 등의 조건에 따라 달라진다.

2) 피부증발에 의한 수분배설

수분이 피부를 통하여 배설되는 데는 두 가지 형태가 있는데 발한과 사람이 의식하지 못하는 가운데 피부표면에서 발산되는 불감증발이다.

발한은 피부의 땀샘에서 땀이 분비되는 현상으로 정상적인 환경조건에서 매일 약 500mL 정도의 땀이 분비되는데 땀은 99%가 물이며 Na^+, K^+, Cl^- 등의 전해질과 요소가 포함되어 있다.

피부 증발에 의한 수분 배설은 주위의 상대습도에 영향을 받는다. 즉, 공기 중의 수분함유량이 높을 경우 피부로부터 수분이 증발될 수 없으며, 신체 냉각의 중요한 통로가 닫히게 되므로 심한 더위를 느끼게 된다. 건조한 날에는 공기가 많은 양의 습기를 받아들일 수 없으므로 피부로부터 수분 증발이 빨라지고 체온이 쉽게 조절된다.

3) 호흡증발에 의한 수분배설

호흡을 통해 매일 약 400mL 정도의 수분이 수증기로 증발되는데, 이것은 불감증발이라 한다. 폐를 통한 수분 손실은 외부공기가 건조할수록 커진다. 폐에서 나오는 공기는 37℃에서 47mmHg의 수증기로 포화되어 나가므로 폐로 유입된 공기가 수증기를 많이 포함할수록 신체의 수분 손실은 적어진다. 그러나 일상 숨쉬는 외부 공기의 수증기압은 47mmHg보다 낮으므로 호흡으로 수분을 잃게 된다.

4) 대변에 의한 수분배설

대변의 약 70%가 수분이며, 나머지는 소화가 안 된 물질과 소화과정에서 생긴 박테리아, 위, 장, 췌장에서 분비되는 소화액의 잔여물 등이다. 대변을 통하여 매일 배설되는 수분량은 100mL 정도에 불과하나 설사나 구토 등의 이상 증세가 있을 때는 수분 손실이 1,500~5,000mL에 이를 수도 있다.

4. 수분 필요량

수분의 필요량은 연령, 섭취식품의 종류, 신체활동 등에 따라 영향을 받게 된다. 첫째, 연령에 따라 다르다. 즉 어릴수록 단위 체중당 수분의 필요량이 많은데 이것은 어린이는 성인보다 대사율이 높으며 수분증발이 일어나는 단위표면적이 넓고 또한 조직을 구성하기 위한 여분의 수분이 필요하므로 성장기 아동은 성인보다 단위체중당 수분량을 많이 요구한다[표 13-2].

표 13-2 연령별 수분의 필요량

연령별	필요량(mL/kg)		연령별	필요량(mL/kg)
신생아	110	성인	기온 22℃	22
10세 어린이	40		기온 38℃	38

둘째, 섭취하는 식품의 종류에 따라 다르다. 지방은 산화 시 수분생성량이 많으므로 지방이 많은 식품을 먹을 경우 수분 필요량이 감소된다. 반면에 고단백질 식사를 하는 경우 단백질의 질소성분이 요소로 배설되는데 요소가 체내에 과량으로 쌓이면 독성을 나타내므로 이를 제거하기 위하여 다량의 수분이 필요하게 된다. 또한, 염분이 많은 식품을 섭취하면 과잉의 염분을 제거하기 위해 수분 필요량이 증가된다. 즉 고지방 식사는 수분 필요량을 감소시키고 고단백 및 염분을 많이 섭취할 경우 수분 필요량이 증가된다. 크잔틴(xanthine) 유도체를 함유하고 있는 커피, 차, 코코아 등은 이뇨작용이 있어 신장에서 수분의 배설을 증가시킨다. 셋째, 신체 활동량에 따라 영향 받는다. 휴식이나 수면 중에는 수분의 손실이 적으며, 가벼운 운동을 하면 약간의 수분손실이 생기나 심한 운동이나 노동을 할 때는 생성된 열을 발산하기 위해서 많은 양의 수분이 필요하게 된다.

또한 건강상태가 비정상적인 경우, 즉, 혼수, 고열, 다뇨증, 설사 등의 경우 수분 필요량이 증가된다.

5. 수분 섭취 관련 문제

(1) 부종

부종은 세포간질액에 수분이 비정상적으로 과다하게 축적된 것으로 단백질 결핍에 의해 혈장 알부민의 농도가 저하되는 경우 세포간질액의 삼투압이 증가하여 수분이 세포간질액에 과도하게 저류하거나 혈액 중의 수분이 체조직 사이로 과다하게 빠져 나감으로써 나타난다. 체액은 삼투압의 항상성 유지를 위하여 뇌하수체 후엽에서 항이뇨호르몬을 분비하여 조직의 간질액의 수분배설을 감소시켜 수분이 정체되어 부종의 발생을 조절한다.

(2) 수분 결핍

체내에 수분이 결핍된 상태를 탈수라 하며, 탈수는 체내 수분이 지나치게 손실되는 현상으로 출혈, 화상, 구토와 설사의 지속 또는 심한 운동에 의해 땀으로 체수분의 손실이 일어나거나 이뇨작용이 일어날 경우에 발생될 수 있다. 체내 총수분량의 2%가 손실되면 갈증을 느끼며, 4%가 손실되면 근육의 강도와 지구력이 떨어져 근육 피로감을 쉽게 느끼게 되고, 12%가 손실되면 외부의 높은 기온에 신체가 적응하는 능력을 상실하여 무기력 상태에 빠지고, 20% 이상이 손실되면 사망할 수 있다[그림 13-4].

(3) 수분 중독

수분 중독은 콩팥기능이 저하된 상태에서 전해질의 섭취 없이 단시간 동안 과량의 물을 섭취하는 경우에 발생하며 세포외액의 나트륨 농도가 급속하게 희석되어 나타나는 일종의 저나트륨혈증이다. 세포외액의 수분이 세포 내로 과도하게 이동하여 뇌세포의 팽창이 초래되어 두통, 메스꺼움, 구토 등이 일어나며, 반대로 세포 내의 칼륨은 세포외액으로 이동하여 세포 내 칼륨 결핍으로 근육 경련이나 발작이 일어난다. 건강한 사람에게 수분 중독으로 저나트륨혈증이 나타나면 항이뇨 호르몬의 분비가 억제되어 수분이 배설되면서 수분 평형이 이루어진다.

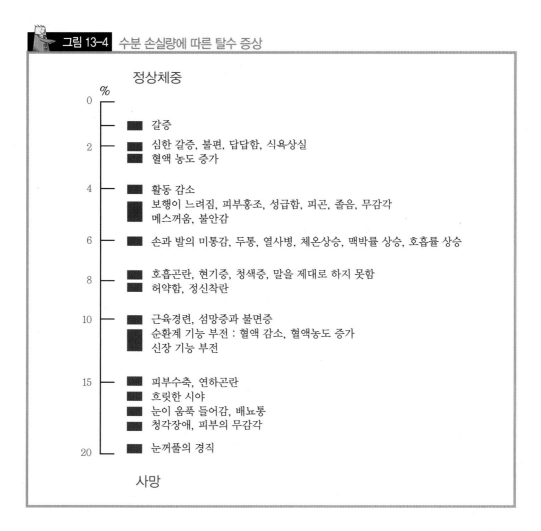

그림 13-4 수분 손실량에 따른 탈수 증상

정상체중

%	
0	
	갈증
2	심한 갈증, 불편, 답답함, 식욕상실
	혈액 농도 증가
4	활동 감소
	보행이 느려짐, 피부홍조, 성급함, 피곤, 졸음, 무감각
	메스꺼움, 불안감
6	손과 발의 미통감, 두통, 열사병, 체온상승, 맥박률 상승, 호흡률 상승
8	호흡곤란, 현기증, 청색증, 말을 제대로 하지 못함
	허약함, 정신착란
10	근육경련, 섬망증과 불면증
	순환계 기능 부전 : 혈액 감소, 혈액농도 증가
	신장 기능 부전
15	피부수축, 연하곤란
	흐릿한 시야
	눈이 움푹 들어감, 배뇨통
	청각장애, 피부의 무감각
20	눈꺼풀의 경직

사망

더 알아보기

갈증 메시지가 전달되지 않으면 어떤 일이 일어날까?

혈액 농도가 증가하면 체액의 보유가 일어난다. 뇌하수체는 항이뇨 호르몬(antidiuretic hormone, ADH)을 분비하여 신장에서 수분을 보유하도록 한다. 신장은 소변유량을 감소시키고 동시에 혈류의 유체량이 감소함에 따라 혈압이 떨어진다. 혈압이 감소하면 신장에서 연속반응이 개시된다. 매우 민감한 압력 수용체에 의한 신호에 의해 신장은 레닌(renin)을 분비한다. 레닌은 안지오텐신을 안지오텐신 I로 활성화시킨다. 안지오텐신 I은 안지오텐신 II(angiotensin II)로 전환되고 이것은 아드레날린이 알도스테론을 분비하게 한다. 이 알도스테론(aldosterone)은 신장에서 더 많은 나트륨과 염소를 보유하도록 신호를 보내고 따라서 수분 보유량도 증가한다.

6. 수분 섭취기준

　수분의 섭취기준은 모든 연령층에 충분섭취량이 설정되었다. 수분의 충분섭취량 설정에는 음식의 수분량과 액체섭취량을 합한 섭취량으로 제시되었다. 국민건강영양조사 자료에서 1일 액체섭취량은 물 섭취량과 음료 및 주류 섭취량을 합하고, 음식 수분량은 대상자의 단위체중당으로 분석한 자료를 활용하여 산출한 섭취한 일상식의 수분량인 0.53mL/kcal를 이용하여 추정하는 방법으로 산출되었다. [표 13-3]에서 보는 바와 같이 19~29세, 성인 남녀 수분의 충분섭취량은 2,600mL와 2,100mL로 책정되어 있다.

표 13-3 1일 수분 섭취기준

성별	연령	수분(mL/일)			충분섭취량		상한섭취량
		음식	물	음료	액체	총수분	
영아	0~5(개월)				700	700	
	6~11	300			500	800	
유아	1~2(세)	300	362	0	700	1,000	
	3~5	400	491	0	1,100	1,500	
남자	6~8(세)	900	589	0	800	1,700	
	9~11	1,100	686	1.2	900	2,000	
	12~14	1,300	911	1.9	1,100	2,400	
	15~18	1,400	920	6.4	1,200	2,600	
	19~29	1,400	981	262	1,200	2,600	
	30~49	1,300	957	289	1,200	2,500	
	50~64	1,200	940	75	1,000	2,200	
	65~74	1,100	904	20	1,000	2,100	
	75 이상	1,000	662	12	1,100	2,100	
여자	6~8(세)	800	514	0	800	1,600	
	9~11	1,000	643	0	900	1,900	
	12~14	1,100	610	0	900	2,000	
	15~18	1,100	659	7.3	900	2,000	
	19~29	1,100	709	126	1,000	2,100	
	30~49	1,000	772	124	1,000	2,000	
	50~64	900	784	27	1,000	1,900	
	65~74	900	624	9	900	1,800	
	75 이상	800	552	5	1,000	1,800	
임신부						+200	
수유부					+500	+700	

※ 자료: 보건복지부·한국영양학회, 2020 한국인 영양소 섭취기준, 2020

7. 수분 급원식품

[표 13-4]에서 보는 바와 같이 과일과 채소는 많은 수분을 함유하고 있으며 육류와 곡류의 고형식에도 상당량의 수분이 함유되어 있다.

표 13-4 수분 주요 급원식품(100g당 함량)*

순위	급원식품	함량(mL/100g)	순위	급원식품	함량(mL/100g)
1	배추김치	89.3	16	복숭아	86.1
2	사과	85.2	17	수박	91.1
3	돼지고기(살코기)	68.4	18	파	92.8
4	무	95.3	19	바나나	76.1
5	양파	92.0	20	고구마	63.9
6	닭고기	76.2	21	배	87.0
7	백미	14.9	22	애호박	93.1
8	달걀	75.9	23	양배추	89.7
9	두부	81.2	24	참외	86.1
10	감자	81.1	25	떡	46.4
11	토마토	93.9	26	콩나물	91.0
12	오이	95.2	27	깍두기	88.9
13	소고기(살코기)	56.5	28	포도	83.4
14	감	85.6	29	열무김치	90.1
15	귤	89.7	30	빵	34.8

* 2017 국민건강영양조사의 식품별 섭취량과 식품별 수분 함량(국가표준식품성분표 DB 9.1) 자료를 활용하여 수분 주요 급원식품 상위 30위 산출. 단, 육수와 침출액, 음료 등 액체류는 제외한 음식 중 수분 함량 기준

배운 것을 확인할까요?

01 체내의 수분 분포에 대해 설명하세요.

02 체내 수분의 기능에 대하여 설명하세요.

03 체내의 수분배설이 이루어지는 경로에 대하여 쓰세요.

04 체내 부종이 생기는 이유를 크게 2가지로 설명하세요.

05 한국인 성인의 수분 섭취기준은 얼마인가요?

부록 1. 2020 한국인 영양소 섭취기준

2020 한국인 영양소 섭취기준

[부록 1] 2020 한국인 영양소 섭취기준 제·개정 대상 영양소

영양소		영양소 섭취기준				만성질환 위험감소를 고려한 섭취량	
		평균필요량	권장섭취량	충분섭취량	상한섭취량	에너지적정비율	만성질환위험감소섭취량
에너지	에너지	O[1]					
다량영양소	탄수화물	O	O			O	
	당류	O					O[3]
	식이섬유			O			
	단백질	O	O			O	
	아미노산	O	O				
	지방			O		O	
	리놀레산			O			
	알파–리놀레산			O			
	EPA+DHA			O[2]			
	콜레스테롤						O[3]
	수분			O			
지용성 비타민	비타민 A	O	O		O		
	비타민 D			O	O		
	비타민 E			O	O		
	비타민 K			O			
수용성 비타민	비타민 C	O	O		O		
	티아민	O	O				
	리보플라빈	O	O				
	니아신	O	O		O		
	비타민 B_6	O	O		O		
	엽산	O	O		O		
	비타민 B_{12}	O	O				
	판토텐산			O			
	비오틴			O			
다량 무기질	칼슘	O	O		O		
	인	O	O		O		
	나트륨			O			O
	염소			O			
	칼륨			O			
	마그네슘	O	O		O		
미량 무기질	철	O	O		O		
	아연	O	O		O		
	구리	O	O		O		
	불소			O	O		
	망간			O	O		
	요오드	O	O		O		
	셀레늄	O	O		O		
	몰리브덴	O	O		O		
	크롬			O			

[1] 에너지필요추정량
[2] 0~5개월과 6~11개월 영아의 경우 DHA 단일성분으로 충분섭취량 설정
[3] 권고치

[부록 2] 에너지 적정비율

성별	연령	에너지적정비율(%)				
		탄수화물	단백질	지질[1]		
				지방	포화지방산	트랜스지방산
영아	0~5(개월)	–	–	–	–	–
	6~11	–	–	–	–	–
유아	1~2(세)	55~65	7~20	20~35	–	–
	3~5	55~65	7~20	15~30	8 미만	1 미만
남자	6~8(세)	55~65	7~20	15~30	8 미만	1 미만
	9~11	55~65	7~20	15~30	8 미만	1 미만
	12~14	55~65	7~20	15~30	8 미만	1 미만
	15~18	55~65	7~20	15~30	8 미만	1 미만
	19~29	55~65	7~20	15~30	7 미만	1 미만
	30~49	55~65	7~20	15~30	7 미만	1 미만
	50~64	55~65	7~20	15~30	7 미만	1 미만
	65~74	55~65	7~20	15~30	7 미만	1 미만
	75 이상	55~65	7~20	15~30	7 미만	1 미만
여자	6~8(세)	55~65	7~20	15~30	8 미만	1 미만
	9~11	55~65	7~20	15~30	8 미만	1 미만
	12~14	55~65	7~20	15~30	8 미만	1 미만
	15~18	55~65	7~20	15~30	8 미만	1 미만
	19~29	55~65	7~20	15~30	7 미만	1 미만
	30~49	55~65	7~20	15~30	7 미만	1 미만
	50~64	55~65	7~20	15~30	7 미만	1 미만
	65~74	55~65	7~20	15~30	7 미만	1 미만
	75 이상	55~65	7~20	15~30	7 미만	1 미만
임신부		55~65	7~20	15~30		
수유부		55~65	7~20	15~30		

[1] 콜레스테롤: 19세 이상 300mg/일 미만 권고

당류

총당류 섭취량을 총 에너지섭취량의 10~20%로 제한하고, 특히 식품의 조리 및 가공 시 첨가되는 첨가당은 총 에너지섭취량의 10% 이내로 섭취하도록 한다. 첨가당의 주요 급원으로는 설탕, 액상과당, 물엿, 당밀, 꿀, 시럽, 농축과일주스 등이 있다.

[부록 3] 에너지와 다량영양소

성별	연령	에너지(kcal/일)				탄수화물(g/일)				식이섬유(g/일)				지방(g/일)			
		필요추정량	권장섭취량	충분섭취량	상한섭취량	평균필요량	권장섭취량	충분섭취량	상한섭취량	평균필요량	권장섭취량	충분섭취량	상한섭취량	평균필요량	권장섭취량	충분섭취량	상한섭취량
영아	0~5(개월)	500						60								25	
	6~11	600						90								25	
유아	1~2(세)	900				100	130					15					
	3~5	1,400				100	130					20					
남자	6~8(세)	1,700				100	130					25					
	9~11	2,000				100	130					25					
	12~14	2,500				100	130					30					
	15~18	2,700				100	130					30					
	19~29	2,600				100	130					30					
	30~49	2,500				100	130					30					
	50~64	2,200				100	130					30					
	65~74	2,000				100	130					25					
	75 이상	1,900				100	130					25					
여자	6~8(세)	1,500				100	130					20					
	9~11	1,800				100	130					25					
	12~14	2,000				100	130					25					
	15~18	2,000				100	130					25					
	19~29	2,000				100	130					20					
	30~49	1,900				100	130					20					
	50~64	1,700				100	130					20					
	65~74	1,600				100	130					20					
	75 이상	1,500				100	130					20					
임신부[1]		+0 +340 +450				+35	+45					+5					
수유부		+340				+60	+80					+5					

성별	연령	리놀레산(g/일)				알파-리놀렌산(g/일)				EPA+DHA(mg/일)				단백질(g/일)			
		평균필요량	권장섭취량	충분섭취량	상한섭취량	평균필요량	권장섭취량	충분섭취량	상한섭취량	평균필요량	권장섭취량	충분섭취량	상한섭취량	평균필요량	권장섭취량	충분섭취량	상한섭취량
영아	0~5(개월)			5.0				0.6				200[2]				10	
	6~11			7.0				0.8				300[2]		12	15		
유아	1~2(세)			4.5				0.6						15	20		
	3~5			7.0				0.9						20	25		
남자	6~8(세)			9.0				1.1				200		30	35		
	9~11			9.5				1.3				220		40	50		
	12~14			12.0				1.5				230		50	60		
	15~18			14.0				1.7				230		55	65		
	19~29			13.0				1.6				210		50	65		
	30~49			11.5				1.4				400		50	65		
	50~64			9.0				1.4				500		50	60		
	65~74			7.0				1.2				310		50	60		
	75 이상			5.0				0.9				280		50	60		
여자	6~8(세)			7.0				0.8				200		30	35		
	9~11			9.0				1.1				150		40	45		
	12~14			9.0				1.2				210		45	55		
	15~18			10.0				1.1				100		45	55		
	19~29			10.0				1.2				150		45	55		
	30~49			8.5				1.2				260		40	50		
	50~64			7.0				1.2				240		40	50		
	65~74			4.5				1.0				150		40	50		
	75 이상			3.0				0.4				140		40	50		
임신부[3]				+0				+0				+0		+12 +25	+15 +30		
수유부				+0				+0				+0		+20	+25		

[1] 1,2,3 분기별 부가량
[2] DHA
[3] 2,3 분기별 부가량

성별	연령	메티오닌+시스테인(g/일)				류신(g/일)				이소류신(g/일)				발린(g/일)				라이신(g/일))			
		평균필요량	권장섭취량	충분섭취량	상한섭취량	평균필요량	권장섭취량	충분섭취량	상한섭취량	평균필요량	권장섭취량	충분섭취량	상한섭취량	평균필요량	권장섭취량	충분섭취량	상한섭취량	평균필요량	권장섭취량	충분섭취량	상한섭취량
영아	0~5(개월)			0.4				1.0				0.6				0.6				0.7	
	6~11	0.3	0.4			0.6	0.8			0.3	0.4			0.3	0.5			0.6	0.8		
유아	1~2(세)	0.3	0.4			0.6	0.8			0.3	0.4			0.4	0.5			0.6	0.7		
	3~5	0.3	0.4			0.7	1.0			0.3	0.4			0.4	0.5			0.6	0.8		
남자	6~8(세)	0.5	0.6			1.1	1.3			0.5	0.6			0.6	0.7			1.0	1.2		
	9~11	0.7	0.8			1.5	1.9			0.7	0.8			0.9	1.1			1.4	1.8		
	12~14	1.0	1.2			2.2	2.7			1.0	1.2			1.2	1.6			2.1	2.5		
	15~18	1.2	1.4			2.6	3.2			1.2	1.4			1.5	1.8			2.3	2.9		
	19~29	1.0	1.4			2.4	3.1			1.0	1.4			1.4	1.7			2.5	3.1		
	30~49	1.1	1.4			2.4	3.1			1.1	1.4			1.4	1.7			2.4	3.1		
	50~64	1.1	1.3			2.3	2.8			1.1	1.3			1.3	1.6			2.3	2.9		
	65~74	1.0	1.3			2.2	2.8			1.0	1.3			1.3	1.6			2.2	2.9		
	75 이상	0.9	1.1			2.1	2.7			0.9	1.1			1.1	1.5			2.2	2.7		
여자	6~8(세)	0.5	0.6			1.0	1.3			0.5	0.6			0.6	0.7			0.9	1.3		
	9~11	0.6	0.7			1.5	1.8			0.6	0.7			0.9	1.1			1.3	1.6		
	12~14	0.8	1.0			1.9	2.4			0.8	1.0			1.2	1.4			1.8	2.2		
	15~18	0.8	1.1			2.0	2.4			0.8	1.1			1.2	1.4			1.8	2.2		
	19~29	0.8	1.0			2.0	2.5			0.8	1.1			1.1	1.3			2.1	2.6		
	30~49	0.8	1.0			1.9	2.4			0.8	1.0			1.0	1.4			2.0	2.5		
	50~64	0.8	1.1			1.9	2.3			0.8	1.1			1.1	1.3			1.9	2.4		
	65~74	0.7	0.9			1.8	2.2			0.7	0.9			0.9	1.3			1.8	2.3		
	75 이상	0.7	0.9			1.7	2.1			0.7	0.9			0.9	1.1			1.7	2.1		
임신부		1.1	1.4			2.5	3.1			1.1	1.4			1.4	1.7			2.3	2.9		
수유부		1.1	1.5			2.8	3.5			1.3	1.7			1.6	1.9			2.5	3.1		

성별	연령	페닐알라닌+티로신(g/일)				트레오닌(g/일)				트립토판(g/일)				히스티딘(g/일)				수분(mL/일)				
		평균필요량	권장섭취량	충분섭취량	상한섭취량	평균필요량	권장섭취량	충분섭취량	상한섭취량	평균필요량	권장섭취량	충분섭취량	상한섭취량	평균필요량	권장섭취량	충분섭취량	상한섭취량	음식	물	음료	충분섭취량 (액체 / 총수분)	상한섭취량
영아	0~5(개월)			0.9				0.5				0.2				0.1					700 / 700	
	6~11	0.5	0.7			0.3	0.4			0.1	0.1			0.2	0.3			300			500 / 800	
유아	1~2(세)	0.5	0.7			0.3	0.4			0.1	0.1			0.2	0.3			300	362	0	700 / 1,000	
	3~5	0.6	0.7			0.3	0.4			0.1	0.1			0.2	0.3			400	491	0	1,100 / 1,500	
남자	6~8(세)	0.9	1.0			0.5	0.6			0.1	0.2			0.3	0.4			900	589	0	800 / 1,700	
	9~11	1.3	1.6			0.7	0.9			0.2	0.2			0.5	0.6			1,100	686	1.2	900 / 2,000	
	12~14	1.8	2.3			1.0	1.3			0.3	0.3			0.7	0.9			1,300	911	1.9	1,100 / 2,400	
	15~18	2.1	2.6			1.2	1.5			0.3	0.3			0.9	1.0			1,400	920	6.4	1,200 / 2,600	
	19~29	2.8	3.6			1.1	1.5			0.3	0.3			0.8	1.0			1,400	981	262	1,200 / 2,600	
	30~49	2.9	3.5			1.2	1.5			0.3	0.3			0.7	0.9			1,300	957	289	1,200 / 2,500	
	50~64	2.7	3.4			1.1	1.4			0.3	0.3			0.7	0.9			1,200	940	75	1,000 / 2,200	
	65~74	2.5	3.3			1.1	1.3			0.2	0.3			0.7	1.0			1,100	904	20	1,000 / 2,100	
	75 이상	2.5	3.1			1.0	1.3			0.2	0.3			0.7	0.8			1,000	662	12	1,100 / 2,100	
여자	6~8(세)	0.8	1.0			0.5	0.6			0.1	0.2			0.3	0.4			800	514	0	800 / 1,600	
	9~11	1.2	1.5			0.6	0.9			0.2	0.2			0.4	0.5			1,000	643	0	900 / 1,900	
	12~14	1.6	1.9			0.9	1.2			0.2	0.3			0.6	0.7			1,100	610	0	900 / 2,000	
	15~18	1.6	2.0			0.9	1.2			0.2	0.3			0.6	0.7			1,100	659	7.3	900 / 2,000	
	19~29	2.3	2.9			0.9	1.1			0.2	0.3			0.6	0.8			1,100	709	126	1,000 / 2,100	
	30~49	2.3	2.8			0.9	1.2			0.2	0.3			0.6	0.8			1,000	772	124	1,000 / 2,000	
	50~64	2.2	2.7			0.8	1.1			0.2	0.3			0.6	0.7			900	784	27	1,000 / 1,900	
	65~74	2.1	2.6			0.8	1.0			0.2	0.2			0.5	0.7			900	624	9	900 / 1,800	
	75 이상	2.0	2.4			0.7	0.9			0.2	0.2			0.5	0.7			800	552	5	1,000 / 1,800	
임신부		3.0	3.8			1.2	1.5			0.3	0.4			0.8	1.0						+200	
수유부		3.7	4.7			1.3	1.7			0.4	0.5			0.8	1.1						+500 / +700	

아미노산: 임신부, 수유부−부가량 아닌 절대필요량임

[부록 4] 지용성 비타민

성별	연령	비타민 A(μg RAE/일)				비타민 D(μg/일)			
		평균필요량	권장섭취량	충분섭취량	상한섭취량	평균필요량	권장섭취량	충분섭취량	상한섭취량
영아	0~5(개월)			350	600			5	25
	6~11			450	600			5	25
유아	1~2(세)	190	250		600			5	30
	3~5	230	300		750			5	35
남자	6~8(세)	310	450		1,100			5	40
	9~11	410	600		1,600			5	60
	12~14	530	750		2,300			10	100
	15~18	620	850		2,800			10	100
	19~29	570	800		3,000			10	100
	30~49	560	800		3,000			10	100
	50~64	530	750		3,000			10	100
	65~74	510	700		3,000			15	100
	75 이상	500	700		3,000			15	100
여자	6~8(세)	290	400		1,100			5	40
	9~11	390	550		1,600			5	60
	12~14	480	650		2,300			10	100
	15~18	450	650		2,800			10	100
	19~29	460	650		3,000			10	100
	30~49	450	650		3,000			10	100
	50~64	430	600		3,000			10	100
	65~74	410	600		3,000			15	100
	75 이상	410	600		3,000			15	100
임신부		+50	+70		3,000			+0	100
수유부		+350	+490		3,000			+0	100

성별	연령	비타민 E(mg α -TE/일)				비타민 K(μg/일)			
		평균필요량	권장섭취량	충분섭취량	상한섭취량	평균필요량	권장섭취량	충분섭취량	상한섭취량
영아	0~5(개월)			3				4	
	6~11			4				6	
유아	1~2(세)			5	100			25	
	3~5			6	150			30	
남자	6~8(세)			7	200			40	
	9~11			9	300			55	
	12~14			11	400			70	
	15~18			12	500			80	
	19~29			12	540			75	
	30~49			12	540			75	
	50~64			12	540			75	
	65~74			12	540			75	
	75 이상			12	540			75	
여자	6~8(세)			7	200			40	
	9~11			9	300			55	
	12~14			11	400			65	
	15~18			12	500			65	
	19~29			12	540			65	
	30~49			12	540			65	
	50~64			12	540			65	
	65~74			12	540			65	
	75 이상			12	540			65	
임신부				+0	540			+0	
수유부				+3	540			+0	

[부록 5] 수용성 비타민

성별	연령	비타민 C(mg/일)				티아민(mg/일)			
		평균필요량	권장섭취량	충분섭취량	상한섭취량	평균필요량	권장섭취량	충분섭취량	상한섭취량
영아	0~5(개월)			40				0.2	
	6~11			55				0.3	
유아	1~2(세)	30	40		340	0.4	0.4		
	3~5	35	45		510	0.4	0.5		
남자	6~8(세)	40	50		750	0.5	0.7		
	9~11	55	70		1,100	0.7	0.9		
	12~14	70	90		1,400	0.9	1.1		
	15~18	80	100		1,600	1.1	1.3		
	19~29	75	100		2,000	1.0	1.2		
	30~49	75	100		2,000	1.0	1.2		
	50~64	75	100		2,000	1.0	1.2		
	65~74	75	100		2,000	0.9	1.1		
	75 이상	75	100		2,000	0.9	1.1		
여자	6~8(세)	40	50		750	0.6	0.7		
	9~11	55	70		1,100	0.8	0.9		
	12~14	70	90		1,400	0.9	1.1		
	15~18	80	100		1,600	0.9	1.1		
	19~29	75	100		2,000	0.9	1.1		
	30~49	75	100		2,000	0.9	1.1		
	50~64	75	100		2,000	0.9	1.1		
	65~74	75	100		2,000	0.8	1.0		
	75 이상	75	100		2,000	0.7	0.8		
임신부		+10	+10		2,000	+0.4	+0.4		
수유부		+35	+40		2,000	+0.3	+0.4		

성별	연령	리보플라빈(mg/일)				니아신(mg NE/일)[1]			상한섭취량 니코틴산/니코틴아미드
		평균필요량	권장섭취량	충분섭취량	상한섭취량	평균필요량	권장섭취량	충분섭취량	
영아	0~5(개월)			0.3				2	
	6~11			0.4				3	
유아	1~2(세)	0.4	0.5			4	6		10/180
	3~5	0.5	0.6			5	7		10/250
남자	6~8(세)	0.7	0.9			7	9		15/350
	9~11	0.9	1.1			9	11		20/500
	12~14	1.2	1.5			11	15		25/700
	15~18	1.4	1.7			13	17		30/800
	19~29	1.3	1.5			12	16		35/1,000
	30~49	1.3	1.5			12	16		35/1,000
	50~64	1.3	1.5			12	16		35/1,000
	65~74	1.2	1.4			11	14		35/1,000
	75 이상	1.1	1.3			10	13		35/1,000
여자	6~8(세)	0.6	0.8			7	9		15/350
	9~11	0.8	1.0			9	12		20/500
	12~14	1.0	1.2			11	15		25/700
	15~18	1.0	1.2			11	14		30/800
	19~29	1.0	1.2			11	14		35/1,000
	30~49	1.0	1.2			11	14		35/1,000
	50~64	1.0	1.2			11	14		35/1,000
	65~74	0.9	1.1			10	13		35/1,000
	75 이상	0.8	1.0			9	12		35/1,000
임신부		+0.3	+0.4			+3	+4		35/1,000
수유부		+0.4	+0.5			+2	+3		35/1,000

[1] 1mg NE(니아신 당량) = 1mg 니아신 = 60mg 트립토판

성별	연령	비타민 B$_6$(mg/일)				엽산(μg DFE/일)[1]			
		평균필요량	권장섭취량	충분섭취량	상한섭취량	평균필요량	권장섭취량	충분섭취량	상한섭취량[2]
영아	0~5(개월)			0.1				65	
	6~11			0.3				90	
유아	1~2(세)	0.5	0.6		20	120	150		300
	3~5	0.6	0.7		30	150	180		400
남자	6~8(세)	0.7	0.9		45	180	220		500
	9~11	0.9	1.1		60	250	300		600
	12~14	1.3	1.5		80	300	360		800
	15~18	1.3	1.5		95	330	400		900
	19~29	1.3	1.5		100	320	400		1,000
	30~49	1.3	1.5		100	320	400		1,000
	50~64	1.3	1.5		100	320	400		1,000
	65~74	1.3	1.5		100	320	400		1,000
	75 이상	1.3	1.5		100	320	400		1,000
여자	6~8(세)	0.7	0.9		45	180	220		500
	9~11	0.9	1.1		60	250	300		600
	12~14	1.2	1.4		80	300	360		800
	15~18	1.2	1.4		95	330	400		900
	19~29	1.2	1.4		100	320	400		1,000
	30~49	1.2	1.4		100	320	400		1,000
	50~64	1.2	1.4		100	320	400		1,000
	65~74	1.2	1.4		100	320	400		1,000
	75 이상	1.2	1.4		100	320	400		1,000
임신부		+0.7	+0.8		100	+200	+220		1,000
수유부		+0.7	+0.8		100	+130	+150		1,000

성별	연령	비타민 B$_{12}$(μg/일)				판토텐산(mg/일)				비오틴(μg/일)			
		평균필요량	권장섭취량	충분섭취량	상한섭취량	평균필요량	권장섭취량	충분섭취량	상한섭취량	평균필요량	권장섭취량	충분섭취량	상한섭취량
영아	0~5(개월)			0.3				1.7				5	
	6~11			0.5				1.9				7	
유아	1~2(세)	0.8	0.9					2				9	
	3~5	0.9	1.1					2				12	
남자	6~8(세)	1.1	1.3					3				15	
	9~11	1.5	1.7					4				20	
	12~14	1.9	2.3					5				25	
	15~18	2.0	2.4					5				30	
	19~29	2.0	2.4					5				30	
	30~49	2.0	2.4					5				30	
	50~64	2.0	2.4					5				30	
	65~74	2.0	2.4					5				30	
	75 이상	2.0	2.4					5				30	
여자	6~8(세)	1.1	1.3					3				15	
	9~11	1.5	1.7					4				20	
	12~14	1.9	2.3					5				25	
	15~18	2.0	2.4					5				30	
	19~29	2.0	2.4					5				30	
	30~49	2.0	2.4					5				30	
	50~64	2.0	2.4					5				30	
	65~74	2.0	2.4					5				30	
	75 이상	2.0	2.4					5				30	
임신부		+0.2	+0.2					+1.0				+0	
수유부		+0.3	+0.4					+2.0				+5	

[1] Dietary Folate Equivalents, 가임기 여성의 경우 400μg/일의 엽산보충제 섭취를 권장함.

[2] 엽산의 상한섭취량은 보충제 또는 강화식품의 형태로 섭취한 μg/일에 해당됨.

[부록 6] 다량 무기질

성별	연령	칼슘(mg/일)				인(mg/일)				나트륨(mg/일)			
		평균필요량	권장섭취량	충분섭취량	상한섭취량	평균필요량	권장섭취량	충분섭취량	상한섭취량	평균필요량	권장섭취량	충분섭취량	만성질환위험감소섭취량
영아	0~5(개월)			250	1,000			100				110	
	6~11			300	1,500			300				370	
유아	1~2(세)	400	500		2,500	380	450		3,000			810	1,200
	3~5	500	600		2,500	480	550		3,000			1,000	1,600
남자	6~8(세)	600	700		2,500	500	600		3,000			1,200	1,900
	9~11	650	800		3,000	1,000	1,200		3,500			1,500	2,300
	12~14	800	1,000		3,000	1,000	1,200		3,500			1,500	2,300
	15~18	750	900		3,000	1,000	1,200		3,500			1,500	2,300
	19~29	650	800		2,500	580	700		3,500			1,500	2,300
	30~49	650	800		2,500	580	700		3,500			1,500	2,300
	50~64	600	750		2,000	580	700		3,500			1,500	2,300
	65~74	600	700		2,000	580	700		3,500			1,300	2,100
	75 이상	600	700		2,000	580	700		3,000			1,100	1,700
여자	6~8(세)	600	700		2,500	480	550		3,000			1,200	1,900
	9~11	650	800		3,000	1,000	1,200		3,500			1,500	2,300
	12~14	750	900		3,000	1,000	1,200		3,500			1,500	2,300
	15~18	700	800		3,000	1,000	1,200		3,500			1,500	2,300
	19~29	550	700		2,500	580	700		3,500			1,500	2,300
	30~49	550	700		2,500	580	700		3,500			1,500	2,300
	50~64	600	800		2,000	580	700		3,500			1,500	2,300
	65~74	600	800		2,000	580	700		3,500			1,300	2,100
	75 이상	600	800		2,000	580	700		3,000			1,100	1,700
임신부		+0	+0		2,500	+0	+0		3,000			1,500	2,300
수유부		+0	+0		2,500	+0	+0		3,500			1,500	2,300

성별	연령	염소(mg/일)				칼륨(mg/일)				마그네슘(mg/일)			
		평균필요량	권장섭취량	충분섭취량	상한섭취량	평균필요량	권장섭취량	충분섭취량	상한섭취량	평균필요량	권장섭취량	충분섭취량	상한섭취량[1]
영아	0~5(개월)			170				400				25	
	6~11			560				700				55	
유아	1~2(세)			1,200				1,900		60	70		60
	3~5			1,600				2,400		90	110		90
남자	6~8(세)			1,900				2,900		130	150		130
	9~11			2,300				3,400		190	220		190
	12~14			2,300				3,500		260	320		270
	15~18			2,300				3,500		340	410		350
	19~29			2,300				3,500		300	360		350
	30~49			2,300				3,500		310	370		350
	50~64			2,300				3,500		310	370		350
	65~74			2,100				3,500		310	370		350
	75 이상			1,700				3,500		310	370		350
여자	6~8(세)			1,900				2,900		130	150		130
	9~11			2,300				3,400		180	220		190
	12~14			2,300				3,500		240	290		270
	15~18			2,300				3,500		290	340		350
	19~29			2,300				3,500		230	280		350
	30~49			2,300				3,500		240	280		350
	50~64			2,300				3,500		240	280		350
	65~74			2,100				3,500		240	280		350
	75 이상			1,700				3,500		240	280		350
임신부				2,300				+0		+30	+40		350
수유부				2,300				+400		+0	+0		350

1) 식품외 급원의 마그네슘에만 해당

[부록 7] 미량 무기질

성별	연령	철(mg/일) 평균필요량	철 권장섭취량	철 충분섭취량	철 상한섭취량	아연(mg/일) 평균필요량	아연 권장섭취량	아연 충분섭취량	아연 상한섭취량	구리(μg/일) 평균필요량	구리 권장섭취량	구리 충분섭취량	구리 상한섭취량	불소(mg/일) 평균필요량	불소 권장섭취량	불소 충분섭취량	불소 상한섭취량
영아	0~5(개월)			0.3	40			2				240				0.01	0.6
	6~11	4	6		40	2	3					330				0.4	0.8
유아	1~2(세)	4.5	6		40	2	3		6	220	290		1,700			0.6	1.2
	3~5	5	7		40	3	4		9	270	350		2,600			0.9	1.8
남자	6~8(세)	7	9		40	5	5		13	360	470		3,700			1.3	2.6
	9~11	8	11		40	7	8		19	470	600		5,500			1.9	10.0
	12~14	11	14		40	7	8		27	600	800		7,500			2.6	10.0
	15~18	11	14		45	8	10		33	700	900		9,500			3.2	10.0
	19~29	8	10		45	9	10		35	650	850		10,000			3.4	10.0
	30~49	8	10		45	8	10		35	650	850		10,000			3.4	10.0
	50~64	8	10		45	8	10		35	650	850		10,000			3.2	10.0
	65~74	7	9		45	8	9		35	600	800		10,000			3.1	10.0
	75 이상	7	9		45	7	9		35	600	800		10,000			3.0	10.0
여자	6~8(세)	7	9		40	4	5		13	310	400		3,700			1.3	2.5
	9~11	8	10		40	7	8		19	420	550		5,500			1.8	10.0
	12~14	12	16		40	6	8		27	500	650		7,500			2.4	10.0
	15~18	11	14		45	7	9		33	550	700		9,500			2.7	10.0
	19~29	11	14		45	7	8		35	500	650		10,000			2.8	10.0
	30~49	11	14		45	7	8		35	500	650		10,000			2.7	10.0
	50~64	6	8		45	6	8		35	500	650		10,000			2.6	10.0
	65~74	6	8		45	6	7		35	460	600		10,000			2.5	10.0
	75 이상	5	7		45	6	7		35	460	600		10,000			2.3	10.0
임신부		+8	+10		45	+2.0	+2.5		35	+100	+130		10,000			+0	10.0
수유부		+0	+0		45	+4.0	+5.0		35	+370	+480		10,000			+0	10.0

성별	연령	망간(mg/일) 평균필요량	망간 권장섭취량	망간 충분섭취량	망간 상한섭취량	요오드(μg/일) 평균필요량	요오드 권장섭취량	요오드 충분섭취량	요오드 상한섭취량	셀레늄(μg/일) 평균필요량	셀레늄 권장섭취량	셀레늄 충분섭취량	셀레늄 상한섭취량	몰리브덴(μg/일) 평균필요량	몰리브덴 권장섭취량	몰리브덴 충분섭취량	몰리브덴 상한섭취량	크롬(μg/일) 평균필요량	크롬 권장섭취량	크롬 충분섭취량	크롬 상한섭취량
영아	0~5(개월)			0.01				130	250			9	40							0.2	
	6~11			0.8				180	250			12	65							4.0	
유아	1~2(세)			1.5	2.0	55	80		300	19	23		70	8	10		100			10	
	3~5			2.0	3.0	65	90		300	22	25		100	10	12		150			10	
남자	6~8(세)			2.5	4.0	75	100		500	30	35		150	15	18		200			15	
	9~11			3.0	6.0	85	110		500	40	45		200	15	18		300			20	
	12~14			4.0	8.0	90	130		1,900	50	60		300	25	30		450			30	
	15~18			4.0	10.0	95	130		2,200	55	65		300	25	30		550			35	
	19~29			4.0	11.0	95	150		2,400	50	60		400	25	30		600			30	
	30~49			4.0	11.0	95	150		2,400	50	60		400	25	30		600			30	
	50~64			4.0	11.0	95	150		2,400	50	60		400	25	30		550			30	
	65~74			4.0	11.0	95	150		2,400	50	60		400	23	28		550			25	
	75 이상			4.0	11.0	95	150		2,400	50	60		400	23	28		550			25	
여자	6~8(세)			2.5	4.0	75	100		500	30	35		150	15	18		200			15	
	9~11			3.0	6.0	80	110		500	40	45		200	15	18		300			20	
	12~14			3.5	8.0	90	130		1,900	50	60		300	20	25		400			20	
	15~18			3.5	10.0	95	130		2,200	55	65		300	20	25		500			20	
	19~29			3.5	11.0	95	150		2,400	50	60		400	20	25		500			20	
	30~49			3.5	11.0	95	150		2,400	50	60		400	20	25		500			20	
	50~64			3.5	11.0	95	150		2,400	50	60		400	20	25		450			20	
	65~74			3.5	11.0	95	150		2,400	50	60		400	18	22		450			20	
	75 이상			3.5	11.0	95	150		2,400	50	60		400	18	22		450			20	
임신부				+0	11.0	+65	+90			+3	+4		400	+0	+0		500			+5	
수유부				+0	11.0	+130	+190			+9	+10		400	+3	+3		500			+20	

참고문헌

- 구재옥·임현숙·윤진숙·이애랑·서정숙·이종현·손정민, 고급영양학(2판), 파워북, 2017
- 구재옥·임현숙·정영진·윤진숙·이애항·이종현, 이해하기 쉬운 영양학, 파워북, 2017
- 국립농업과학원, 국가표준식품성분표 DB 9.1, 농촌진흥청, 2019
- 김미경·왕수경·신동순·권오란·박윤정, 생활 속의 영양학(3판), 라이프사이언스, 2016
- 백희영·이심열·안윤진·심재은·정자용·송윤주·김현주·박은미·김동우, 건강을 위한 식생활과 영양(개정판), 파워북, 2021
- 변기원·이보경·권종숙·김경민·김숙희, 영양소대사의 이해를 돕는 고급영양학(2판), 교문사, 2017
- 변기원·원혜숙·송태희·김상준·이용권·홍경희, 이해하기 쉬운 생화학(개정판), 파워북, 2019
- 보건복지부·한국영양학회, 2020 한국인 영양소섭취기준, 2020
- 신말식·서정숙·권순자·우미경·이경애·송미영, 100세 시대를 위한 건강한 식생활, 교문사, 2019
- 이명숙·정자용·권영혜·이미경·이윤경·강영희·권인숙·김양하·양수진·전향숙·차연수·최명숙, 세포부터 인체까지 분자영양학, 교문사, 2015
- 이상선·정진은·강명희·신동순·정혜경·장문정·김양하·김혜영·김우경, NEW 영양과학, 지구문화, 2008
- 이양자·김은경·김혜경·박연희·박영심·박태선·안홍석·염경진·오경원·이기완·이종호·정은정·정혜연·황진아·황혜진, 고급영양학, 신광출판사, 2016
- 이연숙·구재옥·임현숙·강영희·권종숙, 이해하기 쉬운 인체생리학, 파워북(개정판), 2017
- 임윤숙·박은주·김기남·양수진·부소영·고광웅, 식품영양학을 위한 인체생리학, 교문사, 2019
- 장유경·박혜련·변기원·이보경·권종숙, 기초영양학(4판), 교문사, 2016
- 질병관리본부, 2018 국민건강통계, 질병관리본부, 2019

- 최혜미·김정희·김초일·장경자·민혜선·임경숙·변기원·이홍미·김경원·김희선·김현아, 21세기 영양학원리(4판), 교문사, 2016
- 최혜미·김정희·이주희·김초일·송경희·장경자·민혜선·임경숙·변기원·여의주·이홍미·김경원·김희선·김창임·윤은영·김현아·곽충실·권상희·한영신, 21세기 영양학(5판), 교문사, 2016
- 허채옥·권순형·최영진·백희준·이은주·원선임·박용순·김상연·김은영·박유신·김기랑, 고급영양학, 수학사, 2019
- 현태선·한성림·김혜경·권영혜·정자용, 플러스 고급영양학, 파워북, 2019
- Chandra, R, K, Excessive intake of zinc impairs immune responses, Journal of the American Medical Association, 1984
- Christian, J. L., J. L. Greger, Nutrition for living, 3rd ed., The Benjamin/Cummings Publishing Company, Inc, 1991
- Dallman, P. R., Iron deficiency and the immune response, American Journal of Pediatrics, 1987
- Fairbanks V. F., et al., Clinical Disorders of Iron Metabolism, 2nd ed. New York L Grune and Stratton, 1971
- Finsh C. A., Iron metabolism, Present Knowledge in Nutrition, 4th ed. New York: Nutrition Foundation, 1976
- Fox S. I., Human Physiology, McGraw-hill Co., 2001
- Greger J. L., Mineral homeostasis in the elderly, ed., C. W. Bales., New York: Alan R. Liss, Inc, 1989
- Hambidge K. M., et al., Trace elements in human and animal nutrition, volume 2, ed., Mertz W. Orlando, FL: Academic Press, 1986
- Klevay L. M., et al., the human requirement for coppe, 1, Healthy man fen conventional American diets, Am. J. Clin. Nutr, 1980
- Linder M. C., H. K. Munro, the mechanism of iron absorption and its regulation, Fed Proc, 1977
- Machlin, Handbook of vitamins, Dekker, 2001
- Mcgyire M, Beerman KA, Nutritional sciences: From Fundamentals to Food, 1st ed., cengage learning, 2007
- Monsen E. R., et al., Estimation of available dietary iron, Am. J clin Nutr, 1978
- Moore C. V., Iron in Modem Nutrition in Health and Disease, 5th ed., Goodheart R. S. and M. E, Shils, eds., Philadelphia: Lea & Febeger, 1973
- O'Dell B. L., Copper, in Present Knowledge in Nutrition, 4th ed., New York: Nutrition Foundation, 1976

- Park C. Y., et al. Augmentation of vertebral bone mass and inhibition of fractures, Journal of Clinical Endocrinology and Metabolism, 1989

- Pennington J. A., et al., Nutritional elements in U.S. diets: Results from the Total Diet Study 1982-1986, Journal of the American Dietetic Association, 1989

- Prasad A. S., et al., Trace elements in Sickle cell disease, Journal of the American Medical Association, 1976

- Preuss H., Present Knowledge in Nutrition, Washington, D.C.: ILSI Press, 2001

- Reed, P. R., Nutrition: An Applied Science, West Publishing Company, 1980

- Sizer PF, Whitney EN, Nutrition concepts and controversies, 9th ed., Thomson, 2003

- Stanbury J. B., Modern nutrition in health and disease, eds., M.E. Shils and V.R. Young. Philadelphia: Lea & Febeger, 1988

- Standstead, H. H., Present Knowledge in Nutrition 4th ed., New York: Nutrition Foundation, 1976

- Surgeon Genaral, Surgeon General's report on nutrition and health, Washington, D.C: U.S. Department of Health and Human Services, 1988

- Sweeney E. A., J. A. Shaw, Modern Nutrition in Health and Disease, eds., M.E. Shils and V.R. Young, Philadelphia: Lea & Febeger, 1988

- Thomson C. D., Recovery of large doses of selenium given as sodium selenite with or without vitamin E, New Zealand Medical Journal Nutrition, 4th eds., New York: Academic Press, 1977

- Wardlaw GM, Hampl JS, Disilvestro RA, Perspectives in Nutrition, McGraw-hill, 2004

- Whitney & Rolfes, Understanding Nutrition, 11th, Thomson, 2008

- Willett W. C., B. MacMahon, Diet and Cancer-an overview, New England Journal of Medicine, 1984

- Williams S. R., Basic Nutrition and Diet Therapy, Mosby, 2001

찾아보기

[영문]

| 저자약력 |

오세인
서일대학교 식품영양학과

이현옥
연성대학교 식품영양학과

김영현
한림성심대학교 식품영양과

김미옥
대구보건대학교 식품영양학과

유경혜
대전보건대학교 식품영양학과

알기 쉬운 **영양학**

발 행 일	2021년 8월 17일 초판 인쇄
	2021년 8월 19일 초판 발행
지 은 이	오세인 · 이현옥 · 김영현 · 김미옥 · 유경혜
발 행 인	김홍용
펴 낸 곳	**도서출판 효일**
디 자 인	에스디엠
주 소	서울시 중구 다산로46길 17
전 화	02) 928-6643
팩 스	02) 927-7703
홈 페 이 지	www.hyoilbooks.com
E m a i l	hyoilbooks@hyoilbooks.com
등 록	2001년 10월 8일 제2019-000146호
I S B N	978-89-8489-494-5
가 격	값 26,000원